U0168156

| 粤港澳大湾区 |

珠澳边界场所再造

BETWEEN & IN URBAN SPACE

2019年城乡规划专业九校联合毕业设计

周剑云　主编

华南理工大学
South China University of Technology
深圳大学
Shenzhen University
同济大学
Tongji University
香港中文大学
The Chinese University of Hong Kong
澳门城市大学
City University of Macau
华侨大学
Huaqiao University
中山大学
Sun Yat-sen University
广州大学
Guangzhou University
广东工业大学
Guangdong University of Technology

武汉大学出版社

图书在版编目(CIP)数据

珠澳边界场所再造:2019年城乡规划专业九校联合毕业设计/周剑云主编.—武汉:武汉大学出版社,2021.5
ISBN 978-7-307-22032-4

Ⅰ.珠… Ⅱ.周… Ⅲ.城乡规划—建筑设计—作品集—中国—现代
Ⅳ.TU984.2

中国版本图书馆CIP数据核字(2020)第273235号

责任编辑:邓 瑶　　责任校对:周卫思　　装帧设计:崔佩琳 萧靖童 黄潇楠

出版发行:**武汉大学出版社** (430072 武昌 珞珈山)
(电子邮箱:whu_publish@163.com 网址:www.stmpress.cn)
印刷:武汉市金港彩印有限公司
开本:880×1230 1/16 印张:10 字数:326千字 插页:2
版次:2021年5月第1版 2021年5月第1次印刷
ISBN 978-7-307-22032-4 定价:198.00元

2019年城乡规划专业九校联合毕业设计

华南理工大学		South China University of Technology
深圳大学		Shenzhen University
同济大学		Tongji University
香港中文大学		The Chinese University of Hong Kong
澳门城市大学		City University of Macau
华侨大学		Huaqiao University
中山大学		Sun Yat-sen University
广州大学		Guangzhou University
广东工业大学		Guangdong University of Technology

本书由

中交第四航务工程勘察设计院有限公司

及

深圳市新城市规划建筑设计股份有限公司

联合资助出版

序言

PREFACE

2017 年，我国提出“粤港澳大湾区”空间发展战略；2019 年，《粤港澳大湾区发展规划纲要》正式发布。作为新时代国家发展战略，粤港澳大湾区建设将在未来中国经济发展和空间合作治理及发展方面发挥引领作用。应该以什么样的角度去解读粤港澳大湾区的概念，规划设计是否能够扮演更积极的角色，来承接大湾区的发展愿景和既定目标？有很多值得思考的议题，而联合毕业设计选题与地方发展和前沿议题紧密结合，是一个行之有效的举措。

本次由来自华南理工大学、深圳大学、同济大学、香港中文大学、澳门城市大学、华侨大学、中山大学、广州大学、广东工业大学的师生共同组成大湾区高校设计联盟，一起开展联合毕业设计，聚焦“珠海 - 澳门”边界区域，基于跨境边界协调发展与合作展开多角度系列研究，港、澳相关院校积极参与，有效地实现了跨学校、跨学科的交流，同时也有利于推动规划教育与行业发展、职业提升等良性互动。

我们华南理工大学建筑学院每年都有多个联合毕业设计选题，这个联合毕业设计和其他联合毕业设计是有明显区别的。首先，主题固定为边界区域，每年更新不同的边界地域；其次，虽然学校和地域差异较大，但各校基于共同的背景，从不同专业探究和回应同一个主题，强调交流和研究，鼓励成果彰显各校特色，不限于成果表达形式，体现开放、包容的联合毕业设计特色，并非仅仅完成一个设计作业，而是高校师生团队针对一个前沿主题进行探索性思考，希望通过专题性研究和设计，为当地未来发展提出启发性建议或建设性意见。在现场调研、教学交流等教学环节，探索性地采取多样化合作措施，为校际联合教学注入新的活力。

期待我们的联合毕业设计教学涌现出更多元、更有创意的形式，以加强辐射效应，推动地域和学科发展！

长江学者特聘教授

全国工程勘察设计大师

华南理工大学建筑学院院长

孙一民

2020 年 8 月

目录
CONTENTS

选题背景

BACKGROUND

【课题背景】

2017 年，我国提出粤港澳大湾区城市群规划的设想，将大湾区发展提升到国家战略层面。大湾区包括香港和澳门特别行政区，以及珠三角九市（广州、深圳、珠海、佛山、惠州、东莞、中山、江门、肇庆），是中国开放程度最高、经济活力最强的区域之一，具备建成国际一流湾区和世界级城市群的基础条件。2018 年 10 月 23 日正式开通的港珠澳大桥可谓“一桥连三地，天堑变通途”。大湾区概念的提出为珠江三角洲城市群，以及跨境双城——深圳与香港、珠海与澳门提供了更大的发展机遇和想象空间。在湾区相关规划、政策与制度尚在孕育时，可以用什么样的角度去解读粤港澳大湾区的概念，规划设计是否能够扮演更积极的“引擎“角色，跨边界发展的场所再造如何成为一个崭新的规划命题？

本次设计活动采用高校联合毕业设计工作坊形式，由来自华南理工大学、深圳大学、同济大学、香港中文大学、澳门城市大学和华侨大学以及后续加入工作坊的三所高校（中山大学、广州大学和广东工业大学）的师生共同组成大湾区高校设计联盟，拟对“一带一路”及“粤港澳大湾区”等背景下的跨境边界协调发展与合作展开多角度系列研究。2018 年，第一届联合毕业设计工作坊重点针对深港口岸及其周边地区进行综合发展研究。2019 年，围绕珠澳边界地区展开相关专题研究以及主题性规划设计。通过对不同层面的跨境发展政策、实践及相关理论和国际案例的梳理，对珠海、澳门及其边界地区展开系列城市调查研究，探索新制度格局下的空间协同发展策略及方案。

【主题概要】

“Between & In ”，这对二律背反的词从开始命题时其定义就具有模糊性。“Between”蕴含着“介”于两者之间的特性。介于两个城市之间、两个区域之间，乃至两个制度之间的空间，它可以是被包围与脆弱的、边缘与依附性的，还可以是隔离与控制的。“In”则寄托于空间区域的连接性。进“入”这种连接的城市空间，其发展的活力具有“引擎”的作用，它可以将边缘转化为中心，将隔离转化为融合。同时，“介”与“入”的寓意要求对边界场所再造的思考最终必须完成与“空间”的连接，从而逐步转变为设计过程中的背反“消融”。

【重要议题】

（1）中心与边缘：珠澳血脉相连的新境界。

珠海和澳门，陆地相接，江海相连。珠澳边界地区曾为两座城市的发展活力核心。随着港珠澳大桥的开通，迎来了打造珠澳血脉相连的新境界，而曾经的城市中心会被边缘化，还是会继续保持其历史地位？在当前强调“多元”与“包容”的发展环境下，边界地区的整合往往决定城市之间的协调发展，并提升区域竞争力。

（2）隔离与融合：边界空间的活力。

城市边界地区一直是城市经济发展最有活力、最具有可变性的地区。自上而下的关于粤港、粤澳边界的空间管治和政策尝试从未间断。自下而上的研究、媒体、社交平台等，日益关注城市边界地区群体日常生活实践、文化调节与整合，以及这些微观层面活动对边界空间的反作用力。边界空间的动态变化过程正在逐步受到高度重视。

（3）防洪与水景观：多功能的景观基础设施。

台风、洪水及洪水倒灌是珠澳两岸与内港地区面临的严峻问题。面对新的环境挑战，该区域应如何兼顾水安全、水景观、水生态的目标？作为珠澳边界空间的前山水道，与见证了澳门城市化进程的内港地区，应在两地发展中承担怎样的角色、发挥怎样的作用？新的基础设施应传递多样的功能，包括社会、经济、文化、生态等方面，从传统的“灰色”基础设施转向与“绿色”和“蓝色”基础设施的整合、协同，提高韧性，在保障地区安全的同时为人们提供更高品质的景观与公共空间。

（4）走向“泛”遗产概念：对立与二元性趋于消解。

“遗产”一词根植于时间和空间、过去与现在、旧城与新城、保护与发展之间，也会依赖于或者局限于一种制度及一种道德观念，亦会因为各种定语（文化的、历史的、自然的……）的修饰而成为“游牧式”的概念。在跨越空间界限的同时，如何消弭制度、文化、道德观念的差异？在经济与社会存异与共同发展的语境中，如何既将特定遗产的概念（边境的历史痕迹、历史遗产的现代化等）还原到出现的时刻，也将其保存并置于对当下发展现实反思的核心？在未来的10年或者20年，如何让边界地带产生新的纪念性？

【研究与工作范围】

本次工作坊研究基于粤港澳大湾区格局下的跨境城市体系。各校可根据实际情况自行确定研究内容和设计尺度。以下为建议研究与工作范围：

（1）研究范围包括珠海和澳门两座城市，以及相关城市群区域。

（2）工作用地范围或重点设计区域为港珠澳大桥主桥的珠澳边界地区，包括拱北口岸—昌盛大桥—横琴大桥范围和前山水道（内港地区）。至于具体设计范围，各校可根据调研情况结合边界周边要素特征进行延伸。

珠澳边界地区区位
Border Between Zhuhai and Macau

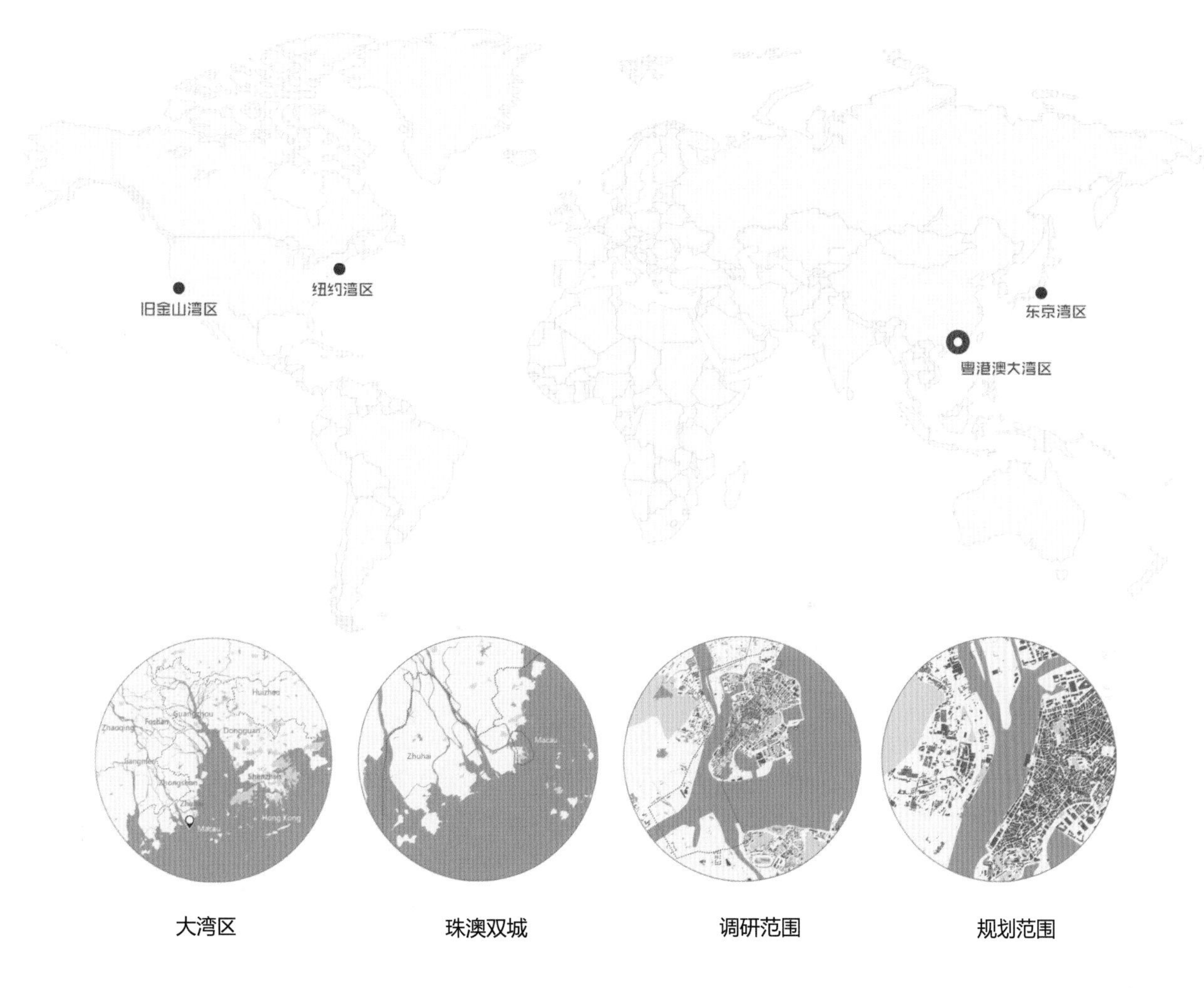

大湾区　珠澳双城　调研范围　规划范围

澳门视角：大炮台、青洲、氹仔、风顺堂区、内港等。

珠海视角：拱北口岸、珠澳跨境工业区珠海园区、拱北口岸市场、港珠澳大桥及人工岛、湾仔码头、十字门水道天际线等。

大炮台　青洲　氹仔

珠澳跨境工业区珠海园区　港珠澳大桥及人工岛　湾仔码头

教学分享

TEACHING SHARING

华南理工大学

华南理工大学建筑学院历史悠久，前身为创建于 1932 年的勷勤大学，先后经历国立中山大学建筑工程学系、华南工学院建筑系等多个发展阶段，建筑教育从未间断。学院现由建筑系、城市规划系、风景园林系组成，拥有亚热带建筑科学国家重点实验室、建筑设计研究院、《南方建筑》编辑部和国家级虚拟仿真实验教学中心。目前学院有 3 个一级学科博士后流动站、3 个一级学科博士点、3 个一级学科硕士点，3 个本科专业（2019 年同时获批国家一流专业）。

边界作为选择性渗透的空间

周剑云　王成芳　莫浙娟　李昕　贺璟寰　鲍梓婷

一、边界

在地图上，边界是一条线段；在现实中，边界呈现多种实体形式，比如围墙、界桩、河流、山脊线，或者跨境道路的标示与标志线，边界的实体形态反映两个空间主体的关系。珠澳是两个异质性社会，边界形态是两种社会及其关系的物质呈现。珠海湾仔和澳门半岛之间的前山水道由于河道较窄，不具备实质性的阻隔作用。为维护主体的利益，各自在水道两岸建立实体围墙。就围墙的阻隔作用而言，珠海边界的围墙是防止内部人员出去，而澳门边界的围墙是防止外部人员进入，尽管水域部分归珠海管辖，珠海居民还是不能自由进入水域，而澳门居民则可以自由使用水域，珠澳双重边界的功能都是防止内地人员进入澳门。这种边界形式反映了两地人口流动的方向及其压力。

二、空间

空间规划是当前城乡规划的主题。澳门是一个空间，珠海是一个空间，中山也是一个空间，为何珠澳之间存在强烈的物质性边界，而中山和珠海之间却没有物质性边界呢？显然，这是由空间所承载的社会差异所导致的，中山和珠海是同质性社会，二者之间可以自由流动；而珠海与澳门是两个异质性社会，没有管制的边界可能会伤害两个主体的利益。可见，所谓空间，就是某个主体的领域。领域的直观形式就是边界，不同主体的领域可能是叠加与相容的，比如狼的领域与羊的领域是叠加和依存的，不同主体的领域也可能是隔离与对峙的，领域作为人类社会现象与权力规则有关。领域是其主体生存的保障，具有排他性的特征。空间与界定空间的主体是整体而不可分割的，可以表征为领域、领土等多种形式。

边界是认识空间的途径。笛卡儿的空间观念是均质、连绵、无限的，是所有事物存在的背景；而近代认识论则认为空间就是事物本身，事物空间是有限的、间断的和非均质的。显然，国土空间不可能采用笛卡儿的空间概念来处理事物关系，只能回到事物本身空间特征来协调社会的发展问题，而边界是认识事物与界定事物空间的主要方法，其中领土边界是给定的和显而易见的，而领域的边界则复杂很多。珠澳跨界发展和协调发展可以为跨领域、跨部门的国土空间规划方法提供典型的案例。

作为事物空间的边界是该事物的组成部分，边界也是区分该事物与其他事物的标志，同时边界也是事物联系与交流的通道，因此作为事物空间的边界具有类似细胞膜的功能——选择性渗透的作用，从其他事物中获得自身需要的物质，而又释放其他事物需要的物质，通过边界空间的交换功能而形成依存与共生的关系。

三、概念设计

本次毕业设计是边界概念研究与边界地区概念设计，一方面通过研究以设计的方式回应珠澳边界的本质问题，另一方面概念规划的空间策略为现实的规划设计提供未来发展与符合预期的空间展望。概念是人们对能代表某种事物或发展过程的特点及其意义所形成的思维结论；概念设计是利用设计概念并以其为主线贯穿全部设计过程的设计方法，概念设计是完整而全面的设计过程。传统的毕业设计强调以实践为导向，运用所学的知识针对具体对象的具体问题提出解决方案，毕业设计作为最后的教学阶段强调知识的创造性运用，着重培养和考察学生综合运用知识的能力。本次毕业设计的教学目标是培养主题性概念设计的能力，强调基于研究的知识深入学习与规划技能的拓展；也即规划设计的前提是专题研究的结论，而不是在既定的规范框架下回答通常的问题。“边界”是 9 校联合毕业设计的主题，本次主题聚焦于珠澳边界。珠澳之间存在可视的、可感知的、多样的物质性边界，边界形式表征珠澳两个空间实体的关系，比如边界墙的防御方向隐含两个空间之间的人员流动的方向与压力，但是这样的解读需要学生在调查实践中认知与体会。毕业设计限定了规划的空间和主题，但没有给定具体的任务书，没有先入为主的指定问题或规定问题，也没有规定设计成果内容及其表达形式，而是由指导教师团队和学生组在毕业设计过程中自己界定需要解决的问题，确定规划设计的内容及其表达形式。

概念设计是在一种理想化环境中的设计，忽略一些非本质的因素而直接关注一些与主题相关的核心要素；是在一种简化环境因素下的理想解决方案，目的是探索解决问题的方向和拓展解决问题的方法。

四、规划过程

基于概念设计的指导原则，教学小组将毕业设计工作划分为四个阶段。第一是珠澳边界的认识与调查，包括资料收集与现场踏勘，其目的是帮助学生直观和感性认识珠澳边界的物质形式及其功能，将抽象的边界概念与具体的物质空间及其物质形式联系起来；第二是通过理论研究，从珠澳具体空间边界中建立纯粹的边界空间的概念；第三是基于纯粹的边界概念，超越城镇空间边界而广泛地收集案例，其中选择了“细胞膜”作为边界功能的参照，确定“选择性渗透空间”作为珠澳边界的规划设计目标；第四是以“选择性渗透空间”为目标和标准审视珠澳边界的空间现状，将现状边界上的“围墙”“界河”等隔离性物质实体，以及“关闸”“口岸”等人流经过的通道分解为多重的、多样的、具有单一过滤作用的可渗透性边界，比如为服务澳门居民享受珠海的绿色开敞空间而设置更多的人员单向出入的闸口，为服务珠海居民享受澳门的购物设施和文化遗产而退缩部分澳门的边界空间等。珠澳是两个异质性实体，其边界具有隔离和通道双重功能，边界空间的特征是“选择性渗透空间”。

在“一国两制”的前提下珠澳之间的合作与交流在扩大，边界空间面临发展的压力和挑战，口岸通道功能需要强化，边界临近地区的交流需要改善，隔离的措施需要与时俱进。通过加厚边界“空间膜”，并赋予边界空间新的用途，从而形成一种功能性的边界空间是本组毕业设计的目标和要求。基于功能互补和满足边界居民生活需求的原则，根据活动类型将单一领土边界分解为多重管制边界，通过分离边界、内移和外延边界线，从而在多重边界之间形成功能互补性的“边界膜”空间。规划方案通过“膜空间”生产的方式来满足新的发展要求。

五、回顾与展望

两个异质性空间实体的整合发展不是消除其边界，而是在维护各自自身利益的前提下调整和强化边界空间；如果消除了二者的边界就不是两个空间实体，而合并为一个空间单元。“一国两制”是长期的既定的方针，化解“两制”的隔阂与发挥“两制”的优势的基础是维持两个不同的治理空间，但是同样需要改进和调整两者的边界空间形式。“两制”的空间边界是清晰的，然而，空间边界不限于制度边界，还包括利益边界、公共服务边界、生态安全边界等诸多边界类型，其中有些边界是隐形的。这些边界的变化可能改变其空间主体的功能与特征。

2018 年选址深港边界，2019 年聚焦珠澳边界，2020 年计划选址厦门—金门边界，但是由于疫情而暂时搁置了。然而，今年的疫情控制管理使得原本模糊的治理边界清晰起来，但同时也暴露出生活与治理的矛盾。或许明年的毕业设计将转向大湾区内部治理边界的研究，这种隐形的边界更需要细致的观察和专业的分析。值得欣慰的是，前两届毕业设计的制度边界研究奠定了良好的基础，并提出了参照性的工作框架。

深圳大学

深圳大学建筑与城市规划学院，其前身深圳大学建筑系成立于1983年9月。2006年8月经学科和院系调整，建筑与城市规划学院成立：由建筑学、城市规划等本科专业组成，含建筑设计及其理论、建筑历史与理论、城市规划与设计、建筑技术科学四个硕士研究生学位授予点。学院下辖建筑系、规划系、城市与建筑环境实验室、世界建筑导报社以及作为学院规划设计实践基地和对外窗口的建筑设计研究院、城市规划设计研究院。

致知穷理　和而不同

杨晓春　罗志航

本次联合毕业设计主题聚焦于珠澳边界地区，对深圳大学的老师和学生都极富挑战：一方面要有勇于参与9所院校同台竞技的担当，另一方面还要有客场作战快速领会综合性题目要义的能力。从一开始在校内自由组队选题的时候，学生们就已经过一番自我斗争和考量。因此，在整个联合毕业设计过程中，同学们均呈现出较高的探索热情以及跟老师良性互动的协同状态。可以说，无论对于学生还是老师，联合毕业设计都是非常珍贵的专业体验。

一、教学体验

1. 致知穷理：提升专业综合力，培养职业坚韧力

通过异地复合型的课题研究，毕业班的学生们获得了一次综合检验四年半专业学习成效的机会，极大地提升了认识和分析复杂城市问题、提出解决方案的能力。本次联合毕业设计在延续粤港澳大湾区边界协同的宽选题思路的基础上，特别强调了对珠海澳门边界地区典型问题的关注，比如中心与边缘的进退、隔离与融合的变化、防洪与水景观的挑战以及"泛"遗产的延拓与共生。由于异地调研的经费和时间限制，深圳大学的学生需要通过短短的两天实地踏勘和一个月的文献调研，快速了解数平方千米空间的特征并选择设计基地，在深入研究的基础上提出基地分析的重点与方向，相较于选取深圳本地基地的小组，参加联合毕业设计的同学需要承担更大的学术压力。然而在工作过程中，同学们在指导老师的带领下，主动思考、积极探索，两个小组从纷杂的现实条件中梳理出日渐清晰的思路，最终分别聚焦于拱北口岸地段以"边界社区"为主题和聚焦于内港两岸以"城市庆典"为主题展开设计构思，完成了设计作业。

为了帮助学生提升解决复杂问题的能力，指导老师在调研、分析、推导、设计、表达各环节均予以适度、有效的指引，罗志航老师在学期末更进一步对毕业设计过程和成果向同学们提出著名的"终结四问"：①你们对场地的分析和认识是否全面；②是否建构了有逻辑性的推导系统；③设计成果是否反映了预设的概念，并且创造出了清晰的愿景；④是否关注了开题之初的课程指引。这四个问题给予学生重温课题初衷、检验学习过程并升华设计思维的再启发。

由于深圳大学的毕业工作安排远早于内地其他高校，因此我们的同学面临着提前启动和两次答辩的要求。这使得同学们在高强度地完成本校毕业设计答辩成果之后，还得"二过堂"参加联合毕业设计答辩。对于已逐渐养成设计师强迫症的毕业班学生来说，这无疑意味着当别的同学已经开始庆祝毕业的时候，他们还要面对"改图"与"不改"的自我拷问与挣扎……值得欣慰的是，同学们都在挣扎之后自觉选择了去追求更为卓越的表现。相信这个过程，对于每一个参加联合毕业设计的学生，都是一次非常珍贵的锤炼职业坚韧力的经历。

2. 和而不同：拥抱交叉融合，保持独立思考

联合毕业设计通过多院校联合与交流，为师生们提供了感受不同学科背景、校园文化之间的融合与碰撞以及保持独立思考探索特色化发展道路的机会。2018年首次湾区高校联合毕业设计在深圳大学启动，当时联合了同济大学、华南理工大学、华侨大学、香港中文大学和澳门城市大学5所高校；2019年第二届由华南理工大学主办，又新增了中山大学、广州大学和广东工业大学3所高校。9所院校中既有毕业班本科生，也有一年级研究生；既包含城市规划、城市设计专业，还包括建筑设计专业；既有传统工科背景的院校，也有地理学背景的高校。各学校不仅在教学日程安排上有所不同，在研究视角和教学重点方面亦有相当的差异。通过对“一带一路”及粤港澳大湾区等背景下的跨境边界的协调发展与合作进行深度解读，大家聚焦于一个相对集中的空间领域，在和而不同的联合毕业设计活动中，各展所长：有些作品探索了边界存在的方式，有些对边界地区社会经济空间发展的融合与协调有新的思考，有些挖掘了边界经济和居民行为的独有特征，有些则是寻求促进空间和生活融合的空间治理机制。作品内容各有侧重、形式丰富多元，但都体现了各校学生优秀的设计水平，也让教学者开阔了新的设计视角和研究思路。对于深圳大学参与师生而言，大家在与兄弟院校同台竞争的同时更获得了启发，一方面深刻体认到我们在教学方面重视设计表达而轻于逻辑推理的问题；另一方面也进一步找准自己学校的教学特长，在补齐短板的同时鼓励同学们尽力发扬特色、呈现风格，在短短三个月的联合毕业设计中收获了多元化教学背景带来的和而不同的体验。

二、总结思考

1. 求同存异，拓展合作

联合毕业设计建立了内地、香港、澳门三地高校对话合作的新平台，但“一国两制”导致三地高校教育合作长期处于浅层交流状态，且三地高等教育体系也存在差异，教学时间安排存在错位。未来需提前着手策划联合毕业设计，只有提前跟合作的港澳高校沟通课题方向，才能保证良好对接。同时要争取将不同院校本科生、研究生更紧密地联合到一起。如毕业设计题目可以建立在研究生前期研究的基础之上，毕业设计的成果可以为研究生教学科研提供案例，也可以进一步为联合高校教师的科研合作拓展领域。

2. 重在交流，不拘形式

许多师生反映中期汇报时间太短，只有学生的构想介绍，没有留出老师们的交流时间。由于不同地区的教学模式存在差异，而各个高校拥有自己鲜明的特征，在同样的课题下有不同的创意与想法，故整个联合设计坊最终效果应是重在交流，不强求统一的成果与内容形式。从联合设计整体组织流程来看，前期调研、中期汇报、终期答辩三个环节是经过多数院校反复验证的比较合理的节点选择和交流频度。建议未来可以增加互动性合作调研，在交流中亦可以尝试要求学生把控汇报时间，留出更多时间以便师生互动、交流，在时间允许的情况下可考虑增加专门的教师交流环节。

3. 大胆创新，开放多元

联合毕业设计从建筑设计到城市设计，从制度建设到空间建构，都鼓励同学们大胆创新，但下一阶段也需要更审慎地在选题的开放和聚焦之间找到合适的平衡，以避免同学们过长时间地迷失在不同尺度空间的推敲与选择中。而对于成果展示，我们可以采取更开放的态度面向社会，通过过程评图加强面向企业导师的咨询与指导，通过引进关注高校的设计企业的协同进一步加强校企合作。

三、未来展望

粤港澳大湾区高校联合毕业设计近两年的成功举办是一个良好开端，期待在未来继续由各参加院校逐一作为东道主组织并延续传递。同时也希望围绕系列课题可以展开更多的校际合作，如边境 / 边界治理与协作、城镇空间协同与互补、基础设施对接与安全、水陆生态协调与共生、经济文化互惠与共荣等，从而对粤港澳大湾区未来发展中的问题继续深入挖掘，在共同寻求湾区协同发展之道的同时，形成湾区高校优势互补、共同进步的良好生态。

同濟大學

同济大学历史悠久、声誉卓著，是中国最早的国立大学之一，是教育部直属并与上海市共建的全国重点大学。同济大学建筑与城市规划学院具有广泛和深厚的历史基础，现设有建筑系、城市规划系、景观学系。共有建筑学、城乡规划、风景园林、历史建筑保护工程4个本科专业；建筑学、城乡规划学、风景园林学3个一级学科博士点和硕士点。

粤港澳大湾区联合毕业设计思考

栾峰　范凯丽

毕业设计是本科教学中的重要环节，是同学们走出校门进入职业生涯或者研究生阶段前，对四年半大学生涯专业技能的一次综合演练，也是通过综合演练提升自己的重要阶段。在多年的教学经历中，见识过很多的同学，通过毕业设计环节，专业技能明显提升；当然也见到过一些同学几乎浪费了这个宝贵的环节。如何更好地发挥毕业设计在本科生培养中的作用，成为非常重要的议题。

概括起来，毕业设计的价值，我以为可以包括几个方面：一是前文提到的已经习得的专业技能的综合演练，这个环节不仅让学生在综合运用中进一步熟悉已经习得的各项专业技能，更重要的是让学生掌握综合运用知识的能力，提升学生对于各项专业技能及其相互配合发挥作用的认知。二是在这种综合演练的过程中，体会综合运用专业技能来解决实际问题的方法，这也是城乡规划专业毕业设计特别强调真实项目或者至少是在真实环境下模拟真实项目的重要原因。通过这种项目设置，同学们自己去发现项目中的关键问题，甚至项目本身的实质性诉求，进而寻找解决问题的专业技能并加以运用。这一培养要求相比前者显然更高，但对于同学们由此走向社会以专业服务需求，或者由此走向研究生阶段，都有极大裨益。三是通过模拟来研习制订工作计划并执行工作计划，包括由毕业生根据毕业设计题目要求，查阅文献和开展基础调研，在此基础上细化题目直至完成工作计划，以及此后严格按照计划自行推进各项工作。当然，其中还涉及世界观和人生观的培养。

粤港澳大湾区联合毕业设计的顺利举办，不仅为毕业生提供了很好的新平台，而且提供了创新机遇，对参与其中的师生大有裨益。通过三年来与深圳大学的共同酝酿直至落实推行，以及这两年带学生参与，我们有着非常深切的感受，概括起来有这样几个重要体会。

一、聚焦国家战略区域，激发同学们的使命感和融入感

粤港澳大湾区是中央决策的重要发展区域，同时也是唯一跨越多个口岸地区的联动发展区域，其重要性不言而喻。聚焦粤港澳大湾区的选题，不仅给同学们提供了难得的亲身体验跨越口岸开展调查的机会，从而让同学们在调查过程中亲身感知改革开放以来国家的蓬勃发展和伟大成就，产生自豪感，而且让同学们自己积极查阅国家相关战略，并从中思考和寻找规划设计的动力和政策依据，生发出历史使命感和担当意识。

这样难得的体验，非粤港澳大湾区无法提供。也正因为这样难得的参与机会，对于同学们在提升专业能力的同时，自觉完成思政素质的提升，从而树立正确的人生观和世界观，无疑具有重要意义。

二、跨越边界的复杂性，对于提升师生们的专业综合能力和创新能力都具有重要意义

两年的选题，均涉及跨越边界的共同发展问题。客观来说，这样的选题，不仅对同学们而言几乎前所未有；对于老师们而言，也是难得的机遇。正因此，曾有专家评委提出过疑问：这样的选题对于本科生而言，是否太难了些？

但是也正因此，师生们才能更加用心地去思考、去发现和去创新。无论是在指定范围内选择自己的具体基地和研究视角，还是在选定基地中发现问题和破解问题，都需要综合考虑各项问题和使出“十八般武艺”，同时还不能因循守旧，因为根本就没有“旧”可循，大胆创新几乎成为必然。同济大学的设计小组，无论是第一年提出的口岸边检区压缩并创设境内关外的创新空间思路，还是第二年提出的跨界跨河将两岸变失落空间为文创引领区域，都透露出敢于创新的出发点。这对于培养毕业生未来积极应对未曾有经验工作的能力大有裨益。

三、联合毕业设计的组织方式，为来自不同背景的高校师生提供了重要的交流机会

粤港澳大湾区联合毕业设计，从开始就强调了高校来源的典型性，除了珠三角内高校发起单位深圳大学，还特邀了华南理工大学。为了强调广州、香港、澳门三地共同参与，还特别邀请了香港中文大学和澳门城市大学有关专业的师生共同参与。此外，除了域外的同济大学，还特别邀请了来自厦门的华侨大学。2019 年，又新增了中山大学、广州大学、广东工业大学 3 所高校。这使得高校的背景足够丰富，对于促进跨地域专业的师生交流具有重要意义。

实践证明，从前期调研到中期评图，再到期终评图等多个环节，不仅为同学们提供了技术成果交流的机会，也直接为同学们提供了更多的跨校面对面交流的机会。在这个过程中，固然交流促进了更为多元和多侧面的专业思考和学习，更为重要的是加强了背景差异较大的师生的相互交流，这明显有助于大家理解和学习更为多元化的专业应对及表达途径。

四、联合毕业设计的组织方式，明显有助于增强同学们的进取心

设计始终是一项具有前沿性、挑战性的工作，胜任这项工作需要业者的强烈进取心。联合毕业设计的组织方式，不仅有助于提升同学们的思政素质和专业综合能力，还有助于增强同学们的进取心。

尽管从联合毕业设计发起时，组织方就决心取消任何的竞赛色彩，更强调师生在此过程中的交流，也确实如上所述做到了。但在交流的过程中难免会相互比较，大多数同学不甘落后的心态得以呈现。各校独立组织设计小组的方式，以及邀请外来专家进行开放性的评图，又进一步加强了设计小组的集体荣誉感，增强了同学们的进取心。这对于同学们在毕业设计环节提升综合能力显然是有益的。

五、优化建议

虽然粤港澳大湾区联合毕业设计这一安排，在短短的两年时间里，就已经吸引了更多院校的关注，也吸引了社会团体和企业的关注乃至赞助，令人鼓舞，但是从更好发展的角度，仍然提出如下优化建议：

其一，适当强化选题的系列性。注重地域性和创新性的紧密结合，是粤港澳大湾区毕业设计选题的重要特色，为培养学生提供了重要支持。但从教学研究和提升的角度，对于计划中六年的毕业设计，适当提前讨论选题并形成系列，显然有助于各校教师们聚焦选题进行讨论，进而结合选题改进专业性探讨和教学，为教研结合提供条件。

其二，适当强化宣传，扩大社会影响。扩大社会影响，是吸引更多机构积极支持教学的重要途径。这种支持既可以是参与评图，也可以是提供必要的支持条件，乃至为成果制作和师生差旅给予一定的资金支持等多种方式。特别是后者，对于远道而来的师生具有重要意义；前者则可以让学生们接触到更多专业机构和专家，通过这种互动近距离向专业机构和专家学习。同时，扩大社会影响，本身也有助于将教研过程中的专业思考进一步凝练，甚至有助于促进相关部门的专业实践。

香港中文大學

香港中文大学建筑学院力求将设计和研究整合到其认可的专业计划中，该计划包括四年制建筑学学士学位和两年制硕士学位。其他研究生学位还包括城市设计理学硕士和可持续与环境设计理学硕士。城市设计理学硕士项目建立于2012年，2018年获得香港城市设计协会认证。

Cross-Border Lab: Reframing the Urban Edge

Darren Snow　Nuno Soares

The Greater Bay Area provides an opportunity to examine the interface between regional infrastructure and local placemaking initiatives. It is a place of complex border relationships, diverse local identities, and intense urban development. Border areas present an intensified territory for urban design. They are interfaces between cultures and expressions of identity. The border between Zhuhai and Macau provides a case as an urban border that is not the manifestation of a divided city but rather two distinct cities. The recently opened Hong Kong Zhuhai Macau bridge has altered the spatial relationship between these cities and Hong Kong. Under the theme of Cross-Border Lab, the studio explored the urban potential of the interface between these cities, reframing the urban edge as a place of intensified urban experience and quality of life.

The studio began with a study of the territory in its current condition and context, and proposed a series of innovative urban interventions for its future development. Students had the opportunity to focus on one of three areas: The interface of the new bridge with Hong Kong at Tung Chung, the primary border interface between Macau and Zhuhai at Gong Bei, and the shared water-space of the Macau Inner harbour. These case sites were selected along the border to address issues ranging from blue and green infrastructure, inclusive public space and liveability, to urban infrastructure design and urban regeneration.

Tung Chung

The studio considered the urban hinterland of the Hong Kong Zhuhai Macau Bridge giving students the opportunity to engage with this rich cultural and infrastructural place and make radical proposals for what it could be. The long term impact of the bridge on Tung Chung was a particular focus, with students proposing holistic responses to benefit the liveability and spatial equity of this formerly peripheral new town.

Gong Bei / Border Gate

When the Portuguese established their first settlements under the Ming Dynasty, Macau was an island connected back to the mainland by a narrow tombolo passing through this site. The past centuries have transformed that sandy link into complex infrastructural connection between two morphologically distinct cities.

Today, the connectivity of the site is intensifying at a regional scale with the development of the Hong Kong Zhuhai Macau Bridge, and the Gongbei Railway station. New reclamations to the east are a rare opportunity to expand the core of Macau. Political and technological changes are making the current form and function of the border crossing outdated.

The Inner Harbour

The Inner Harbour was the bustling centre of Macau for centuries, a place of trade and the main entrance to the city by boat. From the seventies onwards, the Inner harbour lost its importance and was left unattended. Over time the lack of planning lead to a series of problems: heavy traffic from the new bridge, heavy duty port activities, architectural decay, struggling local commerce, blocked waterfront.... It reached a culmination with the heavy flood during the Hato typhoon, whose drastic impact made a new plan for the Inner Harbour unavoidable.

Rushing to solve the flooding problem, quick fixes and heavy plans are being considered, from a 4.5 meter seawall to a dike system, which will have a dramatic impact on the Inner Harbour. This studio took this circumstance as an opportunity to envision a new holistic future for both sides of the Inner Harbour, as vibrant and sustainable districts where the interaction between the city, its citizens and the waterfront take centre stage.

Reflecting on Academic and Professional collaborations

The studio kicked off with a series of workshops and design charrettes. The first workshop, in collaboration with The New School / Parsons, engaged with local professionals and stakeholders to better understand the cultural and architectural context of the border areas. The second workshop engaged with experts in transit and infrastructural urban design to better understand the potential for a radical redesign of the border architecture.

The collaboration with the partner institutions of the Joint Graduation Design of Guangdong, Hong Kong and Macau and the Greater Bay Area facilitated the development and testing of a comprehensive set of potentials for the territory. Through reviews, lectures, and informal discussions it enabled greater knowledge exchange between citizens, professionals, and academic stakeholders.

Such joint investigations are essential to enable more inclusive and well considered student projects, informed by a broad range of technical and social concerns. For graduation projects in particular this serves to prepare students for the multidisciplinary teams of professional practice. With the great complexity and potential of the Greater Bay Area, such collaborations will only become more essential to cultivating the next generation of urban designers in this region.

跨界实验室：重塑城市边缘

Darren Snow　Nuno Soares

粤港澳大湾区提供了一个检查区域基础设施与各种本地场所营造计划之间的接口的绝佳机会。这里存在各种复杂的边界关系、多样的本地文化和密集的城市发展。这样的边界地区也为城市设计提供了密集机会，它们是不同文化和个体表达之间的接口。珠澳边界提供了一个城市边界的案例，它的空间表现不是被切分的一个城市，而是两个截然不同的城市。而最近开放的港珠澳大桥则改变了这些城市与香港之间的空间关系。本工作室以跨界实验室为主题，探索粤港澳大湾区城市交汇处的城市潜力，以更强烈的城市体验和更好的生活品质重塑城市边缘。

跨界工作室首先研究了该地区的当前状况和背景，并针对其未来发展提出了一系列创新的城市干预措施。学生们在以下三个场地中择一开展设计：港珠澳大桥与香港东涌的交界处，珠海拱北边界地区以及澳门内港边界地区。这些沿边界选择的场地触及蓝绿基础设施、包容性公共空间和宜居性、城市基础设施设计和城市更新等各类城市问题。

本工作室在开始阶段开展了一系列工作坊，包括与美国帕森斯设计学院的联合工作坊，以及针对交通和基础设施的城市设计工作坊，以更好地了解边界地区的文化和建筑环境、了解彻底重新设计边界建筑的潜力。与本次联合毕业设计合作伙伴机构的交流与合作，促进了本次设计开展并给这一领域的设计以综合测试。通过评图、讲座和多次非正式讨论，也促进了市民、专业人士和学术界之间的深入交流。在广泛的技术视角和社会学视角下，参与此类联合工作坊对于学生实现更具包容性和经过深思熟虑的设计项目，以及参与跨专业跨学科合作团队至关重要。鉴于大湾区的巨大复杂性和潜力，参与此类合作项目对于在该地区培养下一代城市设计师必不可少。

澳門城市大學

澳门城市大学前身为成立于1981年的东亚大學，2011年更为现名。澳门城市大学创新设计学院开设了设计艺术学士学位课程、城市规划与设计硕士学位和博士学位课程。城市规划与设计硕士学位课程包括城市规划与设计、城市更新技术与管理、风景园林规划与设计三个研究方向。学院立足澳门、放眼全球，汇集形成权威、专业的教学研究团队，开展跨文化、跨学科的教学、研究与实践，建构以“城市治理”为核心的研究型教学机构。

城缘际语——珠澳边际融合与设计

李孟顺　王伯勋

一、缘起与学生组合

本学期联合毕业设计工作坊的这一前瞻性课题，促使我院针对城市规划与设计这门课程，采取本硕协作的教学模式。对于本科生，以奠定城市规划与设计专业基础为主，后续培养研究为辅；对于硕士研究生，则着重将其培养为专业与研究能力兼备之城市规划师。

2019年的联合毕业设计工作坊以珠海-澳门边界为设计主轴，围绕珠澳边界的城市规划与设计进行讨论，课题广度大、深度足，我院因此整合本硕学生展开研究，由硕士生对边界进行问题研究，带领本科生进行方案设计，通过教学方法的创新拓展与多方联合，以“设计认知”“理论提升”与“实践应用”为主，构建覆盖本科及硕士一年级的贯穿式城市规划与设计课程体系。

借由工作坊教学，在培养学生专业实践能力的同时，也对学生的综合表达能力、设计思维能力、演讲技巧等多方面综合能力提出要求。

二、课题计划与执行

本课题以粤港澳大湾区作为背景，以环澳门边界的两岸地区为研究范围，进行合作调研及分析，提出协同发展策略。在此基础上，各个小组选取局部节点区域（应涵盖珠澳两地，面积不小于10公顷）或系统领域进行延伸规划与设计。

研究须关注城市交界处、生态水系比较密集的区域、跨境交通(陆海空)与人流的运务、对生态环境的冲击、非文物建筑的历史保存等。经研究讨论，各组提出如下题目与计划的研究范围：

(1) 珠澳口岸、新城A区。

小组针对新城A区进行了一系列的规划，以新城A区南偏西的区域加上外港码头为规划设计范围，以新城A区全部地域及周边水域为参考范围。

(2) 绿•城——澳门氹仔机场口岸的更新设计。

研究范围为三大部分，包括澳门国际机场、北安临时客运码头和北安工业区，以及北安工业区西南部的大潭山和三座坟场，码头旁边的新城填海E1、E2区域。该场地主要位于澳门特别行政区氹仔的东南部。

(3) 关闸—拱北口岸地区综合开发与研究规划。

研究范围为关闸边检大楼以南、关闸广场周边区域以北，包括关闸广场及关闸边检大楼出入境车道、李秉伦大厦、特警总部、工人球场，以及酒店及娱乐场接驳（发财巴）临时停泊区被列为重点设计范围；介乎关闸广场周边区域、鸭涌河公园、长寿大马路、看台街、莱园涌街及牧场街等区域，则为规划研究范围，总面积约达 17 万平方米。

(4) 青茂口岸。

研究范围位于粤港澳大湾区南部，地处珠海与澳门特别行政区相接之处，东侧架有港珠澳大桥与香港隔海相连，同时口岸周边有珠海高铁站以及珠海汽车客运中心，使得青茂口岸在粤港澳大湾区中具有非常便利的地理条件。

(5) 莲花口岸、横琴口岸。

研究范围在珠海方面包括横琴口岸功能区，在澳门方面从北至南依次包括路氹城生态保护区、联生工业村、路环旧市区、荔枝湾造船厂以及东面的莲花口岸。

(6) 青洲新印象——绿色、宜居。

研究范围包括珠澳跨境工业区和部分青洲地区，北至鸭涌河，南临筷子基北湾，西为跨境工业区珠海边界，东到青洲山边界。总面积为 0.68 平方千米。其中珠海园区面积约 0.29 平方千米，澳门园区面积约 0.11 平方千米，两个园区之间以一条自然形成的水道作为隔离，开设专门口岸通道连接。

三、完成情况

各组在学期总结中均阐述了澳门各口岸的实际情况及对其未来发展策略的建议，并对本项目进行了展示汇报。整体内容涵盖边际城市相关规划解读、研究范围内的城市问题分析、两地的总体构思和功能布局、城市空间形象、交通组织、绿化植栽研究及相应的配套措施。

我院联合本硕专业教师进行学期总评，并从中选出 2 组参与联合毕业设计工作坊，分别为“绿 • 城——澳门氹仔机场口岸的更新设计”与“青茂口岸”，期待他们能在总结汇报时，提供不同于其他高校的策略和建议。经过此种教学方法的运用、专题性研究的嵌入以及设计过程性的注重，提出的改善策略，较能符合当今时代的城市发展。教学团队的多元性、授课形式的多样性，加之发挥研究性学习在城市设计实训教学中的作用，使得教学效果显著。

四、结语

通过本次联合毕业设计，学院首次进行本硕结组，由本科生进行珠澳边界的城市设计，研究生辅以珠澳边界的深度探讨，完成专业实践与综合提升，相较于常规的毕业设计课程教学模式，拓展出新的教学方法。

(1) 本次的联合毕业设计工作坊有别于自上而下导则式规划的设计模式，联合毕业设计工作坊以自下而上的低干预设计模式，由学生依据组内调研结果，自行设定研究范围，使学生对设计过程及期待的成果能有确切的掌握。

(2) 联合毕业设计工作坊具有显著的在地性，紧密围绕珠澳边界进行重点研究，深度探讨在城市发展与时代脉络更迭下的城市问题，在尊重环境的基础上，培养学生基于场地、小区、居民与城市发展的协调性，拓展学生对城市规划与设计的思考。

(3) 联合毕业设计工作坊的成果展示提供了校际反馈机制，设计作品完成后的场地展示与汇报，使设计成效获得回应与再检视，进一步培养学生的自我反思能力。

通过本次联合毕业设计工作坊，本科生在真实场所中直面城市真题，硕士研究生在城市边际进行深度调研与发掘城市冲突。城市设计需要学生有一定的社会理解力和解决问题的能力。作为实践教学的新形式，联合毕业设计工作坊能快速调动学生自主学习积极性和实践热情，并能较好地建立学生、设计场地和边际城市之间的交流平台，实现通过实践教学提升学生设计综合能力的培养目标。

華僑大学

华侨大学建筑学院现有建筑学、城乡规划学、风景园林学 3 个本科专业（五年制）。1983 年创办建筑系，2003 年创办“城市规划学”专业，2018 年 3 月建筑学学科群入选福建省高原学科“双一流”建设学科。学院贯彻“会通中外、并育德才”的办学理念，倡导传承民族精神，融通多元文化，高度重视建筑教育、科学研究与生产实践的整体性关系；在科研上长期着眼于闽南地域城市与建筑研究，同时积极开展国际交流与合作，国际化特色鲜明。

细微的创新带来新模式的雏形

边经卫　龙元　肖铭　林翔

这次联合毕业设计是联合毕业设计工作坊联盟第二次在“特殊条件下”的规划探索。当前资本的全球化进程提速，既使全国城市表现出单一化、同质化特征，又使得“千城一面”的城市具体形态骂名落到我们规划者的头上，深刻地表达出传统规划的无力和内虚。规划必须探索新的工具和模式，从个案入手，寻求新的逻辑关系和新的工作方法。

在此背景下，我们这次联合毕业设计的两个组，分别从不同的角度，对两种社会制度下的边境地区进行了新的尝试，试图突破已有框架的约束，建立地方性特色规划的新路径。

第一个组是湾仔—内港片区组，这个组的同学对珠澳边界的历年演变、口岸以及周边规划情况进行调查研究，发现两岸往来历史最悠久且空间上仅一水之隔的湾仔—内港片区被忽视。湾仔片区是临水贸易的起源之地和特色之地，仍然保留很多当地的特色活动和文化，发展的潜力与可能性较大。在历史上，湾仔—内港片区一直有着紧密联系，尤其两岸的小额贸易来往十分频繁，这些往来蕴含着当地的特殊文化和意境。其中花农与渔民一直就是两岸日常交往中不可或缺的重要角色，是珠澳合作交流的“先行者”。但由于近年城市资本的扩张，对鲜花种植业、渔业这种小范围、小金额的在地产业造成了一定的影响，两个产业逐渐式微，从而减少了两岸的合作与交流。新的规划期望对两岸合作与交流的贸易基础——鲜花种植业、渔业进行转型提升，寻找适应新时代发展的合作方式，形成新的在地产业。因此本组规划设计的核心思路是基于特定人群的生活流线提升，带动空间提升，进而带动未来产业提升以及两岸交流。

本组的整体发展框架提出了满足特定人群的需求和提升产业空间、产业价值两方面的策略。在整体策略下，形成了“两轴、三带、四区”的空间结构。两轴，分别是鲜花和渔文化体验交流轴。三带，分别是田园风情带、湾仔滨水活力带以及内港滨水活力带。四区，分别是湾仔滨水渔港区、湾仔都市花田区、湾仔“渔”乐教育区以及内港趣味展销区。通过四个片区的分工合作，对鲜花和渔业进行提升，既满足了两岸的日常活动需求，同时也深层次地促进并巩固两岸交流、传承延续两岸贸易往来的文化。本组在规划中抓住在地性的特征，积极促进传统活动的现代化升级，以协助边境两边的居民在保持传统习俗的情况下，积极与现代社会协调，形成特色发展模式。浮动花市、创意内湾、城街公共带、渔村公共带都是很好的空间设计节点。

第二个组是拱北口岸组，这个组的同学从居民的相互交流出发，探索需求 - 供给关系的升级和创新。同学们在现场调研时表现了强烈的好奇心和求知欲，在陌生的基地和环境中，不断摸索与感悟，在这片珠海与澳门交接的地区探索过往的历史，寻找着珠澳居民交流的点点滴滴，在偶然之中发现这样一条满载珠澳记忆的古驿道——莲花路步行街。昔日的繁荣与当下的冷清这一强烈对比着实让人感到可惜。借助这样一个珠澳民间交流共建的生活载体，结合周边社区居民的实际情况，小组提出了一个“不断生长和变化”的慢行活力“绿环”的概念：以莲花路为主要路径，蔓延到滨海，沟通拱北片区与滨海关系，弥补澳门公共空间的稀缺及其与珠海联系弱的现状。这不仅是游憩的绿环，还是工作环、生活环、运动环。根据季节和活动的变化，环的路径还可以游动变换。

主环位于莲花路，小组在路的两旁设计了立体的活动平台，改变了老路单调的现状，配合两旁业态的提升和变化，采用多种平台适当插入，形成新旧混合的纽带。珠澳居民在拱北片区，通过绿环慢行系统，交流更加密切，使其在泛遗产化的当下能够重新成为珠澳的纪念性空间；抓住珠澳关系纽带——澳门劳工和主妇（特定人群），打造（特定的）工作、休憩、生活空间节点，延续空间肌理，加强功能肌理混合，文脉肌理共铸，达到有形与无形边界的消解，使得古驿道焕发昔日的光彩。

这个组的出发点和设想很有创意，但遗憾的是动态的“环”没有能在图纸上“活”起来，实在是可惜。设计的几个节点，如空中街市、莲心公园、创智工坊等，都非常生动，充满活力。

总的来说，参加联合毕业设计两个组的学生，都在这个过程中培养了独立思考和解决问题的能力。从学习到创造，是他们规划职业生涯的开始。各个院校之间的思想碰撞，使大家对问题有了更深层次、更全面的思考。更重要的是，通过联合毕业设计的平台，不同高校的学生们相互学习；与业界的专家深入交流，收获颇丰。

理念更新比物质环境更新更为重要，却往往遭到更大阻力。一方面既有的社会结构和权力安排本能地反对新理念的挑战；另一方面网络时代的新理念数量过多，质量参差，更新过快而无沉淀。本次联合毕业设计就是让学生们学习应对繁杂、冲突和挑战，把自己的理念做好，做细，沉下去，做完整；让学生们认识到规划是基于现实的规划，从小方面入手，以小见大。掌握空间手段在以后的规划生涯中以实际为出发点，以可落实为目标，给社会的发展助力。

同时，联合毕业设计也是对教师、对教学体系的巨大挑战，每次联盟活动都给我们带来很大的冲击，逼迫与鼓舞着我们不断寻找新的路径，探索新的可能，以适应社会与学科的快速变革。

再次感谢联盟带来精彩的联合毕业设计！

中山大學

中山大学地理科学与规划学院成立于2002年10月，其前身是创建于1929年的中山大学地理学系，是我国最早在理科开设的地理学系，是由国家外专局和教育部联合批准的地理学科“高校国际化示范学院推进计划”试点单位。学院拥有城乡规划（工科）、人文地理与城乡规划、地理信息科学、自然地理与资源环境4个本科专业，城市与区域规划（工科）、地理学2个一级学科硕士点，地理学一级学科博士点，以及地理学博士后流动站。

理工碰撞　融会贯通

周素红　文萍

一、选题

作为今年新加入联合毕业设计工作坊的学校，中山大学团队师生在联合毕业设计工作坊的整个过程中获益良多。中山大学的城乡规划学科与地理学科同属一个学院，学科之间交融、渗透颇深，在学生培养中一直强调在规划实践中重视理论思辨，在科学研究中强调现实导向。本次参与联合毕业设计工作坊的学生来自人文地理与城乡规划专业，以学术论文作为成果形式来开展研究工作，并与其他高校的城市设计团队一起交流探讨，为联合毕业设计工作坊带来了跨界思维碰撞，擦出了不一样的精彩火花。

本次教学实践改变了以往学位论文指导中单纯的导师与学生一对一交流模式，通过联合毕业设计工作坊的形式，来自不同地域、不同学校以及不同专业背景的老师和学生共同去探究和回应同一个主题，在交流和研究中思想火花的碰撞让我们看到了该主题更多的可能性，也让我们在互动与学习中得到了更多的教学启发。

联合毕业设计工作坊以“珠澳边界场所再造”为主题，紧跟国家发展大局，关注粤港澳大湾区格局下的跨境城市体系，体现出时代性与创新性的特点，具有较强的实践意义。在既定战略话题的导向下，议题方向以及研究区域尺度的选取具有较大的弹性，体现出开放性和包容性的特点，有利于彰显各校特色以及激励创新。联合毕业设计工作坊为我们提供了几个颇具价值的议题方向，如①中心与边缘：珠澳血脉相连的新境界；②隔离与融合：边界空间的动态变化；③防洪与水景观：多功能的景观基础设施；④走向“泛”遗产概念：对立与二元性的趋于消解。

在四大议题方向中，我们结合学生人文地理与城乡规划专业背景特色，充分考虑研究的可行性以及可交流性，将成果形式确定为研究论文。以珠海和澳门跨边界交流的人群为对象，通过对比两个方向交流的个体活动模式和社会交往空间的差异来洞悉边界的隔离与融合效应，以期为空间规划提供一些参考和建议。

在确定研究选题以及初步研究思路的基础上，结合工作坊的实地考察、中期汇报和终期答辩三个重要节点，我们对教学过程进行了详细安排，确定了调查方案和调查问卷内容设计、实地调查和数据收集、调查数据分析、研究问题挖掘、毕业论文成稿与修改等几个环节。

二、教学过程

1. 前期工作：敲定问卷，专家倾授

在联合毕业设计工作坊集体实地考察前，我们与学生进行了多轮问卷内容讨论以及修改，大体敲定了问卷内容。在

2019 年 3 月初的工作坊联合实地考察中，来自澳门城市大学的师生以及来自珠海市规划设计研究院、广东省水利水电科学研究院等专业机构的专家们分别对珠海和澳门的概况进行了详细的介绍，以便大家更详尽、更快速地对研究区域的基本情况有一个整体的把握，为我们提供了一个答疑解惑的平台，使我们更有针对性地开展实地考察和后续研究。

2. 实地调查：校际互助，迎难而上

在考察实践中，我们对珠澳边界地区以及部分城市内部区域进行了考察。综合考虑资料收集以及实地考察情况后，我们选取了拱北口岸作为研究对象，并作为样本信息的收集区域。由于发放问卷的工作量较大，我们得到了联合毕业设计工作坊其他高校成员们的热心帮助，团队的力量使得研究工作得以更好地开展，对此表示由衷的感谢。在初次实地考察及问卷信息整理的基础上，我们后续又开展了几轮补充问卷调查和深度访谈。在实地调查推进的过程中，也遇到了一些困难，比如拱北口岸附近的管控较为严格，问卷调查受到安保人员的限制；口岸附近人员的流动性较大，愿意停留下来接受问卷调查和访谈的过境旅客较少等。学生在调查过程中努力克服各种困难，获取了宝贵的一手资料，令我们深感欣慰和骄傲。

3. 中期汇报：信息共享，跨界碰撞

中期汇报作为过程监督及交流学习中的重要一环，对教学的推进起到了较大的促进作用。在中期汇报过程中，来自不同学校的各个团队展示了详尽的基础资料和调查发现，并从新颖的视角切入，提出了初步设计方案。各团队的独特视角引发了老师和同学们的热烈讨论，尤其是中山大学团队由于以毕业论文为形式导向，在汇报中通过个体跨界活动的行为特征来探索大湾区居民的跨界空间需求，与其他城市设计团队以边界空间供给和优化为导向的分析形成强烈互补。不同团队的相互交流为各自提供了更为丰富的信息和别具一格的启示，学生们也获得了来自不同高校教师的指导，思维和视野得到了极大开阔。

4. 终期答辩：各显神通，精益求精

带着中期汇报的反馈与收获，学生沿着研究思路继续深入推进，完善了研究，并完成了学位论文，顺利通过了本校毕业论文的答辩与考核环节。在联合毕业设计工作坊的终期答辩环节中，各团队的同学们介绍了本组的最终方案与成果，我们欣慰地看到师生共同辛苦耕耘后收获的丰硕果实。各团队方案都在中期汇报的基础上有了显著提升，中期汇报中来自其他团队师生的信息和建议被纳入方案中，同学们的分析更加深入，总结更加精当，特色也愈加鲜明，方案完成度非常高，现场汇报也更加从容、自信。老师们对整个过程给予了充分的肯定，并对来年的联合毕业设计工作坊的教学方式充满了期待。

三、结语

回顾本次联合毕业设计工作坊的教学全过程，主办方华南理工大学以及其他高校的认真对待与辛勤付出让我们深受感动。对于这种创新的联合毕业设计工作坊的教学形式，我们有几点体会与心得：

第一，联合毕业设计工作坊的形式促进了老师和同学们的广泛交流与合作，通过不同思想与专业的交流与碰撞，打破了固有的地域性和学科领域性思维束缚，使得同学们的专业能力以及视野水平有了提升，教学相长。在往后的联合毕业设计工作坊活动的开展中，应该继续充分利用这种难得的机会来进一步促进老师和同学们的交流与合作，在学生成果展示的基础上，通过增加圆桌会议等形式调动同学们思考与讨论的积极性，同时也可在教学方式和过程上进行更多的交流。

第二，通过成果的交流，可以看到同学们开阔的思维与不俗的创意，这是大学教学的核心目标之一。同时，作为具有实践意义的城市设计方案，规划也应当更加注重逻辑性与可实践性。因此，在本科生培养，尤其是最关键、最集大成的毕业设计环节中，老师们应继续坚持和注重培养学生从实际出发、实事求是而又不墨守成规、敢于创新的能力和气质，为我国的城乡发展输送更多优质的未来空间规划师、设计师和研究者。

最后，我们对主办方以及各校的老师和同学们表示由衷的感谢，也期待联合毕业设计工作坊能越办越好！

广州大学

广州大学建筑与城市规划学院前身为创办于1991年的华南建设学院西院，2000年并入新广州大学。学院现设有建筑学系、城乡规划系、风景园林系三个系。拥有建筑学和城乡规划学一级学科硕士学位授权点和风景园林硕士专业学位授权点。学院专业定位为面向广州和粤港澳大湾区城乡建设需要，通过综合实践和创新能力为核心的专业教学，培养具备坚实的专业知识基础，具备分析问题和创新解决问题能力，富有社会责任感，视野开阔，能欣赏和融入任何团队的高素质国土空间规划应用型人才。

“历史”与“未来”

戚路辉　户媛

广州大学建筑与城市规划学院首次加入粤港澳大湾区的九校联合毕业设计。在这一过程中相互学习与交流，同学们眼界大开；在亦师亦友的教学过程中，老师们也颇有收获。笔者有幸全程参与，体验到一种努力奋斗、快速成长的幸福感，现在回想起来还是思绪满满。以下既是一点经验，也是一点心得，与大家共勉。

一、教学目标的“惯性”与“创新”

首先，参与这次联合毕业设计是想打破对教学目标的惯性思考，以往毕业设计是五年教学的结束，主要目标在于考查学生对知识的综合运用能力、图像表达能力及逻辑思维能力。由于是最后一次作业，为了成果的完整性，更多的是集中于对以往知识的汇总，缺乏对新知识的学习以及旧知识的创新应用。对于老师来说，更多的是对一批学生教学的结束，而未意识到这同时更是一个新的开始——检验以往教学的不足，从而对新一批学生进行教学改革的开始。

广州大学作为广州市地方院校，更应该结合广州市千年商都以及海洋文化中开放、灵活与不拘泥的务实、创新精神，这是我们在此次联合毕业设计中想着重培养的教学文化，不畏失败与艰辛的“创新”才是广府人应该具有的品格，因此确定了“务实、创新”的教学目标。

二、教学过程中的“旧”与“新”

教学目标确定下来后，我们很快决定应该围绕市民喜欢、市场可行两个主要方面，不仅从城市空间入手，更是强调提出包括城市活动空间营建、建设项目策划、空间设计、规划管理等与空间相关的一整套解决方案，突出“以问题为核心，全面策划与规划并行”的整体思路。只有这样，我们的城乡规划方案才能不仅仅是“图上画画、墙上挂挂”的美妙蓝图，而成为符合时代需求，扎实可行、灵活多变的行动导向规划。

首先，初次拿到“珠澳边界场所再造”这个题目，与以往有明确边界及相应任务要求的规划项目相比，这个设计课题有太多的不确定性。面对这么有新意的“难题”，同学们都感觉无从下手。记得第二次小组讨论的时候，同学们更多的是基于以往做过项目的思维习惯提出设计策略，如有的学生提出借助珠海高铁与澳门轨道交通建设，以国内比较流行的TOD开发作为设计目标；有的学生则认为应该以城市滨水两侧沿岸整治，改善环境，空间相互对话作为设计思路。这无疑是目前规划设计的一个主导思路，也是一个相对“安全”的设计策略。针对这些想法，老师们指出：这样的设计策略可以是最后的手段，但绝不能成为先入为主的设计思维，否则将难以全面而深入地考察这个地区，挖掘这个地区的特色与问题；只能挑选现状适合的政治、经济、空间环境等条件，借鉴合适的案例及其优势，尽可能为这个设计主题“自圆其说”，而忘记“务实、创新”的设计追求。被否认后，同学们也很快明白老师的苦心，扎扎实实地开始从地理环境、现状条件、历史演变等出发，从交通问题、文化背景、经济条件、政策可行性等角度开始思考，甚至从“边界”这个词语的辞海解释、心理认可、图形分析等角度进行挖掘，整个过程充满了不确定的“危机”与“乐趣”。

最后，针对此次珠澳“边界”的设计主题，经过实地考察后，在华南理工大学组织的与澳门城市大学、珠海市规划设计研究院的交流中，同学们最终决定将“城市文化”作为设计的突破点，因为这个地区最大的特色就是“一国两制”，这使得两地在有明确行政边界的同时，文化上有着同宗同源的广府文化背景，又有中西方文化交融的特色。而只有在共同的文化背景下，才能使得两地居民更好地达成共识，才能更好地实现“一国两制”的方针，因此两组同学有了围绕湾仔、内港两侧以水为媒的“流动的边界——滨水社区文化活力的再塑造特征与机制“，以及以两地共兴共荣为主旨，打造未来增长极的“魅力·多维汇——珠澳边界青洲地区的城市再生分析”这两个设计主题。

三、设计内容的“传承”与“突破”

以城市文化为主题的规划设计无疑对本科生甚至我们老师来说都是一个难题，以往我们更多地将文化赋予形式，如北京的琉璃坡屋顶、安徽的粉墙黛瓦，难道我们还是以岭南的锅耳山墙等形式符号，回应城市文化的话题？如何把握历史文化传承与创新的设计，会不会走到死胡同，也是我们老师所担忧的。最后同学们以岭南梳状格局演化而来的垂直于水道开设道路的路网风格、塑造延续岭南一年四季文化活动空间、串接珠澳两地文化交流的时间轴，以及卫星艺术站、负空间的建筑文化设计策划等创新性的设计手法，重新解读岭南广府文化；也有了为文化融合，以及解决边界地区交通难点的问题，设计跨区域城市交通规划，从广东省路网融合、珠澳边界轨道交通联系，到建筑物内部交通设计都提出整套的解决办法。不拘一格的规划设计风格，也正是岭南务实、创新文化的一种展现。

四、文本结构的“同”与“异”

以往规划文本结构讲究内容的逻辑性，从现状分析、问题总结、规划定位到空间设计，形式上呈现很好的条理性，但往往也会出现提出问题没解决、现状分析与规划结论联系较弱的情况。以问题为导向，则能避免这种情况。如以“魅力·多维汇——珠澳边界青洲地区的城市再生分析”为主题的设计组，以中心与边缘畅享珠澳紧密联系的新境界、城市产业发展下政治边界的交往融合、空间边界的功能与景观改善、国际化视野下的公共空间特色化设计四个问题为文本框架；以“流动的边界——滨水社区文化活力的再塑造特征与机制”为主题的设计组，以珠澳及边界视角下的珠澳认知、寻找一河两岸下湾仔内港的独特魅力、探索未来湾仔内港连接方式与发展为主题来组织设计文本内容。这样使得现状分析与规划成果有了更密切的整合。为了组织空间涉及各个要素的前因、后果，对现状条件分析进行了灵活的取舍，更强调问题分析的内在连贯性。虽然同传统文本组织方式相比，整体性与严谨性稍显不足，但问题针对性与突出地域特色在文本结构中则较为突出，也使得本次联合毕业设计的风格多样化，也突出了广州大学的教学风格与特色。

五、尾声

很感谢创始学校的组织与支持，提供了这一次宝贵的学习机会。在组织过程中，诸多的讲座与多次学生集体汇报，使老师和同学们都学习到很多宝贵的经验，特别是华南理工大学系统全面的设计风格、同济大学的宏观到微观整体的设计过程、深圳大学崭新的设计创意、华侨大学的小中见大的设计理念、澳门城市大学大胆而优美的城市形态设计、香港中文大学的大胆假设而小心求证的设计心态、中山大学分析的条理性与理论性、广东工业大学的成果完整性都让我们受益匪浅。

设计题目的创新性，也引发了由于经验缺乏，可借鉴的资料少的挑战，使得我校学生在本次设计中不仅仅是对前四年多知识的运用，更是一次创造性的再组织，以及对新知识的快速汲取与运用，从规划理念到学习方法都是一次很好的历练。虽然最终成果呈现与汇报尚有不足之处，但同学和老师们都很欣慰。正是这种不畏艰险，挑战自我的精神，成就了优秀的广府人，也希望能通过联合毕业设计使得这种风格得以延续，让新时代的广府地区蓬勃发展。

廣東工業大學

广东工业大学建筑与城市规划学院具有深厚的人文底蕴和历史传承，设有建筑学、城乡规划和风景园林三个本科专业，拥有建筑学和城乡规划学两个一级学科学术学位硕士点和建筑与土木工程全日制专业学位硕士点。城乡规划本科专业创于1994年，为5年制本科专业，在2015年通过全国高等学校专业本科教育评估。多年来城乡规划系为国家城乡建设事业及国内外建筑与规划领域培养并输送了大批优秀人才。

思维碰撞　教学相长

葛润南　吴玲玲

一、加入联合毕业设计工作坊

2019 年，华南理工大学开展“珠澳边界场所再造”联合毕业设计， 6 名学生与我们两位教师组成团队参加了本次联合毕业设计。学生们热情投入，在整个设计过程中通过合作与分享、交流与碰撞，收获了很多新的知识与技能。我们两位教师在联合毕业设计的教学过程中，也收获了与以前不同的经验，为今后的教学探索了新的方向。

二、毕业设计小组教学与实践

1. 大湾区背景与选题的确定

这一次联合毕业设计围绕珠澳边界地区展开相关专题研究及主题性规划设计，各学校根据自身特点自行确定研究内容和设计尺度。课题的设定内容丰富，同时也具有挑战性。学生不仅需要关注宏观的大背景，也需要关注环境与景观、文化差异与制度影响等。参加联合毕业设计的几名学生各有特点，共同的优点是比较有探索精神，在前期的学习过程中表现出对规划策略研究和空间设计较强的兴趣。因此，结合学生特点，我们最终将毕业设计题目定为“珠澳跨境边界空间协同发展研究与城市设计”，希望通过两个层面的研究引导学生综合运用专业知识，并努力做到融会贯通。

2. 场地调研与初步思考

2019 年 2 月底至 3 月初，场地调研如期开展，其间的两次集中交流，对学生们了解场地的特征，把握设计要点发挥了重要的作用。场地调研的质量直接影响规划编制的科学性，调查研究的过程是对城市从感性认识上升到理性认知的过程，也是方案孕育的过程。 6 名学生中有 3 名此前作为游客到访过澳门，对澳门的印象基本无异于一般的游客，虽然临行前阅读了一些相关书籍，但在调研过程中获得的直观感受仍然让学生们感觉新鲜，而这新鲜感并不只来自城市空间的差异，更多的是来自隐藏于空间之后的文化差异。此外，宏观环境与制度显然也影响着城市空间发展，例如澳门内港地区，作为曾经的城市发展活力核心，其衰落与对岸珠海边界地区得益于规划政策和多年来持续稳定的经济发展而呈现出的良好态势形成了较鲜明的对比。跨境边界地区未来的发展应该怎样，澳门与一线相隔的珠海应该有怎样的关系，能不能用我们的价值观、城市观去看待澳门的发展，等等，这些都成为调研之后学生与我们两位老师思考和讨论的问题。

3. 设计概念形成与中期汇报

在对场地进行细致解读的基础上，学生们逐渐梳理了场地的特点，对文化与制度影响下的城市形态的差异，场地中的文化脉络与承载记忆的场所，场地的生态与环境等都有了比较深刻的认知。在教学过程中，我们两位老师始终启发学生站在粤港澳大湾区宏观背景之下，从政策解读与对接、制度比较与方法运用、空间研究与设计等方面多维度、多手段地去尝试解决场地现存的问题，并为场地未来的发展提出合理的策略。通过系列研究与讨论，小组形成了初步的设计概念——“韧性纽带”——通过资源共享、协同发展，逐步弱化边界的隔离作用，最终达到两地的合作共赢。虽然这一构想实施的路径和策略还不明确，但这一概念最终贯穿学生们的整个设计过程。

2019 年 4 月 3 日，联合毕业设计工作坊在华南理工大学进行中期汇报，各校学生呈现出的热情及多样的成果让人惊喜不已，对场地不同角度的切入，解决问题的多样方法，不时让人眼前一亮，老师们的精彩点评也给了学生更多的启示，将联合毕业设计工作坊在教学上的优势充分发挥了出来。中期汇报是一次思维的碰撞，所有参与者都有各自的收获。

4. 设计成果与终期答辩

带着中期汇报的收获，毕业设计进入下一个阶段——城市设计。在这一阶段，学生们根据各自的关注点与兴趣点以及对场地的理解，选择尺度适宜的城市空间，尝试将之前的设计理念落实。毕业设计作为城乡规划专业实践教学的最后一个环节，应该能够起到将学生之前所学的专业知识融汇并进行综合演练的作用，所以在教学上，我们选择了城市设计作为成果要求。城市设计是关于人、社会与环境的综合性设计，学生需要在多语境下通过对城市的系统分析，将各种设计手段落实在空间上并考虑实施的策略。

6 名学生分为两组，选择了不同的城市设计基地，在这一段的教学过程中，我们两位老师要求学生尝试寻找边界的更多重意义，着重理解不同制度下的土地利用模式与城市形态特征，并在产业更新与空间设计的策略方面考虑可实施性。

2019 年 6 月初，各校在华南理工大学建筑红楼进行成果展示与终期答辩。作为终期成果，各校展示的内容相对中期汇报在完整度和饱满度方面都更上一层，空间设计更合理，推导过程更具逻辑性，同时也充分展现了各个学校的特点与个性，老师们则从多个专业角度进行了深入点评。

三、毕业设计小组教学理念

在整个毕业设计教学过程中，有两个理念贯穿始终。

1. 正确的公共价值观是发现与解决城乡问题的基础

城乡规划设计的实践对象以公共领域为重点，基于公共性特点，价值观教育一直是专业教育的重点。只有基于正确的公共价值观，规划者才能做出符合社会发展规律并经得起考验的判断与决策，从而为城乡与社会发展做出贡献。

价值观教育是复杂且富有难度的，所以在教学过程中，我们始终坚持不帮助学生判断，而是引导学生从多角度考虑问题，帮助学生建立公共意识，逐渐形成自己的判断。世界不是非黑即白的，交流中的碰撞有时正是显示了不同的价值取向。学会判断，是作为规划者应具有的能力。在树立了正确的公共价值观后，经过专业的积累，学生们在未来的职业生涯中将会建立起属于自己的科学的城市观。

2. 规划理论与建设实践相结合是规划可实施的基础

规划设计方案的可实施性是一个方案最终落实的关键性因素。由于学生缺乏足够的实践经验，在确定场地发展目标及进行空间设计时有时会忽视可实施性的问题。在教学过程中，我们要求学生在每一个层面都要考虑规划的可实施性，在运用理论时必须要将规划理论与建设实践相结合，充分考虑规划实施的各个环节。在小组讨论时通过互相“挑毛病”寻找方案中存在的不合理因素或逻辑缺陷，通过解决这些问题，最终使方案更具合理性，做到“既有理想，又脚踏实地”。

四、小结

在主办方华南理工大学的精心安排下，此次联合毕业设计为各院校和师生搭建了宝贵的学习与交流的平台。对于初次参加的我们来说，与以往的毕业设计相比，联合毕业设计中无论教师还是学生的工作强度都比较高，但收获也更多。在一次次的专题研究与讨论、联合交流与汇报中，产生了大量思维的碰撞，学生们逐渐厘清思路，产生设计概念并最终落实到空间设计中，将几年专业学习中获得的知识融贯运用。对我们两位老师而言，院校之间的交流，为我们提供了取长补短、观摩教学的难得机会。整个过程教学相长，为提高专业教学质量提供了宝贵经验。

教学过程

TEACHING PROCESS

2018/12 **课题启动**

2019/1 主办单位前期勘探，筹备调研指引

2019/2 **前期调研**

其中：2/28 — 3/4

各校师生分头赴珠澳两地进行实地踏勘调研

3/1 九校集中交流与互动（地点：澳门城市大学）

3/2 专家讲座（地点：珠海市规划设计研究院）

2019/3 — 2019/4 调研成果与初步方案

2019/4 **中期汇报**

其中： 4/2 华南规划论坛（主题：空间发展与管治）

4/3 九校中期成果汇报交流

2019/4 — 2019/5 中期方案深化

2019/5 — 2019/6 成果制作

2019/6/5 **终期答辩**

九校终期成果答辩交流

实地调研·专题讲座·各校交流

华南建筑·活动报道丨2019届华南理工大学建筑学院联合毕业设计暨九校联合工作坊调研及专家讲座活动圆满结束

华南理工大学建筑学院 2019-03-08

Between & In Urban Space

2019年2月28日—3月3日，2019届华南理工大学建筑学院联合毕业设计暨三地九校联合工作坊“珠澳边界场所再造Between & In Urban Space”现状调研及专家讲座交流活动圆满结束。

本次课程活动由延续上一届澳门城市大学、华南理工大学、华侨大学、深圳大学、同济大学、香港中文大学(按拼音首字母排序)六所高校组成大湾区高校设计联盟，偕同中山大学、广东工业大学、广州大学三所新加入的广州高校组成,共计师生70余人参加了珠海、澳门两地的实地调研及专家讲座交流活动。

3月2日的专题系列讲座在珠海市规划设计研究院举行，来自不同研究方向的四位行业专家，从不同视角分享了珠海和澳门地区相关规划发展情况、边界地区水系治理、水系设计等精彩内容。

其中，珠海市规划设计研究院副总工程师陈锦清博士介绍了珠海城市整体发展历程，对珠海紧邻澳门的拱北口岸地区、珠澳跨境工业区、湾仔、十字门、横琴等地区，在“一国两制”和粤港澳协作发展大背景下，其发展演变和规划应对做了针对性介绍和互动式探讨。

广东省水利水电科学研究院教授级高级工程师刘达博士以珠澳相接水系为例,分析了洪涝的形成原因及防洪体系现状，讲解区域防洪排涝方案的研究设置，介绍了跨界感潮水系的治理策略及经验，其中重点介绍了影响城市防洪的几个重要因素以及区域防洪排涝的解决方案。

美国SOM设计事务所罗志航理事重点介绍关注水系统和生态系统视角下的珠三角滨水地区规划设计案例、TOD地区规划设计案例等，为同学们提供珠澳边界城市设计相关借鉴和参考。

澳门建筑师和城市规划师Nuno Soares(苏伟图)结合本人多年生活澳门的经历以及指导香港中文大学及圣若瑟大学课程工作坊指导经验，介绍关于珠澳边界地区相关概念设计工作坊方案。

九校联合设计工作坊调研阶段活动暂告一段落，工作坊将持续展开系列城市调查研究，下一阶段的中期汇报将于 2019年4月初在广州举行，敬请期待！

主题报告·圆桌会议·答辩交流

华南理工大学建筑学院院长孙一民教授

答辩交流

圆桌论坛现场

大湾区香港中心研究总监、
香港城市大学商学院访问教授王缉宪

圆桌论坛现场

答辩交流

广东省城乡规划设计研究院
总规划师马向明

集体合影

前期调研
Previous activities

作为本次联合毕业设计的组办方，华南理工大学教学团队于 2019 年 1 月中旬赴珠海、澳门两地进行前期踩点调研，并制作调研指引电子文件分享给其他各校。因参与联合毕业设计的 9 所学校分属六个不同城市，且参加调研的师生超过 70 人，为方便各校灵活安排调研，现状调研环节采取“分散 + 集中”的方式，约定 2019 年 2 月底到 3 月第一周作为实地踏勘环节，结合珠海和澳门边界主题展开了为期至少 4 天的实地踏勘、问卷调研、讲座交流等一系列活动，并约定两个半天作为集合时间。

其中，3 月 1 日上午，各校师生应澳门城市大学热情邀请开展交流与讨论活动，澳门城市大学创新设计学院助理院长王伯勋博士分享澳门城市大学师生团队前期相关调研信息，针对珠海与澳门之间各口岸现状、通行能力、开放时间、开放对象、未来口岸建设等内容进行详细介绍，之后各校师生积极互动，并针对填海造陆、风暴潮影响、澳门内港通行状况、赌场与城市的关系、澳门城市形态演变、澳门居民在珠海的居住与通勤情况、港珠澳大桥对澳门的影响等若干问题进行热烈交流与讨论。

师生在澳门实地调研

师生在澳门城市大学进行交流

全体师生在澳门城市大学合影

3月2日下午，九校师生在珠海市规划设计研究院友情提供的报告厅集中，并邀请了来自不同研究方向的四位专家——珠海市规划设计研究院副总工程师陈锦清博士、广东省水利水电科学研究院教授级高级工程师刘达博士、美国SOM设计事务所罗志航理事、澳门建筑师和城市规划师Nuno Soares(苏伟图)先生，从不同视角介绍珠海和邻澳门地区规划发展及建设历程、跨界感潮水系的治理策略与经验、水系统和生态系统视角下珠三角滨水地区规划设计案例、珠澳边界地区概念设计工作坊案例等，为各校师生提供珠澳边界城市设计与研究相关参考和宝贵借鉴。现场气氛非常热烈，各校师生踊跃互动和探讨交流。

全体师生及讲座嘉宾在珠海市规划设计研究院合影

中期汇报
Interim presentations

2019 年 4 月 3 日，九校联合毕业设计中期汇报在华南理工大学五山校区建筑红楼一楼多媒体教室举行。该教学环节主要是协助同学们把握研究方向、明确工作思路，同时检查学生毕业设计工作进度。来自九个学校的规划小组依次展示各校中期阶段成果，同学们立足于粤港澳大湾区的时代背景，从不同尺度思考珠澳边界存在的现状问题并研判未来的发展定位，探求持续释放的跨境互利制度前提下边界地区的未来内涵演变和功能创新，从不同的视角结合区域交通、边界生态、城市肌理等尝试探索落到珠澳边界地区的空间表现形式。整整一天的学生汇报和教师点评，促进各校师生之间的交流。

中期汇报前日（即 4 月 2 日），由华南理工大学建筑学院、亚热带建筑科学国家重点实验室主办及广州市城市规划协会协办的“空间发展与管治”大型学术论坛在华南理工大学建筑红楼报告厅召开。该论坛主题为“湾区空间规划的整合与建构”，旨在共同探讨跨界合作下的欧洲空间规划实践经验和借鉴启示、湾区空间规划体系的构建设想、跨界地区协同发展模式与空间治理体系以及合作体制和机制的创新路径等。因论坛主题与跨界地区协同发展密切相关，大部分参与中期汇报的师生也参与旁听学习及互动交流。

同时，代尔夫特理工大学建筑学院 Vincent Nadin 教授作为华南理工大学海外名师，4 月上旬一直参与毕业设计中期阶段的教学指导，包括课程讨论、主题论坛、专家讲座、中期汇报点评等教学环节。

开场致辞

学生汇报

评委点评

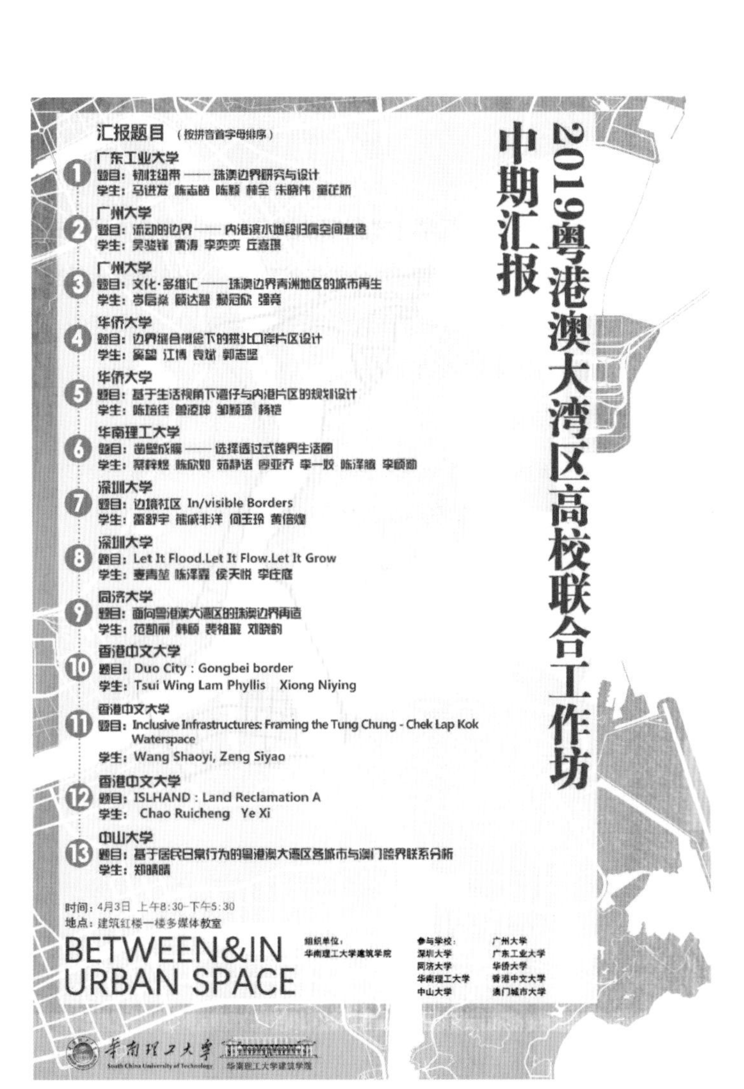

Vincent Nadin 教授参与毕业设计指导

全体师生及点评嘉宾合影

Vincent Nadin 教授与华南理工大学部分师生合影

终期答辩
Final presentations

2019 年 6 月 5 日，联合毕业设计终期答辩和教学交流在华南理工大学五山校区 27 号楼二楼多媒体教室举行，来自九所学校 70 余名师生参加。答辩评委会由来自九所高校的多名教师和校外嘉宾 Marco Lub 教授、深圳市新城市规划建筑设计股份有限公司肖靖宇先生等 18 人组成。各组同学结合各自对主题的深入理解来充分展示和汇报毕业设计成果，答辩评委老师针对各组毕业设计成果提出不同视角的点评，并给出启发性建议。虽然整整一天的答辩流程工作强度很大，但全程会场气氛热烈而融洽。最后，各校指导老师分别畅谈对联合毕业设计教学的相关心得和体会，大家一致认为本次联合毕业设计工作坊基于共同的背景从不同视角探究和回应同一个主题，强调交流和研究，鼓励成果彰显各校特色，是毕业设计教学模式的重大改革，充分体现开放、包容的联合毕业设计教学特色。

集体合影

作品集成

WORKS

从“Between & In” 开始……

| 解题 / 华南理工大学 |

2019 年城乡规划专业九校联合毕业设计的主题从“Between & In”开始。这对二律背反的词从开始命题的模糊定义，逐步转变为设计过程中的背反“消融”。参与本次课题的师生则需要具备一种“超”能力。

首先是超越规划框架的能力。在未来国土空间规划“五级三类”的体系中，边界区域的规划没有具体的指向、合适的定位，但它却隐现在各级各类规划交织的网络中。从传统的、标准的规划培养走出来的我们，也许会开始质疑手中规划工具与方法的效率问题，继而思索如何让它们发挥超越层级和类型的效力，夯实自身整合与综合的能力。

其次是超越尺度、维度与领域的能力。如果我们仅仅将此次工作定位于完成一个研究，做好一次调查与观察，或者是推进一次城市设计，等等，那么，无论哪一种单独的成果，都会让我们觉得不满足、不充分，离完美太远了。对于一贯专注于城市项目和设计的同学（老师），需要激发面向宏观区域、触及发展战略前端的“野心”。而对于惯于聚焦于研究与调查的同学（老师），走向“干涉”会成为一种新的渴望。

最终，必须具有源于空间、回归空间的能力。“边界场所再造”分享的不仅仅只是一个地理核心词，更是一种问题的集合（Problematique）。边界问题的集合在不同的尺度、维度和领域可以分解出不同的问题。这些问题是通过空间表征的，最终如何回归空间的解决方案则要经历异常复杂而曲折的路径，如容量与数据、对象与事件、现象与类型、整体与碎片、物质空间与流量空间等等。

于是，我们在预期的方式中，走过的是意外的路径，得到的是“介”与“入”的独特的空间经验。

华南理工大学

指导老师

周剑云

王成芳

贺璟寰

莫浙娟

鲍梓婷

李昕

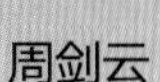

苏佳耀（助教）

蔡梓煜

李硕勋

陈泽腾

李一姣

陈欣如

茹静语

廖亚乔

设计感言

回首整个毕业设计，无疑是一段宝贵的时光。这是一个相对完整的城市设计过程，不同专业背景的我们聚在一起，从基地调研、概念生成到规划调整、空间设计，再到出图和汇报，相互取长补短。

在协作过程中，我们认识到小组合作中科学的工作方式的重要性，对如何配合他人工作积累了宝贵的经验和教训。感谢一起努力的伙伴们，为辛劳的日子带来了欢声笑语。

这半年间老师们给予了我们非常多的帮助。一方面，我们体会到规划沙漏型的设计思路，另一方面也认识到了城市设计在对城市单一元素的挖掘过程中“牵一发而动全身”的效果。周剑云老师敢于突破传统规则的限制，传授大胆创新的设计和教育理念，给了我们非常大的启发。感谢几位老师在课堂上一针见血的点评、恳切的建议和课后不懈的指导。

城市是人所居住的城市，城市里上演着各种各样的故事，城市设计就是设计这些故事的舞台。对于珠海与澳门这两座城市，半年的时间仅够我们匆匆一瞥。不同学校的同学们的不同解题思路，让我们看到了更多故事的线索。或许，城市设计的魅力就埋藏在这无限的可能性之中。

俗话说，善始善终。作为大学五年最后的句点，毕业设计无疑是一个关键的收尾。从老师和同学们身上，我们所领悟的最为重要的是：永远不放弃敏锐，永远不停止思考。

凿壁成膜——选择透过式跨界生活圈

华南理工大学 / 蔡梓煜 陈泽腾 李硕勋 李一姣 茹静语 陈欣如 廖亚乔

设计构思

设计强调对珠澳边界本身的解读，将边界转译为“细胞壁”或“细胞膜”。分析过程分为“面壁思过”和“凿壁成膜”两个阶段。

首先对珠澳边界内港段区位、历史、规划进行调研和分析， 发现两地都有“自上而下”对边界进行管理和隔离的需求；再通过对现状和资源的深入解析，发现两地民间存在“自下而上”七大交流需求，经过分析，认为交流与隔绝并存的中间态是未来珠澳边界发展的可能方向。

基于该定位，提出类似细胞膜概念的“选择透过式边界”与“跨界生活圈” 概念，通过调整新边界位置和空间框架及规划结构，并研究边界可采用的形式，结合建筑、景观和设施导则的形式体现，以期实现两地资源共享，达到“隔而不离”。

在总体城市设计基础上，对空间范围内的三个片区分工展开城市设计，提出“叠城”“围城”“连城”三种不同的边界处理形式，即立体分层、周边式围合和空中连廊连接三种空间形式，并对每个片区进行较为深入的空间设计。

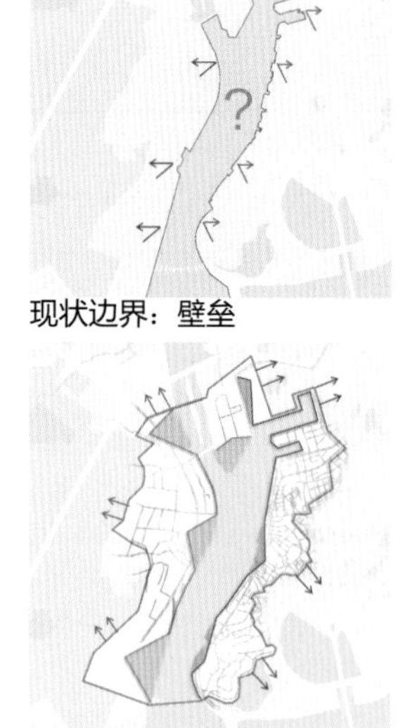

现状边界：壁垒

边界渗透：生活圈

边界推进：凿壁

边界再造：成膜

珠澳边界背景概况

珠澳边界发展历史：政治上，是从内河到界河的演变；空间上，是填海造陆逐渐压缩河道的过程。空间距离拉近，而事实隔离加强。

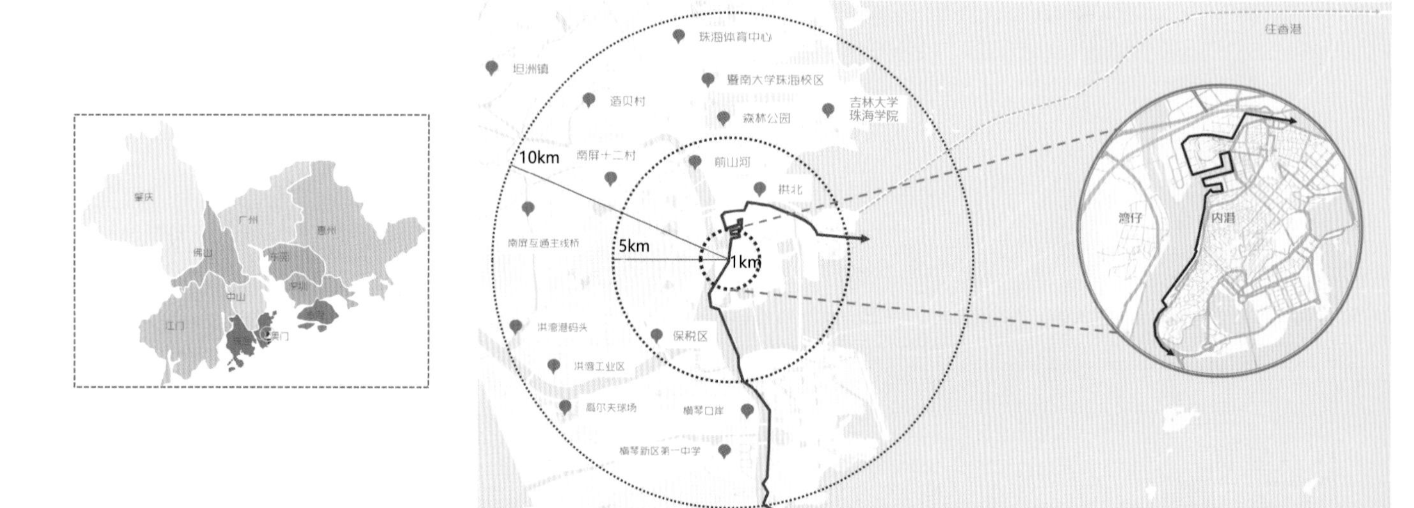

珠澳边界区位：场地位于粤港澳大湾区西岸，是沟通内地与港澳的一大节点，人员流动情况复杂。

面壁：珠澳边界需要保持一定的隔离功能

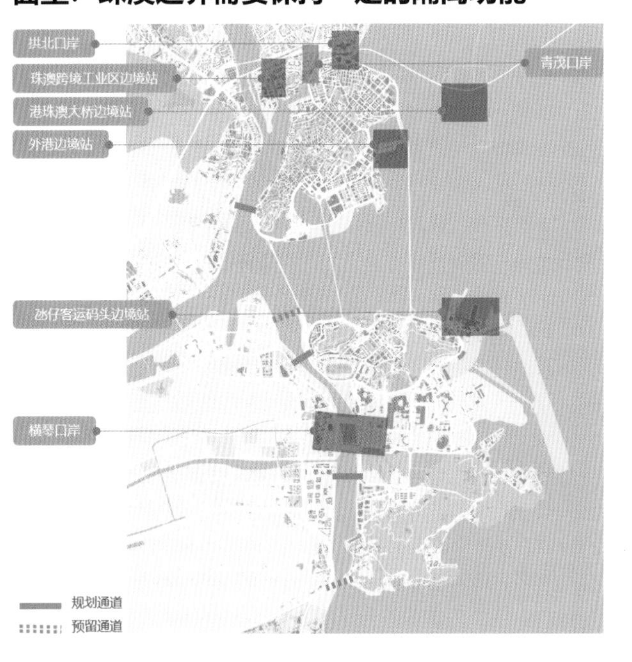

珠澳边界口岸现行规划：澳门现有 6 个口岸，其中珠澳边界有 4 个口岸；还有待建的青茂口岸。布局上，内港—湾仔段口岸规划相对较少，显示出两岸分开管理的需要。

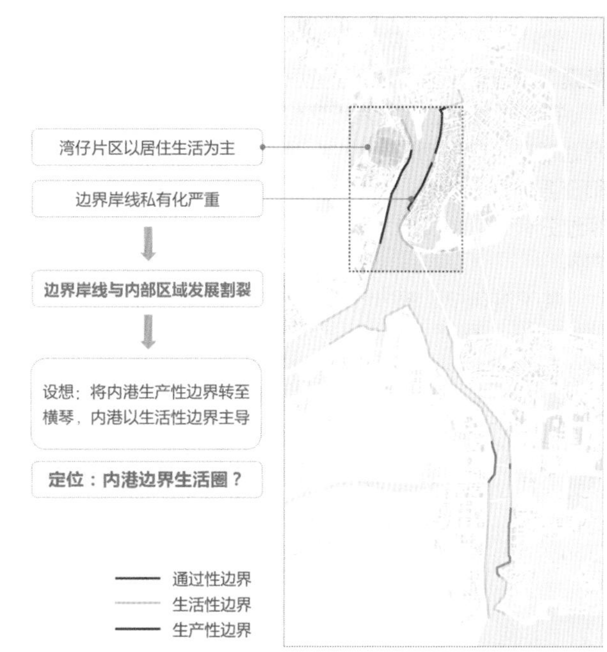

珠澳边界功能性分段：珠澳边界现状按功能分为通过性、生活性和生产性三种类型；内港—湾仔段码头分布较多，以渔业运输等生产行为为主，与生活行为关系较弱。

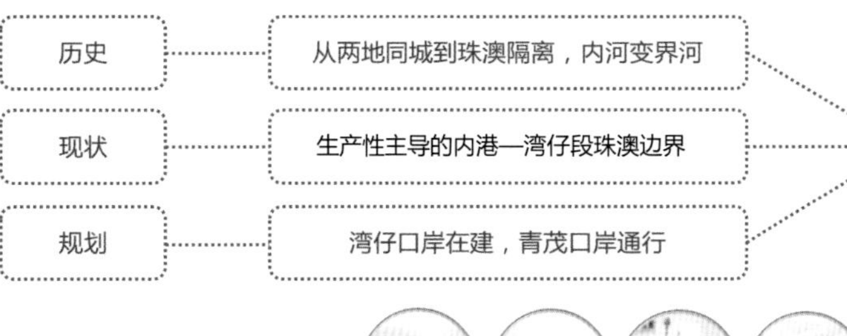

自上而下的
分隔管理的需求

边界需求一：隔离

从历史、现状、规划角度分析，内港—湾仔段珠澳边界在城市中处于被双方边缘化的地位，体现出自上而下隔离的需求。

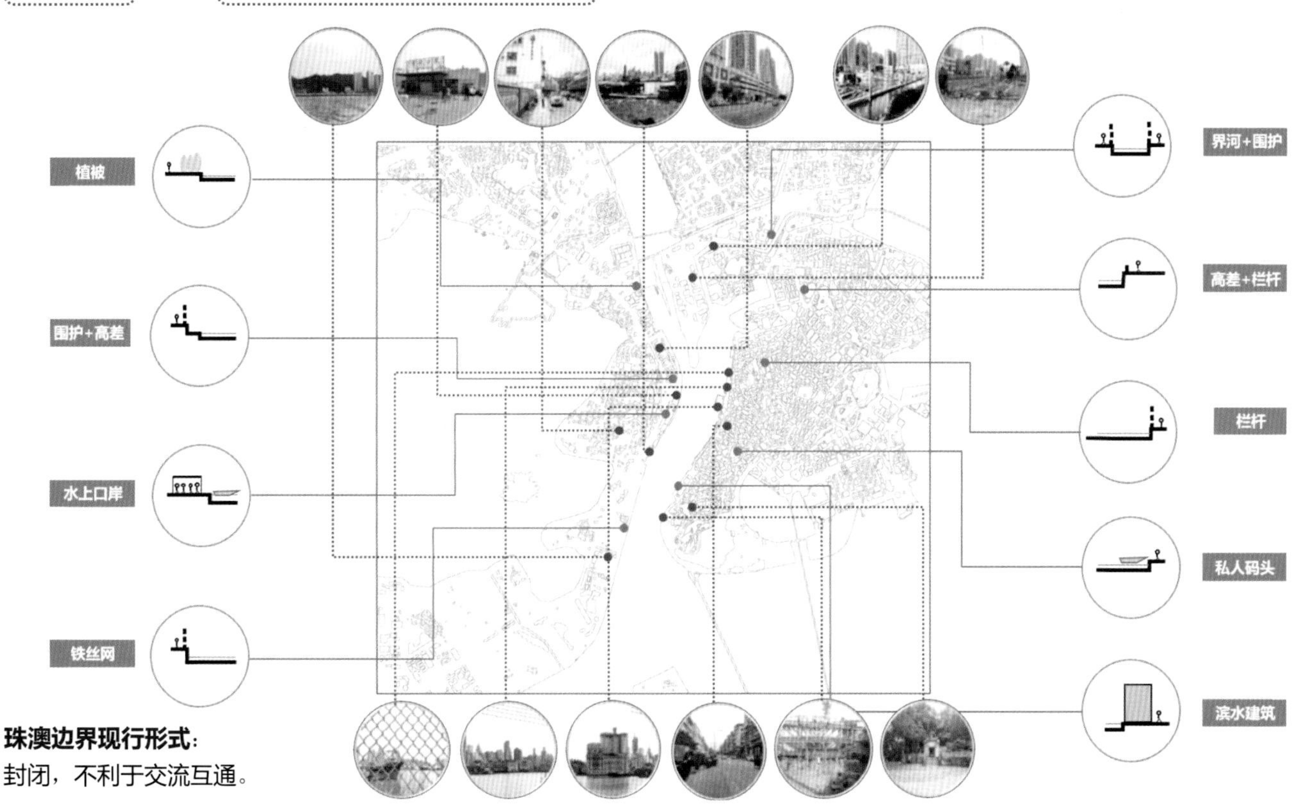

珠澳边界现行形式：

封闭，不利于交流互通。

面壁：珠澳两地差异导致交流需求

人口来源（千人）

1620
940
54210
83980

内地
香港/澳门
台湾
海外

过境目的（%）

8.4
2.9
6.8
13

旅游
探亲访友
商务
过境
其他

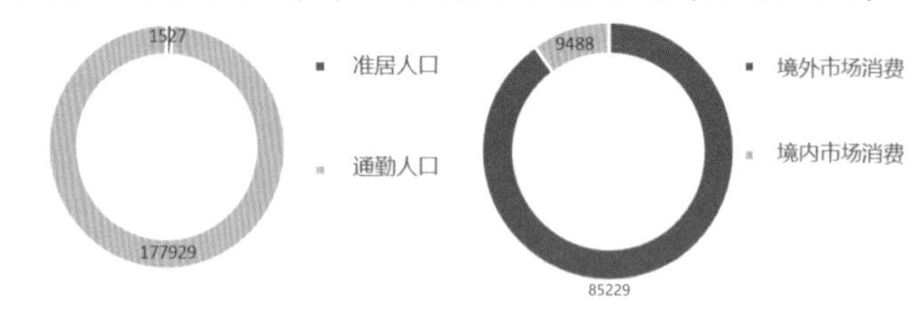

跨境人群活动类型

1. 名贵烟酒代购；2. 跨境买菜；3. 淘宝代收；4. 跨境花农；5. 跨境海鲜餐；6. 跨境工人；7. 跨境学生。

跨境人群特征

1. 过夜人数与当天往返人数参半；2. 出入境人口比例相似；3. 通勤人口远大于准居人口；4. 过境以购物消费为主；5. 澳门境外消费比例高。

目前拱北口岸等关口附近存在活跃的跨境交易行为，说明存在旺盛的交流需求。基于此，分为交通、居住、公共服务、公共空间、产业、水环境、文化七个主题对两地资源差异进行相关专题研究。

交通专题（关键词：“跨界”）：两地交通组织各自为政，无法形成有效衔接，难以满足区域紧密联系的需要。

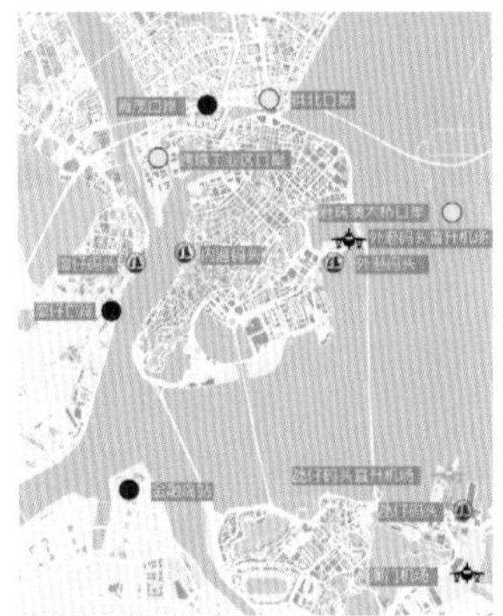

重要交通节点

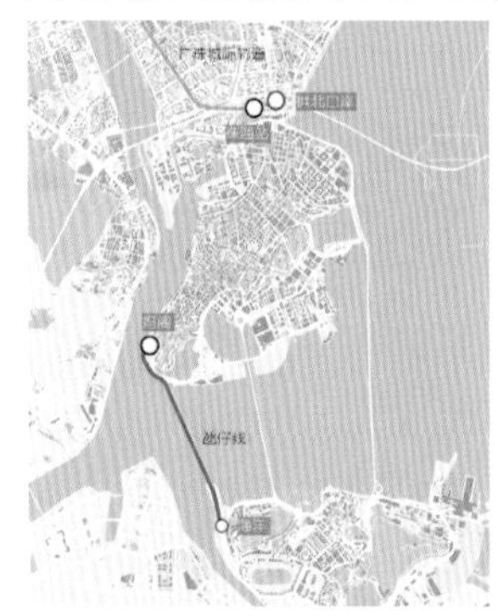

轨道交通现状

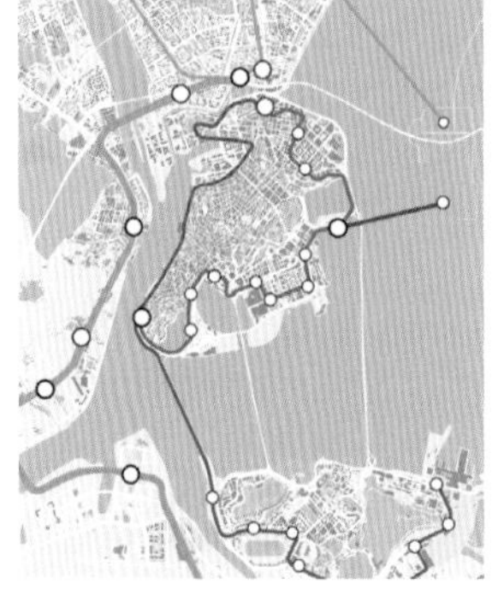

轨道交通规划

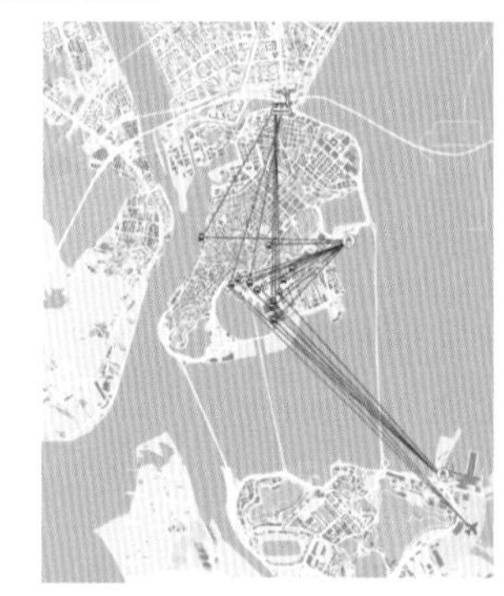

澳门免费穿梭巴士路线

居住专题（关键词：“疏散”）：两地居住密度悬殊，指标差异巨大，澳门侧存在向珠海侧转移居住压力的潜在势能。

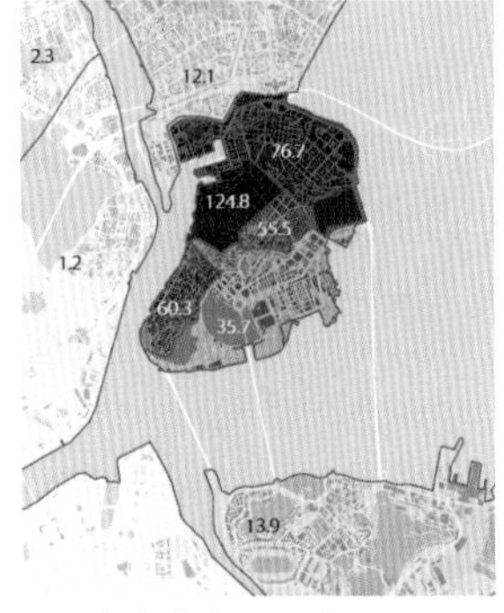

人口密度分布（千人 /km²）

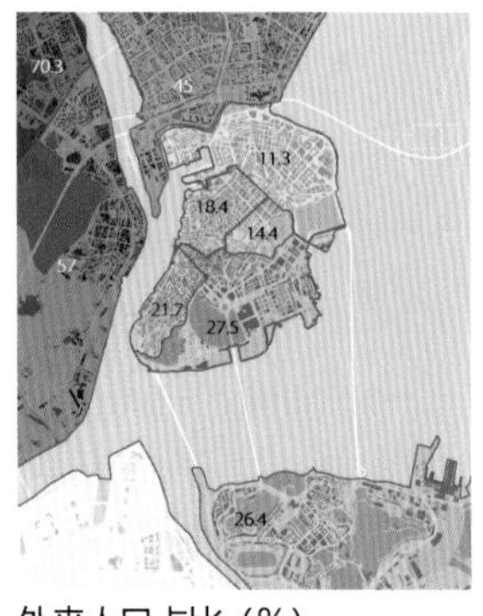

外来人口占比（%）

房价对比（元 /m²）

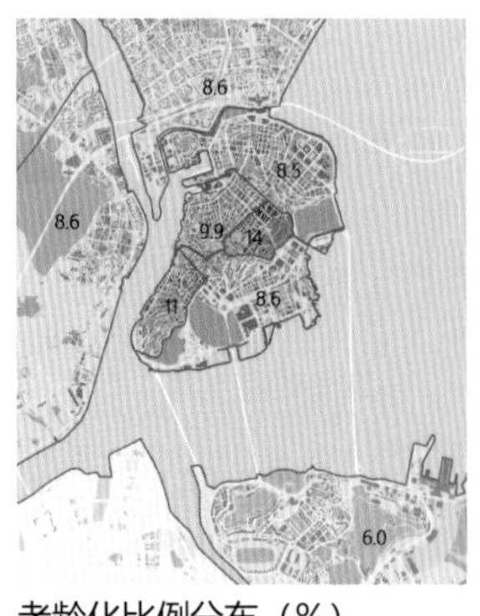

老龄化比例分布（%）

产业专题（关键词：“复兴”）：两地产业格局存在明显差异，存在合作的可能。纵观历史，两地隔绝也加速了内港的衰落。

酒店业分布

餐饮业分布

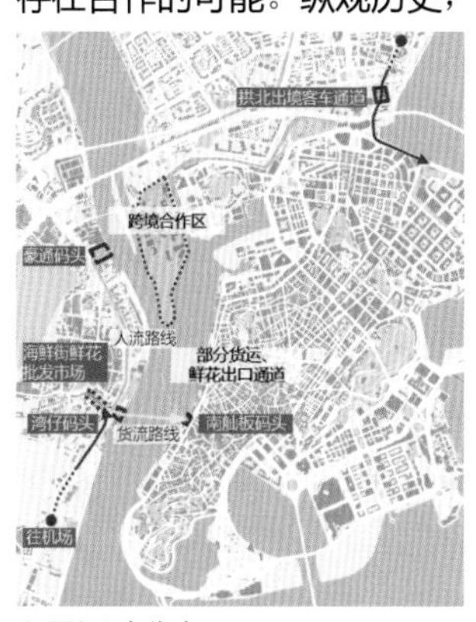

贸易活动分布

购物场所分布

公共空间专题（关键词：“编织”）：两地公共空间缺乏系统性构建，滨水遮挡严重，步行联系薄弱，可达性差，活力不足。

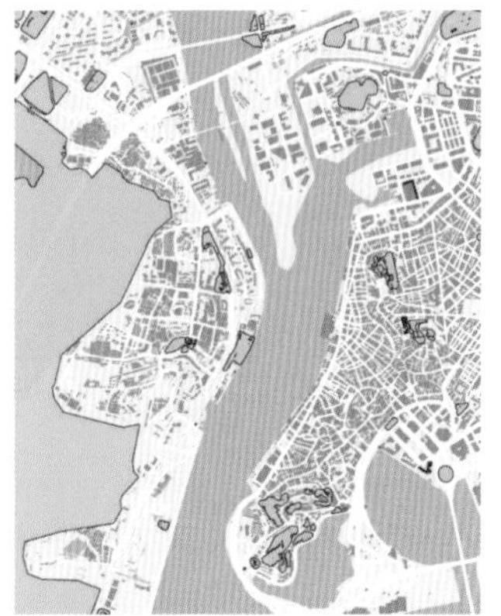
绿地系统

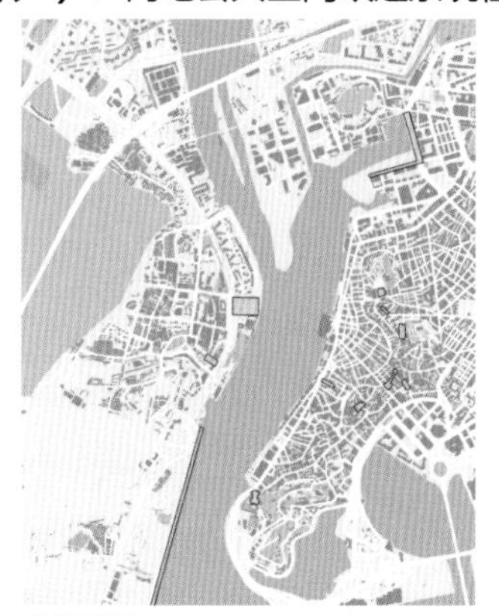
广场系统

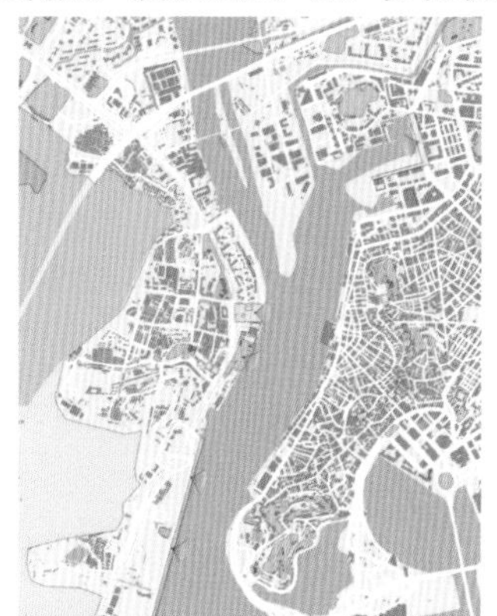
开放空间亲水性分析

步行空间规划

公共服务专题（关键词：“共享”）：两地服务设施分布不同，珠海侧数量少而澳门侧用地规模小，存在合作的可能。

医疗点分布

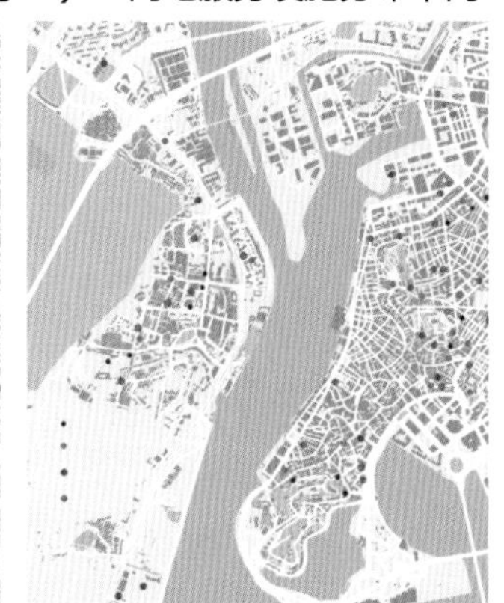
教育设施分布

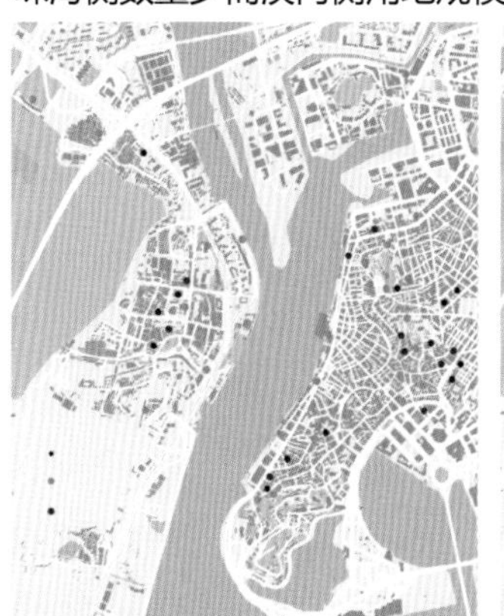
康体设施分布

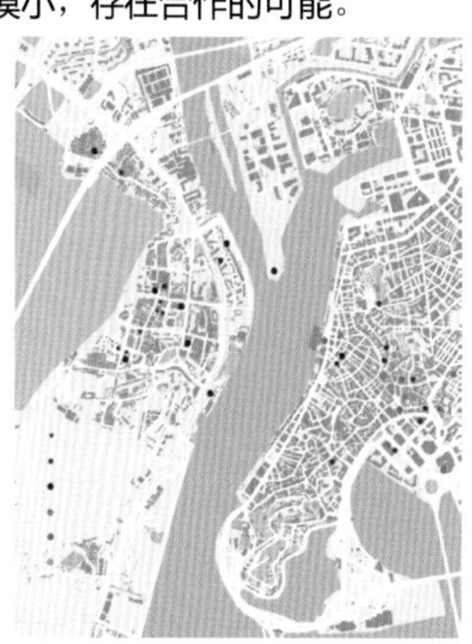
娱乐设施分布

水环境专题（关键词：“韧性”）：两地均面临严重的水患威胁。

当前内涝淹没区

海平面上升 1m 后的淹没区

文化专题（关键词：“多元”）：两地文化同根同源，底蕴深厚。

历史文化线索分布

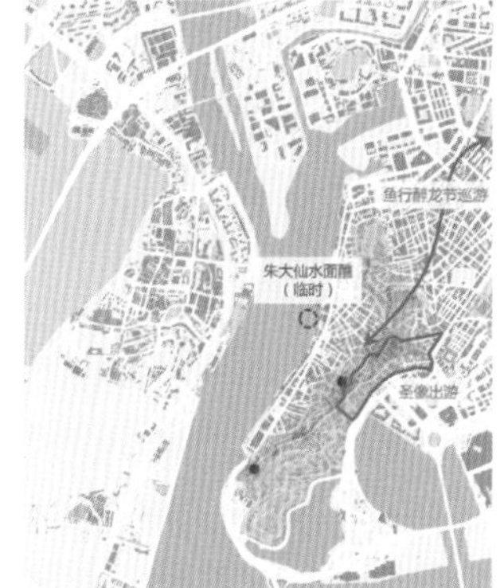

文化路线与历史城区范围

面壁：珠澳边界未来发展的方向

根据前文的分析，珠澳两地之间存在着多样的资源差异。基于这些差异，两地的优势领域各不相同，因此存在相互流动的势能。两地居民互相利用对方的优势资源，可以有效地提升生活质量。

两地优势资源对比

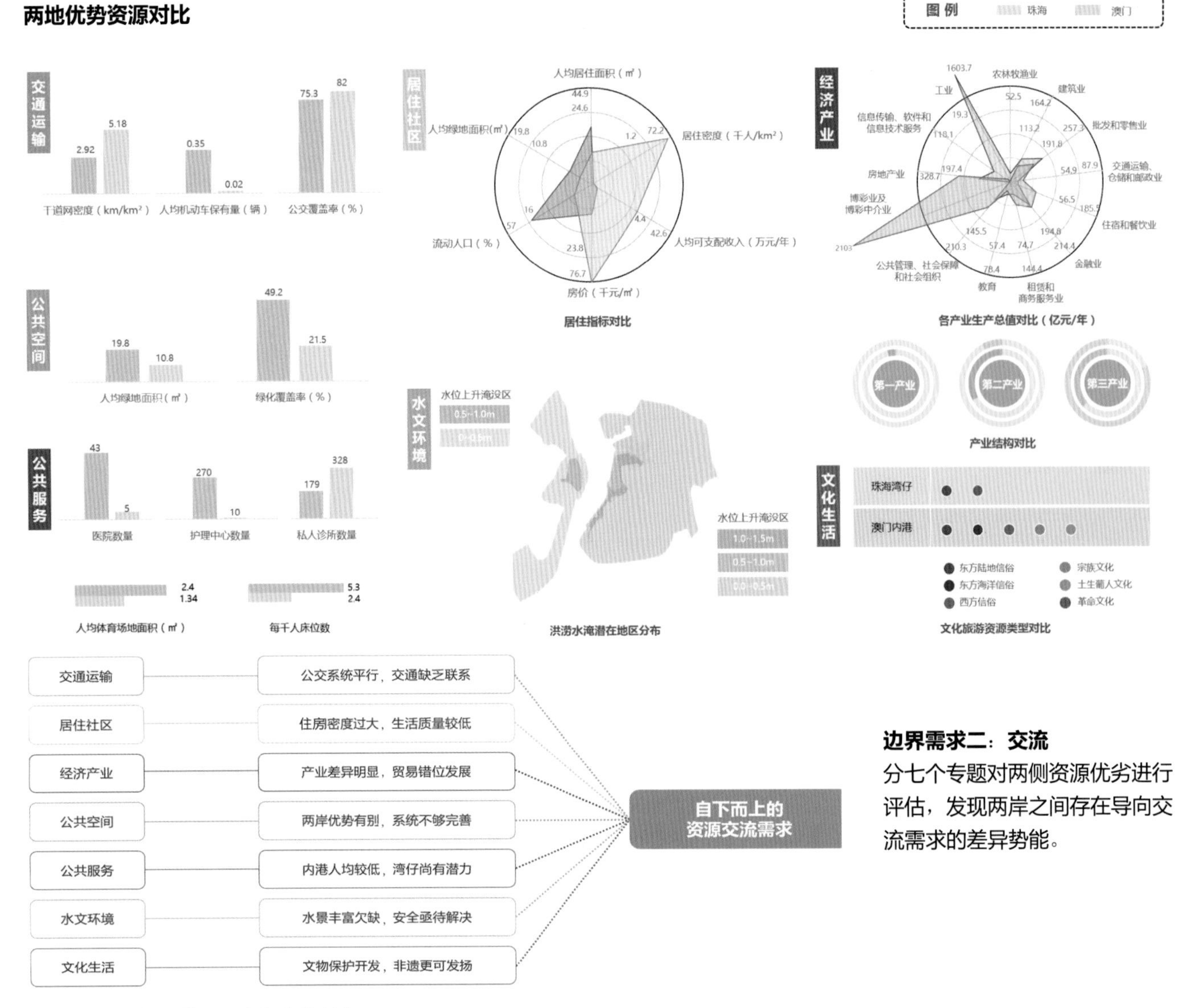

边界需求二：交流

分七个专题对两侧资源优劣进行评估，发现两岸之间存在导向交流需求的差异势能。

珠澳边界两大需求：隔离与交流并存

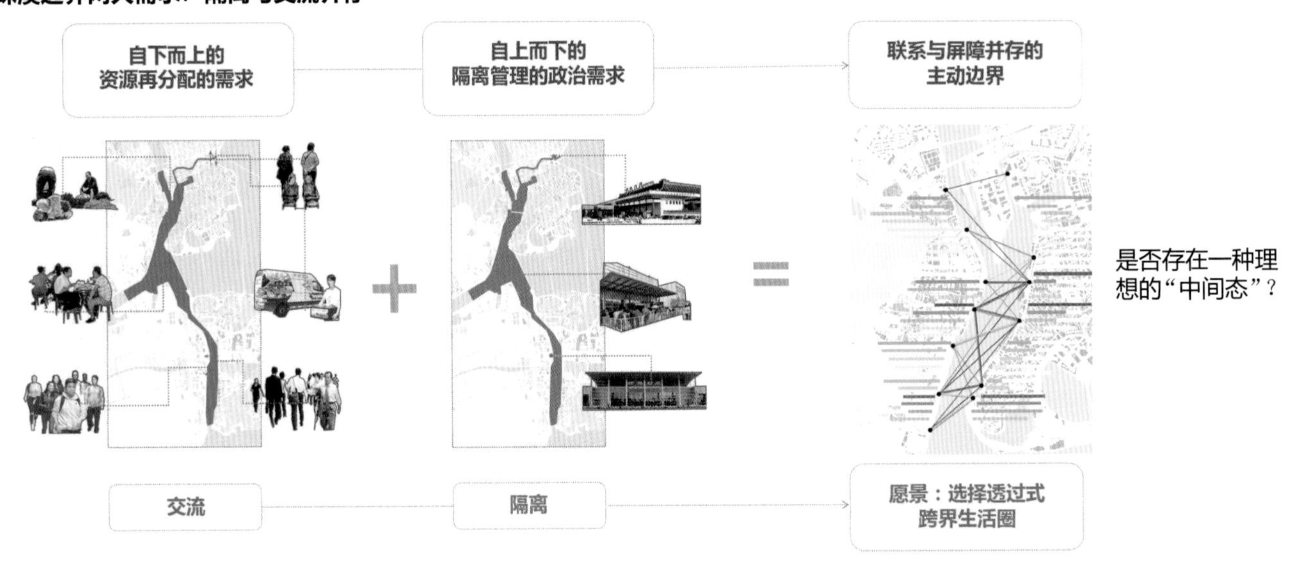

是否存在一种理想的“中间态”？

面壁：珠澳边界地区设计原则与发展模式

边界地区设计原则

根据关于两地资源差异的七大专题研究结果，提出了与之对应的七大设计原则，在设计中予以遵守。

交通：“跨界”
提供车行、步行、公交等多种跨界通道，构建一体化交通系统。

居住：“疏散”
转移一定的人口，缓解居住压力，促进居住融合，构建特色居住区。

产业：“复兴”
双城合作，利用产业错位发展基础，加强边界的聚集效应，带动增长。

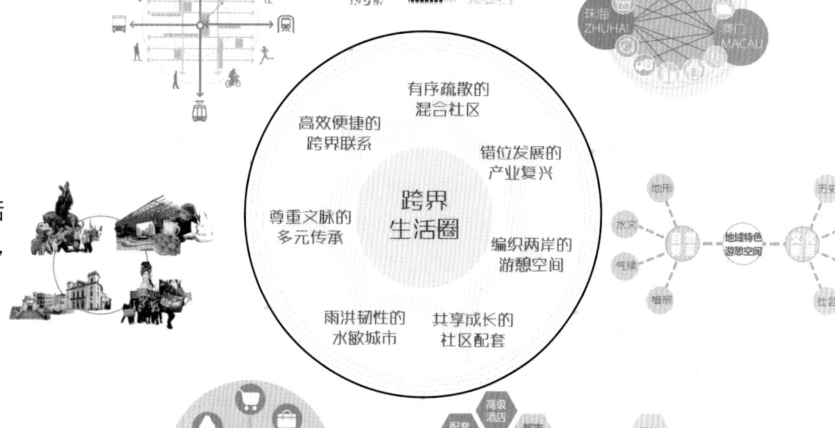

文化：“多元”
尊重文化传承，提供活动场所，规划文化路线，增强节点联系。

公共空间：“编织”
加强公共游憩空间的整合，形成层次丰富的城市公共空间系统，促进公共空间互融。

水环境：“韧性”
因地制宜进行水环境治理，针对不同潜在威胁，构建弹性防灾的雨洪韧性城市。

公共服务：“共享”
发挥各自地区制度与资源优势，提供两地共营共享的社区服务配套设施。

边界地区发展模式

在开展具体设计之前，针对场地特点，提出八种可采用的跨边界发展模式。

建设公共服务设施与商业建筑以刺激发展。

高效、低耗、无废无污染的新型办公方式。

确保城市水循环管理能够尊重自然水循环和生态过程。

跨界 EOD 模式　跨界 SOD 模式　跨界 WSUD 模式

三组团以 15 分钟交通时间为原则进行完整配套。

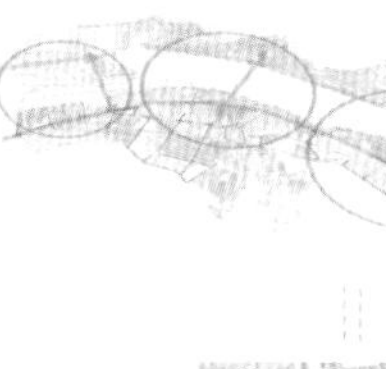

跨界 15 分钟生活圈模式

跨界生活圈

跨界 TND 模式

每一个邻里的规模在 5 分钟的步行距离内进行功能混合。

跨界 RBD 模式　跨界 TOD 模式　跨界智慧城市

满足两地游憩、购物需求，为城市商业、旅游业发展创造机会。

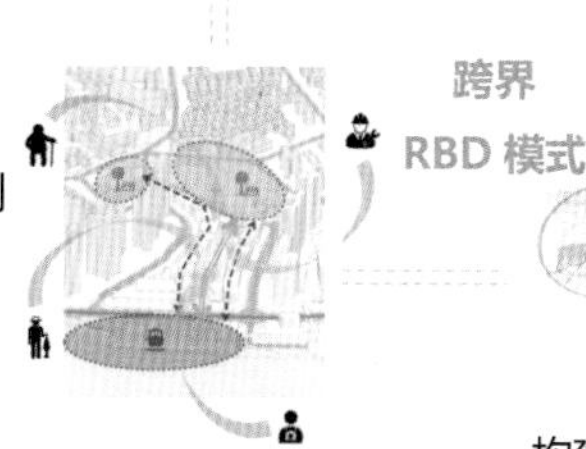

利用信息技术，集成城市系统服务，优化城市管理。

构建以公共交通为中枢、综合发展的步行化城区。

凿壁：珠澳边界新模式概念构思

边界定义：边界是位于片区之间，主要起限定作用的带状区域；是片区之间进行物质交换的场所。

边界解构：不透过式边界两侧存在的差异会形成交流势能，在交流过程中边界逐渐解构。边界解构时，若无限制和导向，无序交流会增多，边界两侧逐渐趋向同质化，形成全透过式边界。

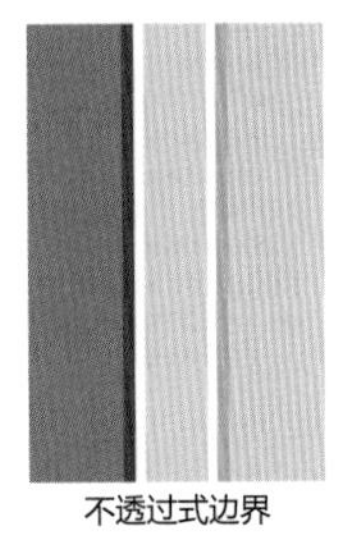

不透过式边界

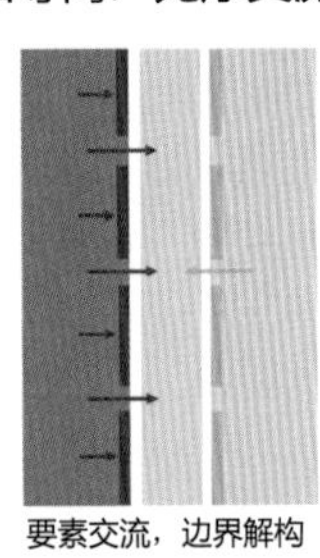

要素交流，边界解构

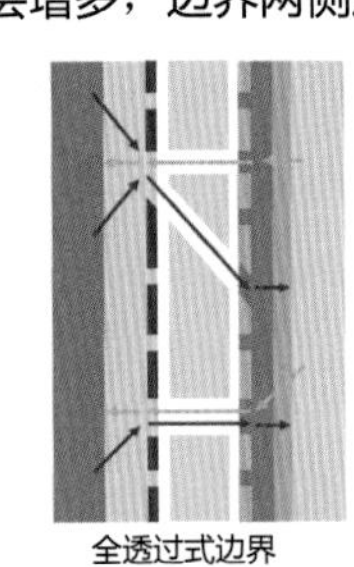

全透过式边界

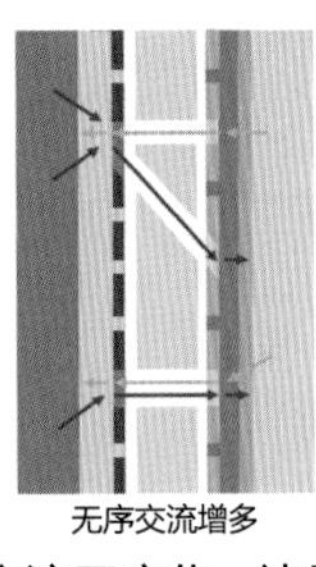

无序交流增多

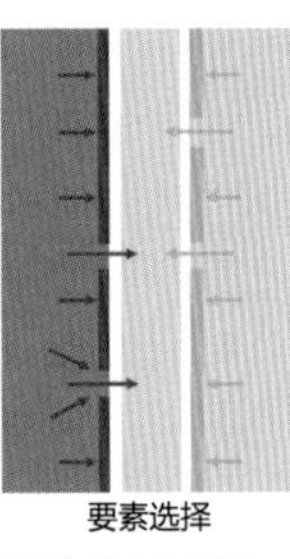

要素选择

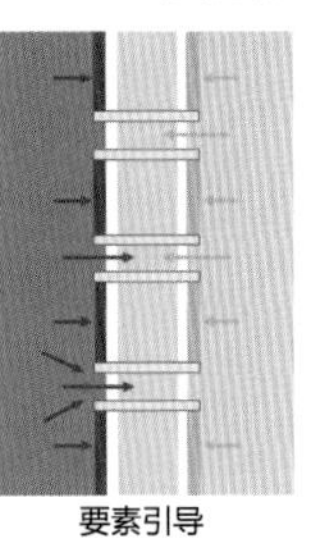

要素引导

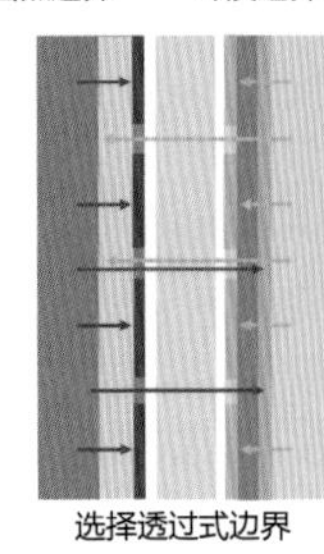

选择透过式边界

边界再造：边界解构后形成的全透过式边界使要素交流无序化，边界两侧趋向同质化。为了使边界两侧更好地交流与合作，将全透过式边界转化为选择透过式边界，进行有序的要素交流，有效进行人流引导，优化资源要素分配，实现边界两侧差异互补。

内港—湾仔跨界生活圈模式

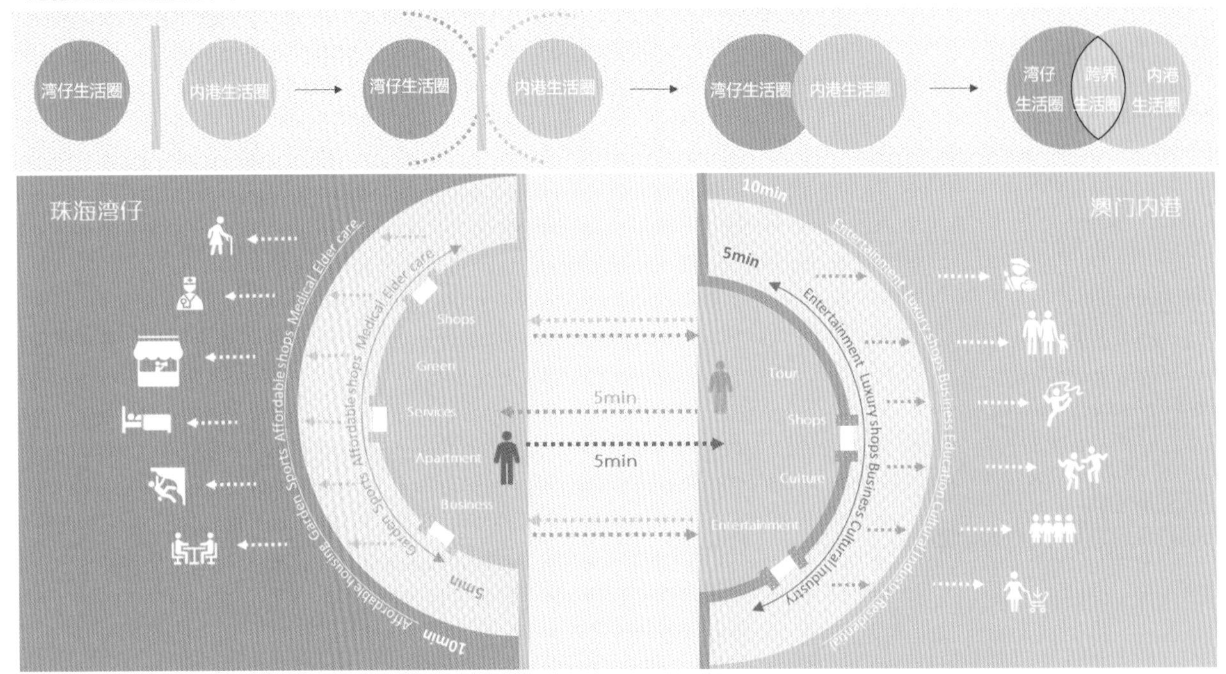

在内港与湾仔之间形成选择透过式的边界区域，有针对性地进行人流引导，构建便利的跨界生活圈。

内港—湾仔跨界生活圈空间结构生成

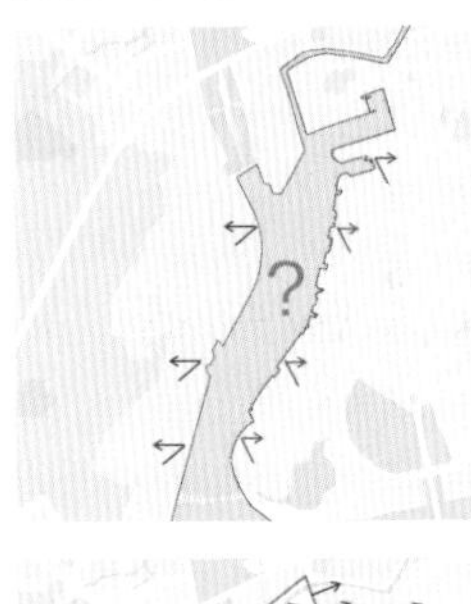

1. 边界现状：壁垒
当前，湾仔—内港边界为沿内港水边的不可跨越的边界。在规划空间结构时，首先要突破两地原有边界的隔绝。

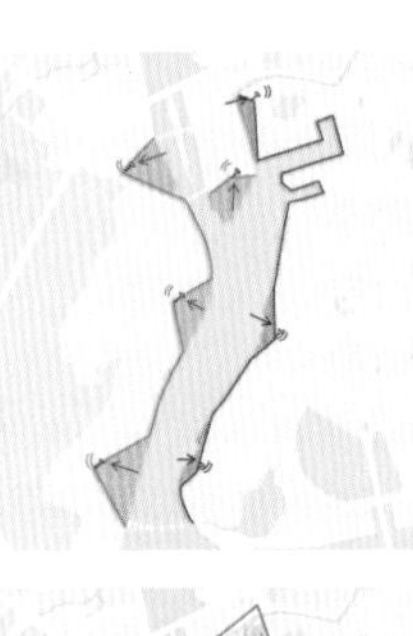

2. 边界推进：凿壁
设置通关口岸枢纽，将边界张拉至对岸，形成两地地理空间上的交集，为资源交流创造条件。

3. 边界渗透：生活圈
分析人群流线，以登陆点为基准衡量临近社区步行可达程度，确定规划研究重点关注的生活圈范围。

4. 边界再造：成膜
尊重场地肌理，利用现有资源，划定共享区域，确定新的两地边界位置，确保对临近社区的充分辐射。

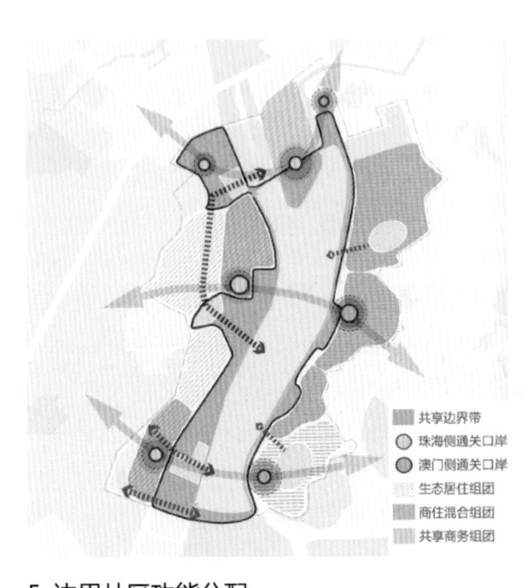

5. 边界片区功能分配
“一带两城三轴九组团”的空间结构。

凿壁：珠澳边界片区总体规划调整

基于选择透过式跨界生活圈的理念，划定共享用地区域，对两地规划结构进行合理调整。

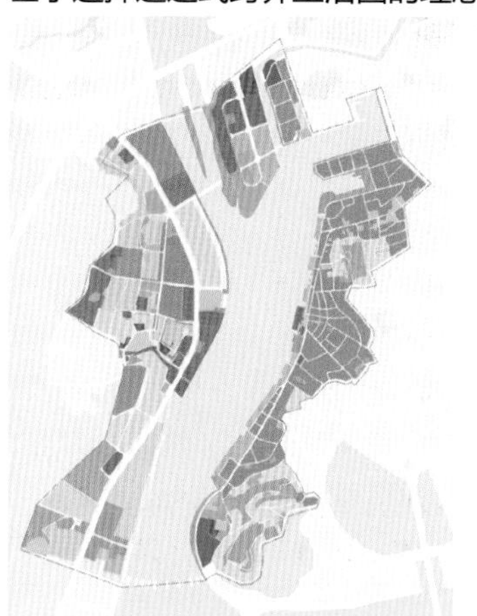

当前道路系统混乱，总体规划欠缺，功能结构混乱，滨江地块部分闲置。

调整边界共享带功能，减少工业用地，增加绿化及公共服务设施用地。

完善道路系统，优化功能组团，置换地块功能，加强周边辐射。

规划用地结构调整

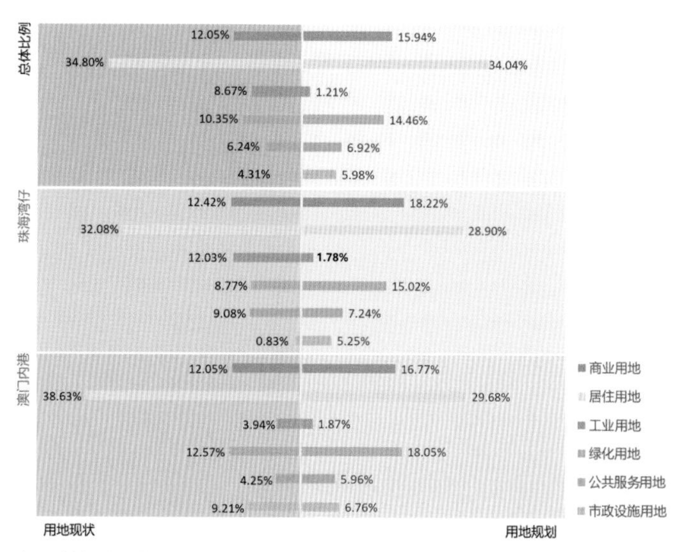

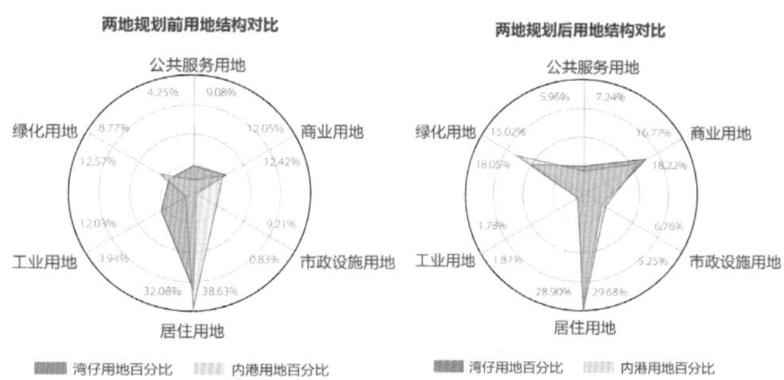

规划前各有缺漏，湾仔侧工业用地占比较大，公共服务用地有较多备用地；内港侧港口等市政设施用地较多，重视公共绿地利用，且公共服务用地紧张。

规划后趋于平衡，实现两地公共服务设施、公共绿地的共享，在共享边界带的功能补充下，两地的用地结构都趋向合理和完整。

在用地规划结构方面，利用原有闲置的工业用地，增加商业用地、绿化用地、公共服务用地等公共资源的用地占比。

开发量分布

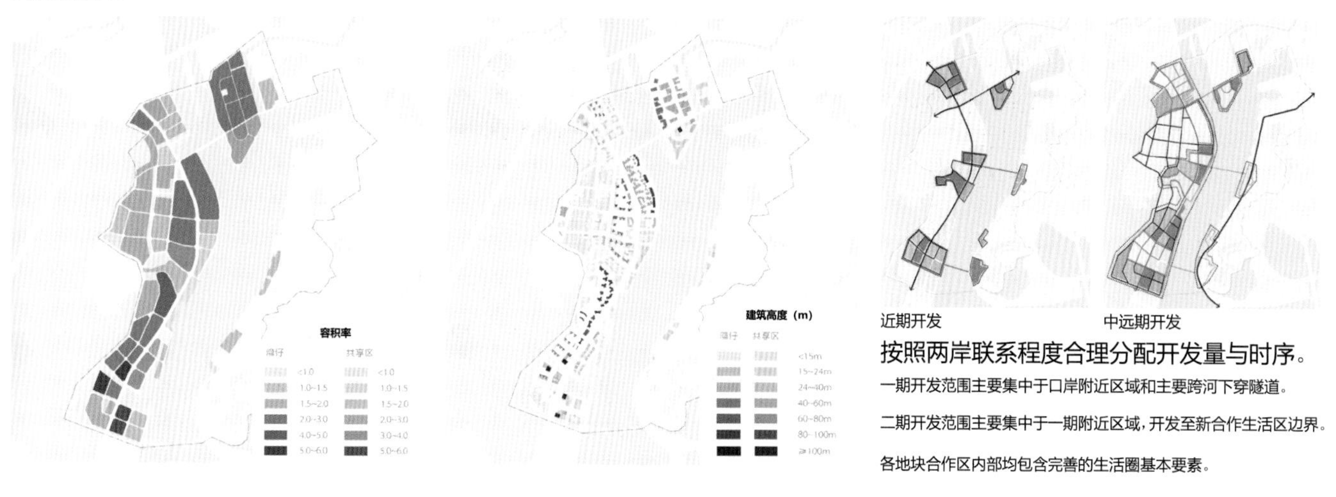

按照两岸联系程度合理分配开发量与时序。

一期开发范围主要集中于口岸附近区域和主要跨河下穿隧道。

二期开发范围主要集中于一期附近区域，开发至新合作生活区边界。

各地块合作区内部均包含完善的生活圈基本要素。

整体开发强度适中，主要高密度建设集中于南湾南原有居住楼盘和南端临近十字门商务区的新地块开发。

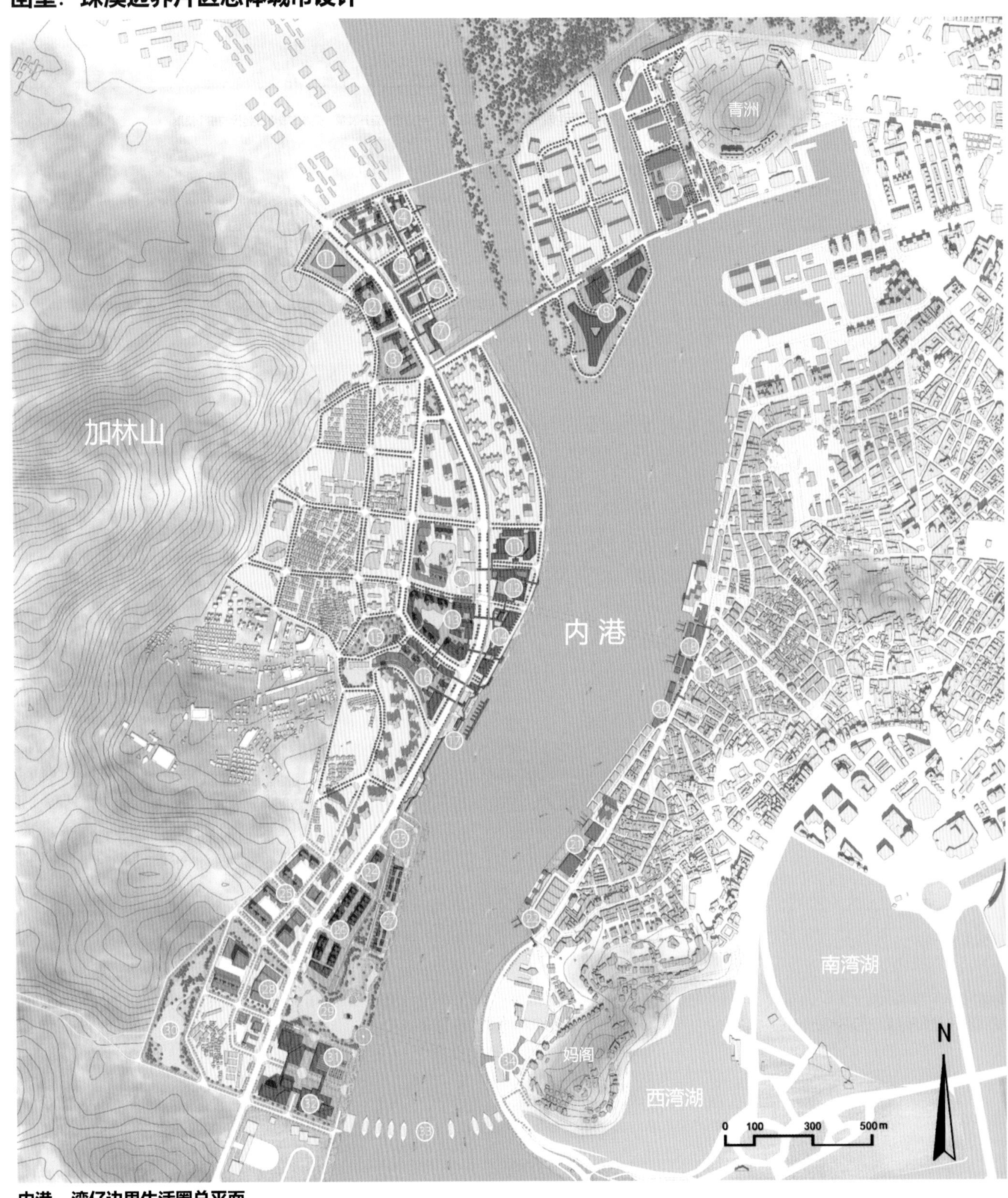

内港—湾仔边界生活圈总平面

- 南联口岸
- 珠澳混居小区
- 珠澳国际中学
- 商业街
- 酒店办公
- 图书馆
- 船厂公园
- 会展中心
- 社区健身中心
- 下沙口岸
- 滨江度假村
- 文化博物馆/戏棚
- 开放社区中心
- 湾仔跨境购物街
- 体育公园
- 海鲜街/自由集市
- 湾仔码头
- 内港跨境购物街
- 内港口岸
- 文化展览馆
- 文创产业区
- 妈阁文化码头
- 喷泉广场
- 滨江酒店
- 山麓社区
- 开放商住社区
- 滨江酒吧街
- 银湾口岸
- 雨洪公园
- 山地公园
- 社区体育中心
- 海上艺术中心
- 风暴潮大闸
- 妈阁站

内港—湾仔边界空间结构

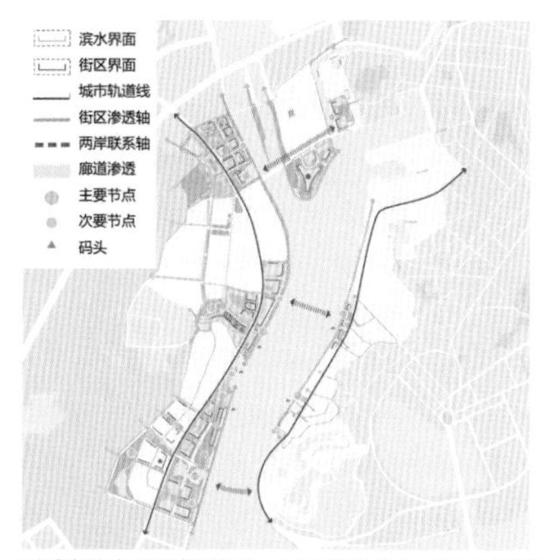

对城市滨水界面进行处理，同时增强城区与滨水空间的渗透关系，使两岸成为一个整体。

内港—湾仔滨水天际线

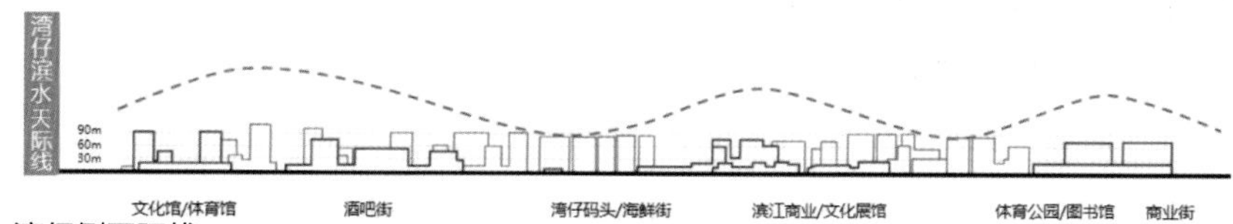

湾仔侧天际线：滨水空置地块较多，可分布一定开发量。整体形成高低起伏的三个高潮。

内港侧天际线：滨水用地紧张，且临近旧城区。开发态度谨慎，主要以码头微更新为主，天际线较平缓。

两地滨江以低密度开发为主，在两岸空间关系上呈现“高—低”“低—高”的对应关系，形成丰富的景观互动。

内港—湾仔边界交通系统

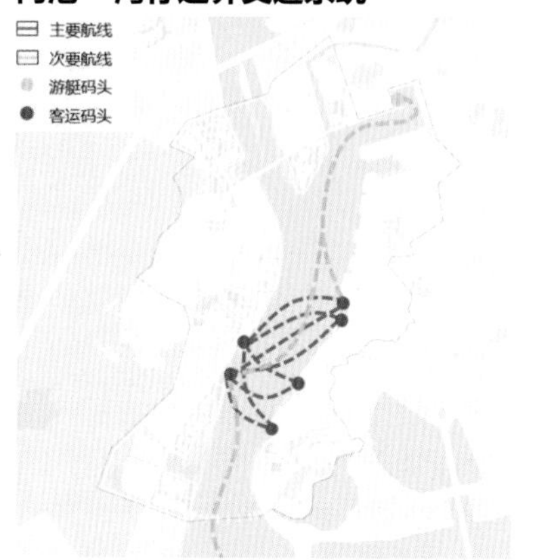

水上交通：增设客运码头，增加出行选择。

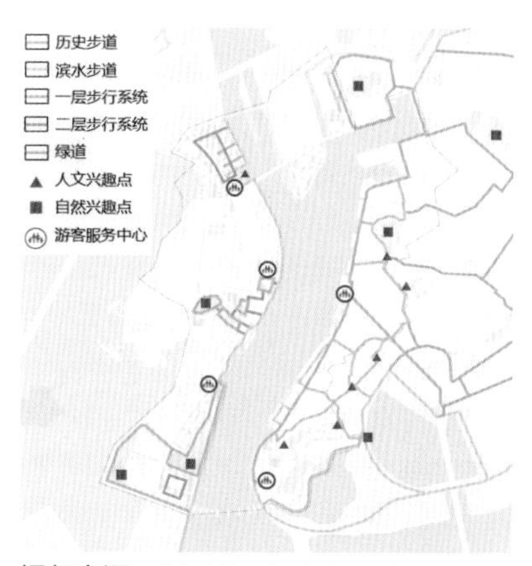

慢行交通：依托自然风光，打造景观游憩路线。

慢行交通结构：滨水形成三个节点，彼此串联。

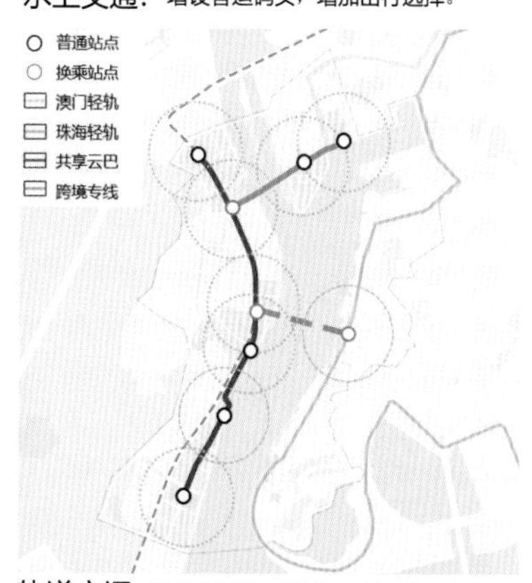

轨道交通：联结两侧轨道系统，滨水增设云巴。

车行交通：珠海部分地下供澳门停车，增加出行选择。

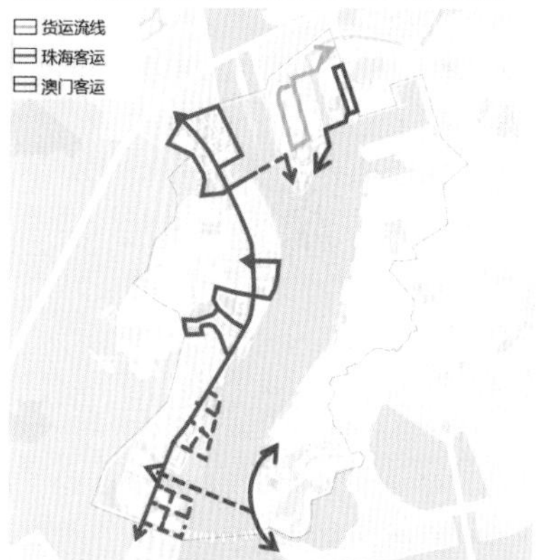

客流货流：客流为主，货流为辅。

内港—湾仔边界公共服务设施系统

公共服务设施：沿滨水布置多样的共享设施。

内港—湾仔边界水敏城市设计

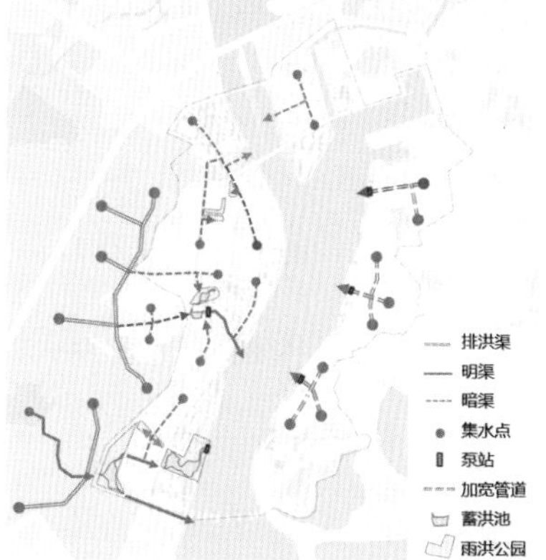

雨洪管理：利用自然坡度和洼地，开辟雨洪公园。

风暴潮防护：设置风暴潮屏障，应对水灾威胁。

凿壁：珠澳边界空间形式与通行模式设计

边界空间形式类型研究

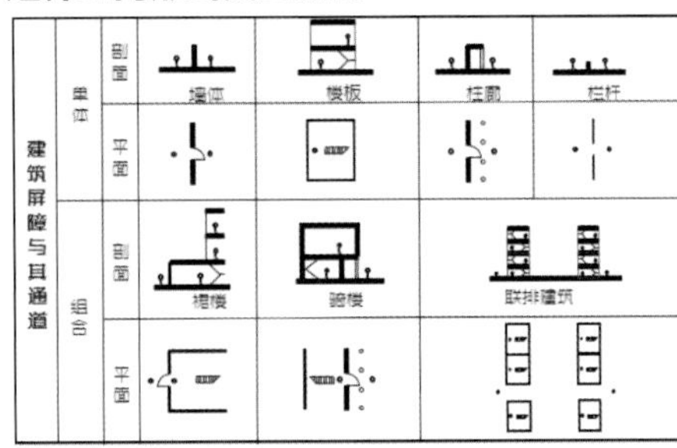

建筑边界可分为单体和组合形式。重点探讨居住建筑、商业建筑、公共建筑以及建筑地下空间、建筑空中连廊所营造的边界。

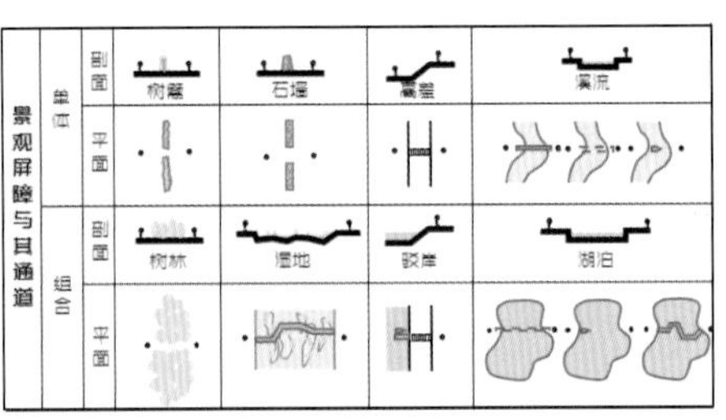

设施边界可分为防护边界与交通边界。在共享区边界设计中重点探讨以道路、电车轨道所营造的边界。

景观边界形式多而灵活，可分为单体和组合形式。在共享区边界设计中以水体、广场、绿地为主。

边界空间形式总体控制

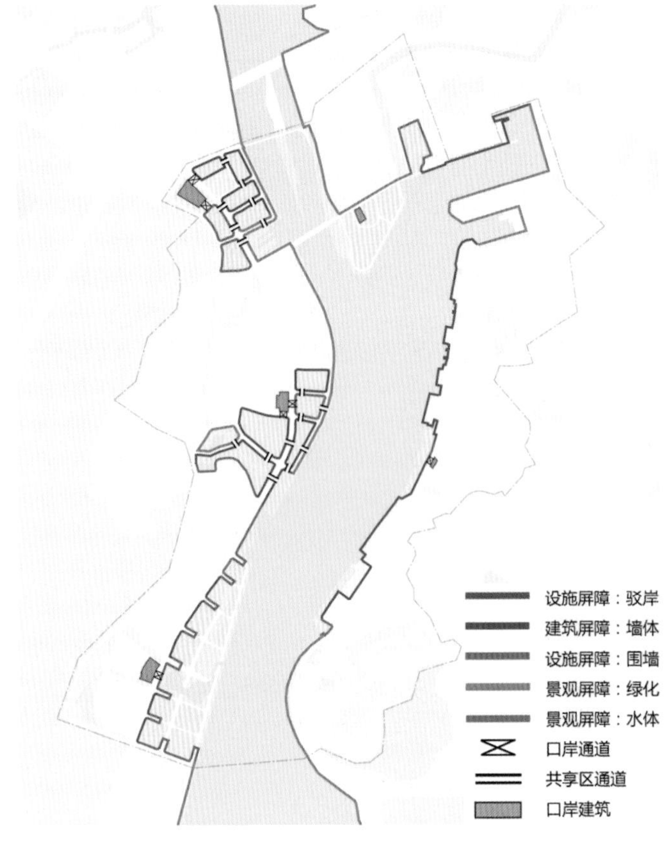

边界空间形式按类型控制

①建筑边界空间形式与使用模式。

②景观边界空间形式与使用模式。

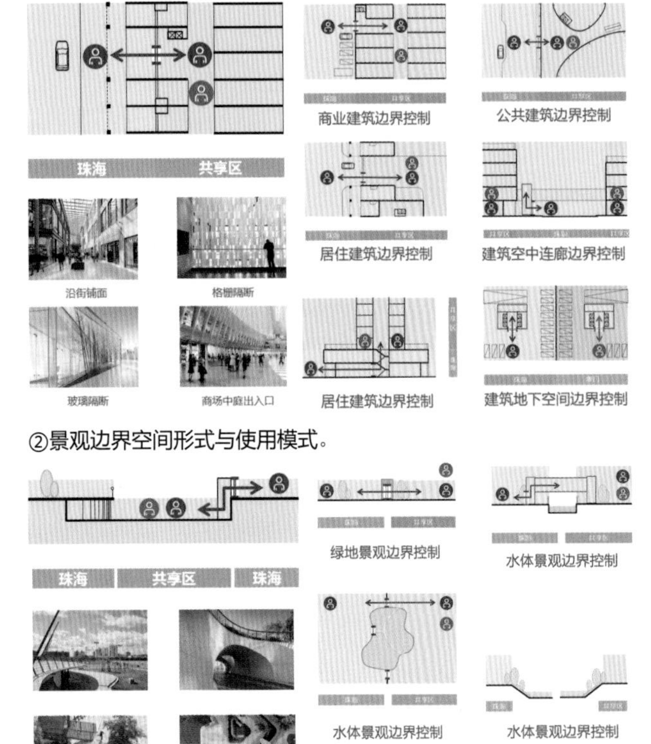

③设施边界空间形式与使用模式。

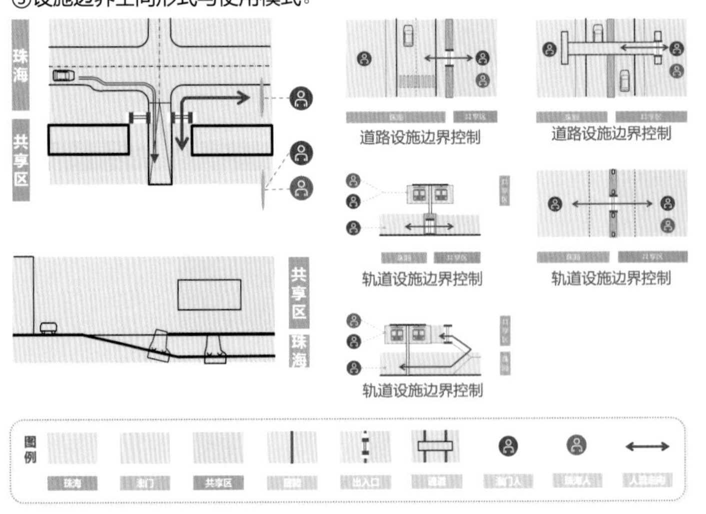

在场地现状的基础上划定共享区与城市空间的边界，采用建筑屏障、设施屏障、景观屏障三种类型，具体分布逻辑如下：

1. 直接利用水道和场地内河涌、驳岸高差作为边界；
2. 公园和滨水绿带采用景观屏障和设施屏障结合的手法；
3. 地块和城市道路之间采用建筑屏障（墙体）和设施屏障（围墙）相结合的手法。

针对不同空间形式的边界，先提出可选用的空间形式与使用模式，再针对具体的空间要素实施管控。

边界口岸通行系统设计

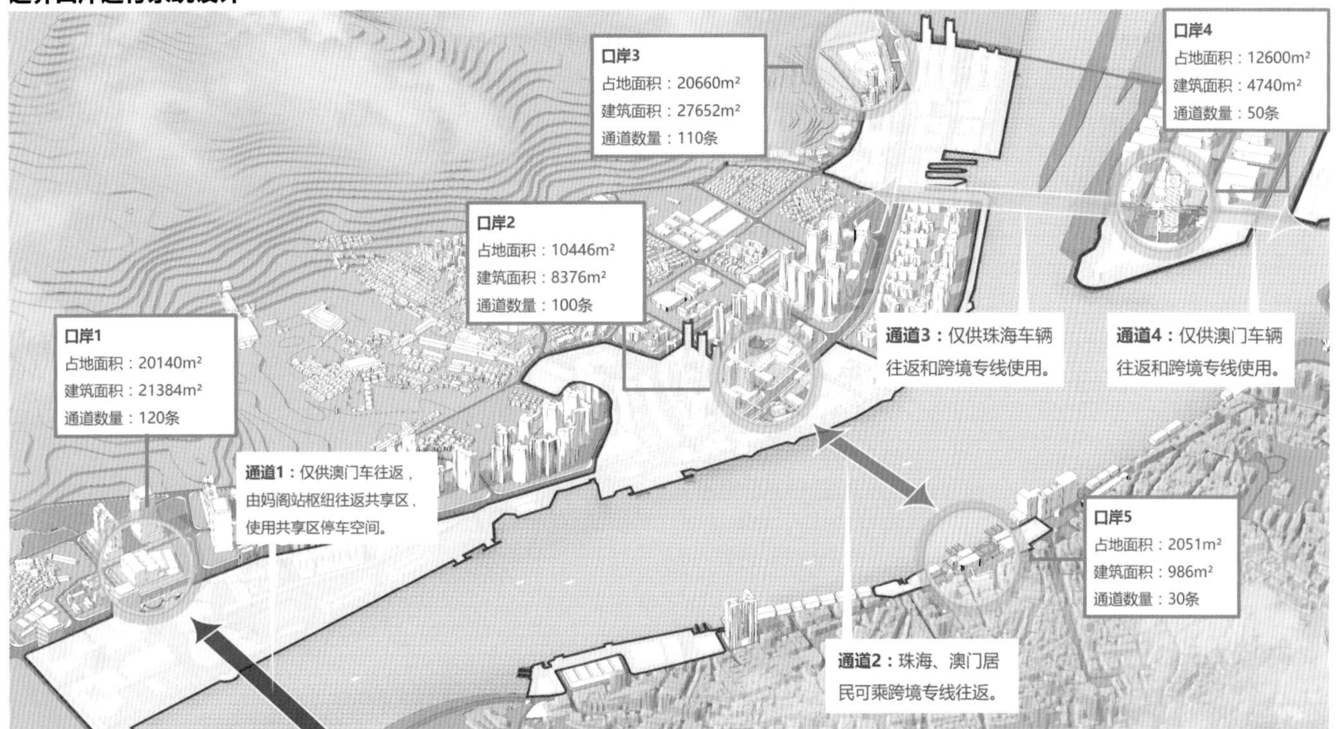

口岸设置在共享区与腹地之间，口岸与口岸之间也有共享区专用轨道或者跨境专线相连。市民从所属城市本侧进入共享区为单向通行，无须经过口岸检查。进入共享区后，若需前往共享区以外的对岸区域，可以选择通过最近的口岸，安检后可到达其他区域。

边界口岸通行管理制度设计

珠海居民跨境管理

现有跨境查验方式：两地两检。

现有跨境管理模式	查验方式	证件	签注	往返频率
珠海↔澳门	两地两检（经口岸）	港澳通行证	需要	两月可签一次，一年最多往返六次

设计跨境查验方式：往返共享区无障碍（仅做身份记录），进入澳门需经口岸出入。

设计跨境管理模式	查验方式	证件	签注	往返频率
珠海↔共享区	闸机（刷脸+指纹+证件）	珠海身份证	不需要	证件有效期内可多次往返
（共享区内部）珠海侧↔澳门侧	共享区内部通行无障碍			
共享区↔澳门	两地一检（经澳门侧口岸）	港澳通行证	需要	证件有效期内可多次往返
（不经过共享区）珠海↔澳门	两地一检（经澳门侧口岸）	港澳通行证	需要	证件有效期内可多次往返

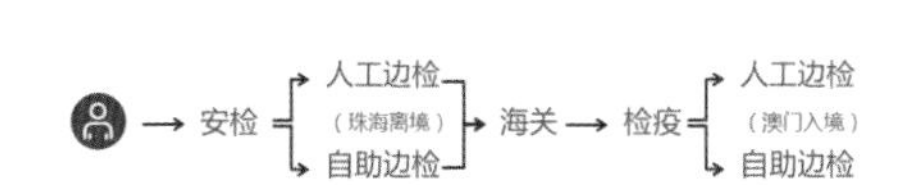

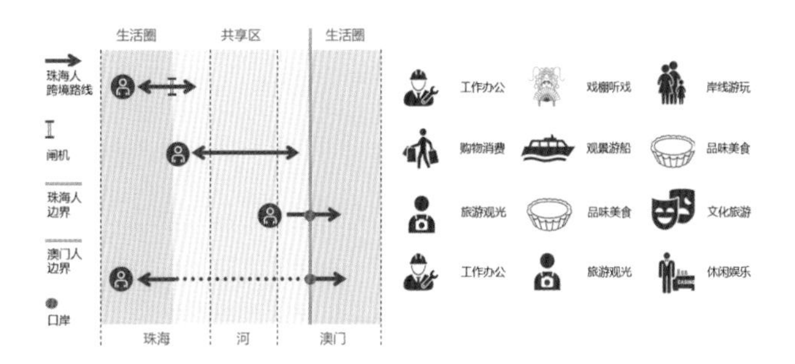

澳门居民跨境管理

现有跨境查验方式：两地两检。

现有跨境管理模式	查验方式	证件	签注	往返频率
澳门↔珠海	两地两检（经口岸）	港澳居民来往内地通行证	不需要	证件有效期内可多次往返

设计跨境查验方式：往返共享区无障碍（仅做身份记录），进入珠海需经口岸出入。

设计跨境管理模式	查验方式	证件	签注	往返频率
共享区↔珠海	闸机（刷脸+指纹+证件）	澳门身份证	不需要	证件有效期内可多次往返
（共享区内部）澳门侧↔珠海侧	共享区内部通行无障碍			
澳门↔共享区	两地一检（经澳门侧口岸）	港澳居民来往内地通行证	不需要	证件有效期内可多次往返
（不经过共享区）澳门↔珠海	两地一检（经澳门侧口岸）	港澳居民来往内地通行证	不需要	证件有效期内可多次往返

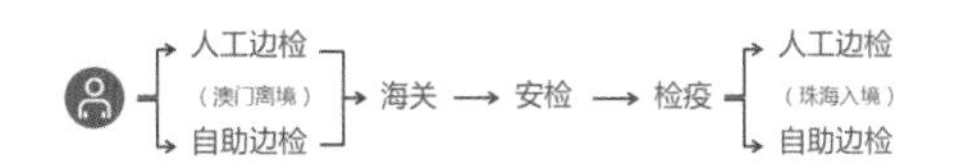

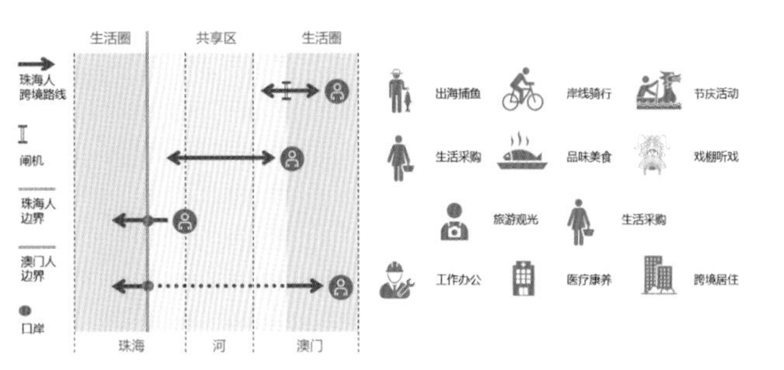

凿壁：银湾节点片区设计——叠城

设计说明：两地从不同方向进入共享区的车辆将被引入不同层的地下道路。在人车分流的同时，避免车与人使用同一道路系统带来的管理混乱。通过身份识别登记，珠海人和澳门人可以分别乘坐各自的垂直电梯抵达上层的共享区。立体分层即“叠城”。

节点位置：位于银湾社区周边。

地面层
地下一层
地下二层
口岸
湾仔地铁站
海底隧道
连接坡道
珠海道路
澳门道路

跨界交通：机动车立体分层，珠澳位于不同标高。

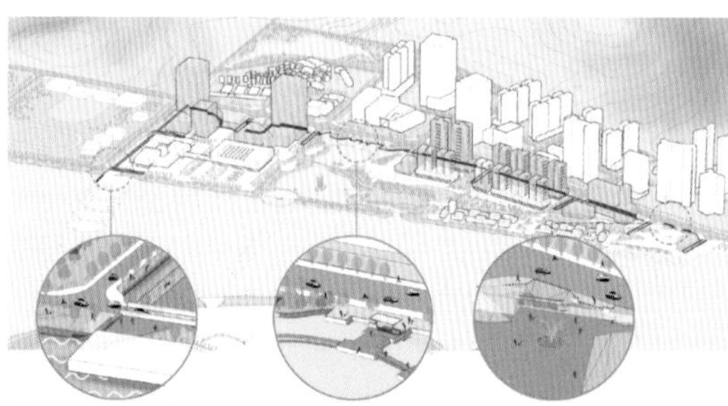

边界屏障系统：斜坡车道、排洪渠、建筑墙面、湖面、植被及景观地形。

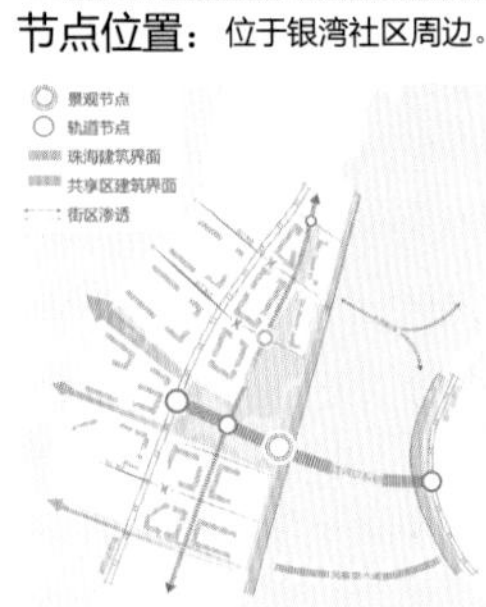

空间结构：滨水雨洪公园向内渗透。

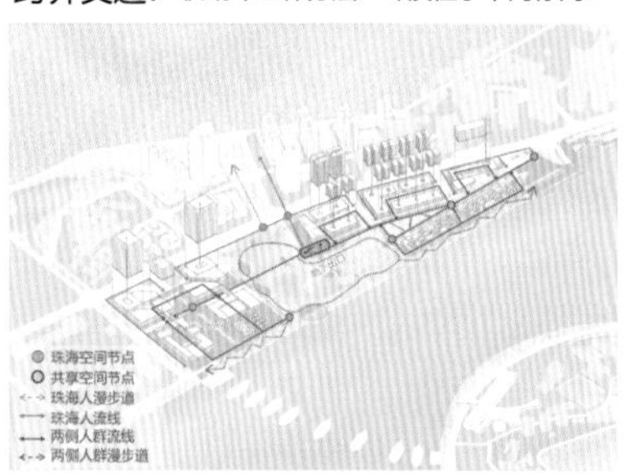

人群流线：人车分流，珠澳人群流线各成体系。

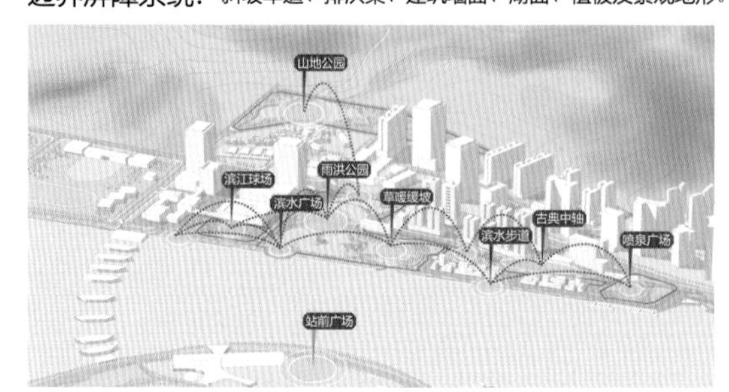

开敞空间系统：规模类型各异，通过开放绿廊与滨水步道相连。

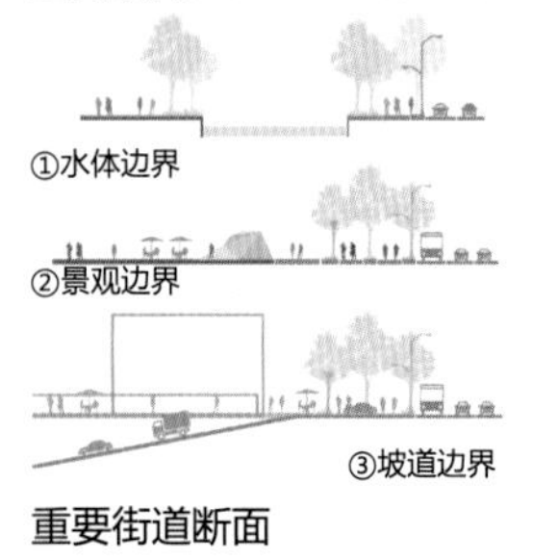

重要街道断面

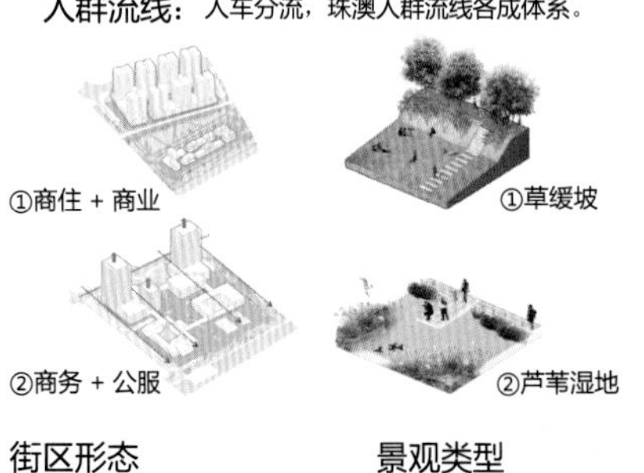

街区形态　　景观类型

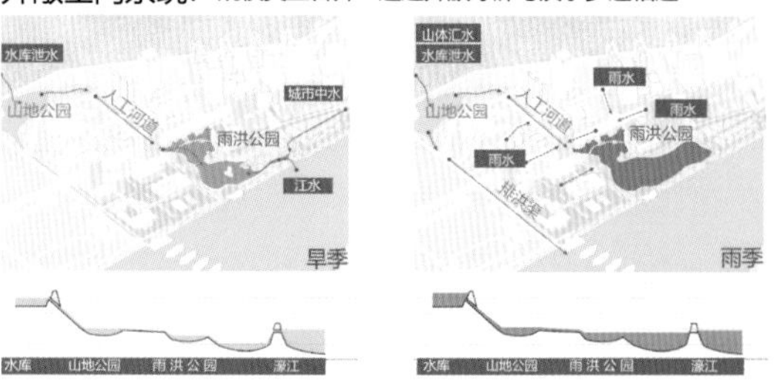

雨洪管理设计：旱季维持雨洪公园水位低于江水，雨季蓄滞城区降水。

凿壁：下沙节点片区设计——围城

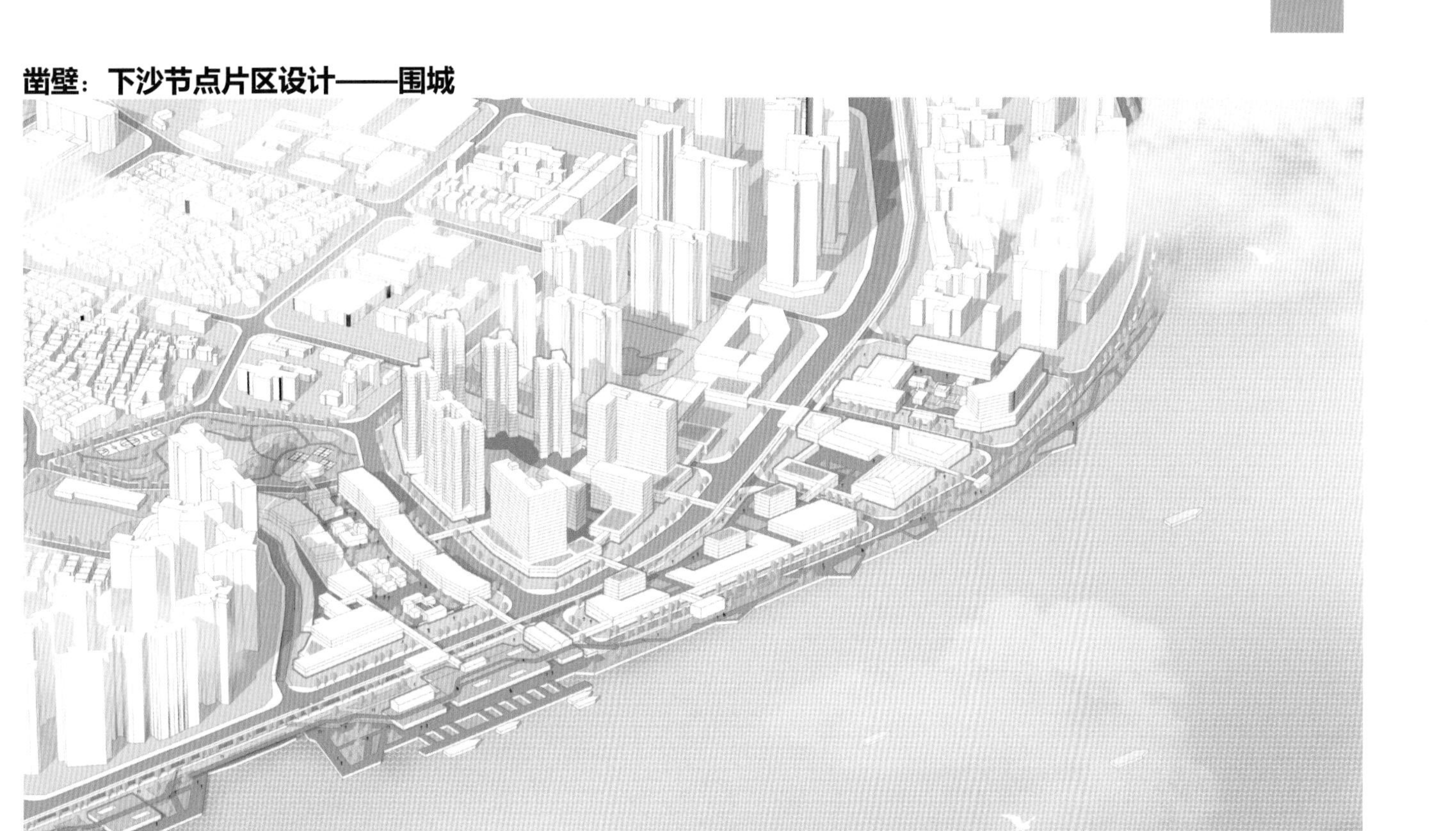

设计说明：共享区地块严格采用周边式布局，使用建筑裙楼、绿化等将地块完全围合。两城之间使用水下摆渡式轨道交通互联，地块之间以空中廊串联，类似“飞地”形式。周边式围合即“围城”。

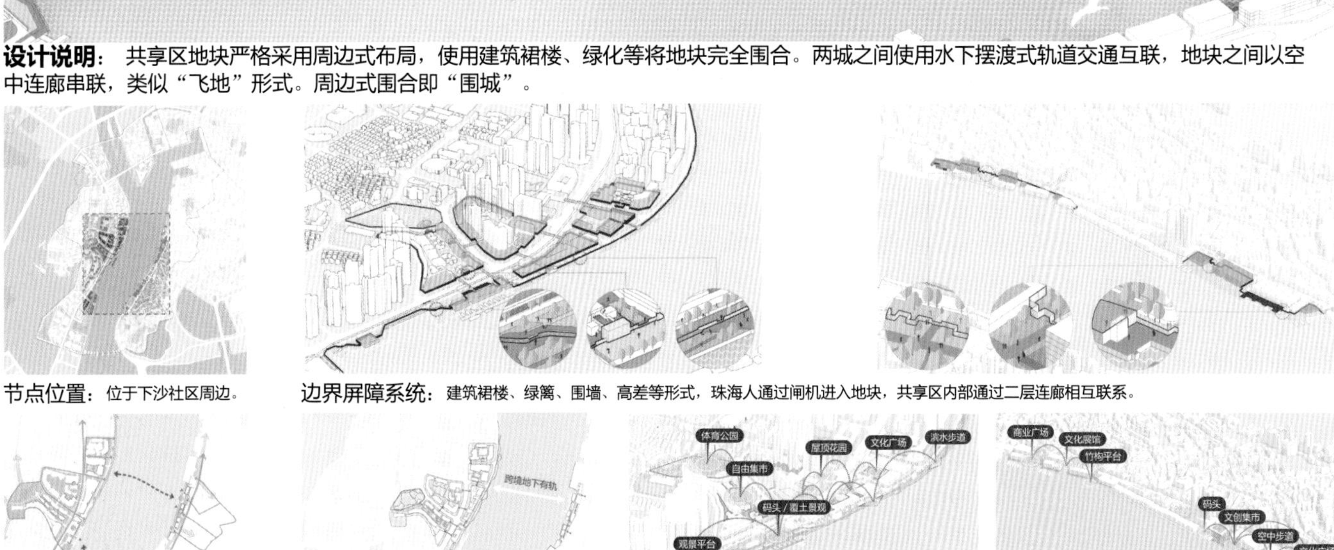

节点位置：位于下沙社区周边。

边界屏障系统：建筑裙楼、绿篱、围墙、高差等形式，珠海人通过闸机进入地块，共享区内部通过二层连廊相互联系。

空间结构：滨水绿化带向内渗透。

人群流线：珠澳人群流线各成体系。

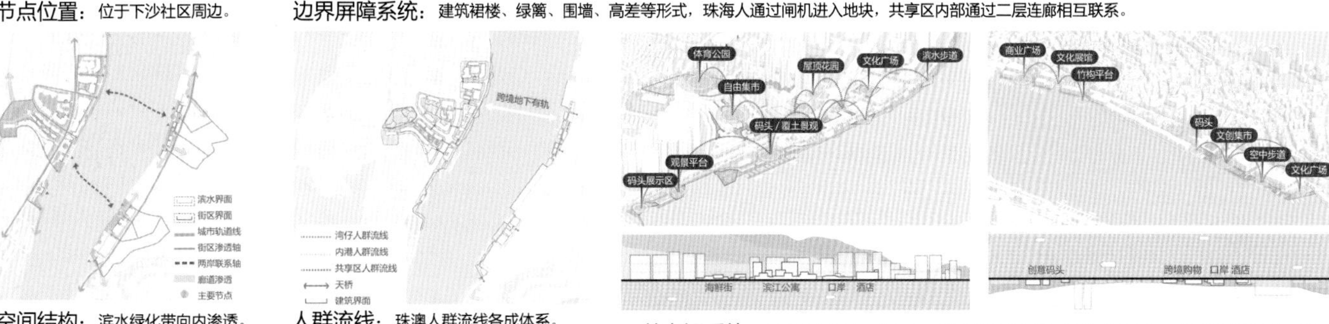

开敞空间系统：规模类型各异，考虑两岸之间的景观视线联系进行统筹设计，形成丰富的景观层次。

①建筑裙楼边界

②高差边界

重要街道断面

①生态驳岸 ②水阶梯驳岸

③滨水步道 ④观景平台

景观类型

①周边商业裙楼

②上层功能混合

街区形态

文化路线设计：规划联结两地文化线路，增强节点设计。

凿壁：南联节点片区设计——连城

设计说明：共享区地块之间使用二层步道、空中云巴轨道相互连接。澳门人乘坐云巴到珠海侧共享区地块后，可通过连续的空中步道系统便捷地去往共享区内任意位置，但不能由地面层进入珠海。空中步道联系即“连城”。

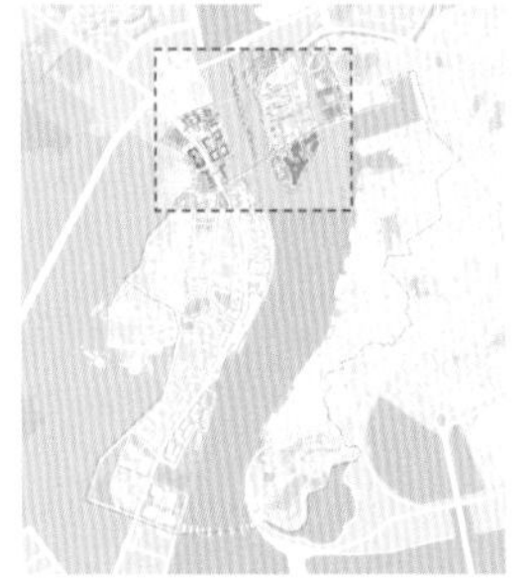

节点位置：位于南联社区周边。

主干道
次干道
支路
二层步行系统
一层步行系统
滨水绿道
珠海地铁线
跨境专线
共享区空巴

跨界交通：以跨境专线、空中云巴联系为主。

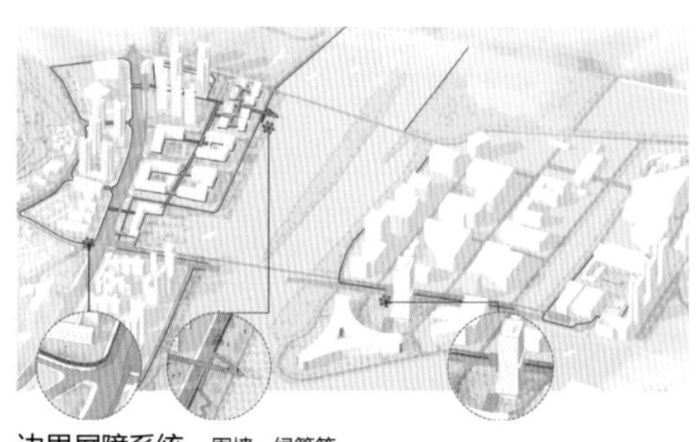

边界屏障系统：围墙、绿篱等。

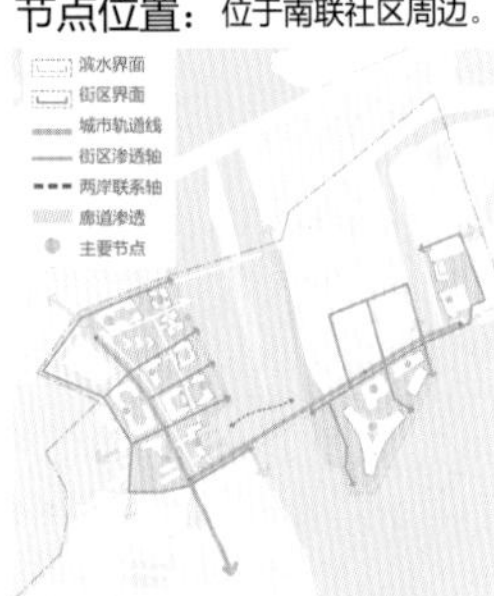

空间结构：山、水、城相互渗透。

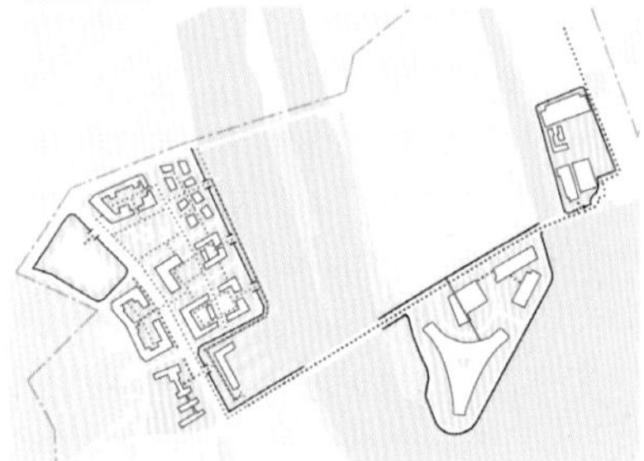

人群流线：珠澳人群流线各成体系。

开敞空间系统：规模类型各异，通过二层步道相连。

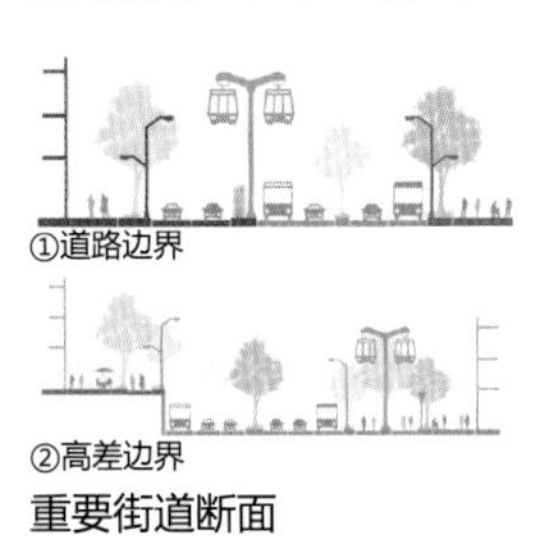

重要街道断面

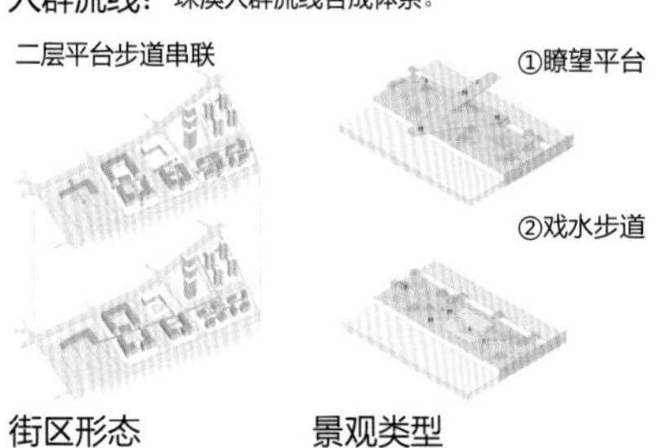

街区形态　　景观类型

海绵城市设计：利用滨水处高差，营造排水梯级，收集雨水。

深圳大学

指导老师

杨晓春

罗志航

设计感言

雷舒宇

熊戚非洋

何玉玲

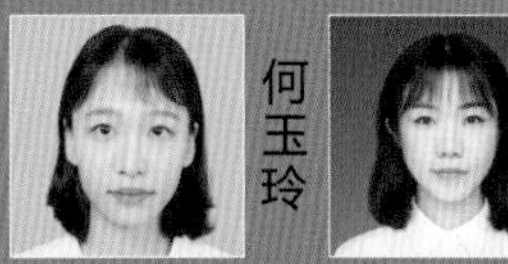

黄倍煌

十分有幸加入“珠澳边界场所再造”联合毕业设计组，有趣的课题和优秀的伙伴为大学生涯画上了完美的句号。短短半年收获了更系统的设计思维方式，巩固了城市设计基本原则及画图技巧，但最难忘的还是成果汇报前一起奋斗通宵的那些夜晚。

面对这个有时代性的题目，我们的方案也面临着来自珠澳政策和文化差异的挑战。尽管如此，我们希望提出城市边界的一种新的可能性。短期内，城市边界并不会消失。边界可以有形，但人的生活体验应该是无界的。我们的方案不一定是最优解、唯一解，却是我们心中城市边界未来的一个生机勃勃的可能性。

设计感言

麦青堃

李庄庭

侯天悦

陈泽霖

很荣幸能够参加大湾区联合毕业设计，我们在这次学习中收获颇丰。这次毕业设计的主题延续了上一届有关边界问题的讨论，只不过是从深港转到了珠海和澳门。本以为可以简单入手的题目却让我们在讨论初期便屡屡受挫。多次尝试后我们决定从整个湾区尺度下的发展与关系来看待边界的问题，不只是将最基本的解决城市问题当作设计的唯一途径，而是去思考怎样为城市未来的发展提供一种愿景，一种积极的可能性。在这个过程中，我们看到不同学校的设计风格和特点，也从他们的设计中看到不同角度的思考方式。

边界社区——粤港澳大湾区新背景下的珠澳城市边界再造

深圳大学 / 雷舒宇 熊戚非洋 何玉玲 黄倍煌

大湾区背景

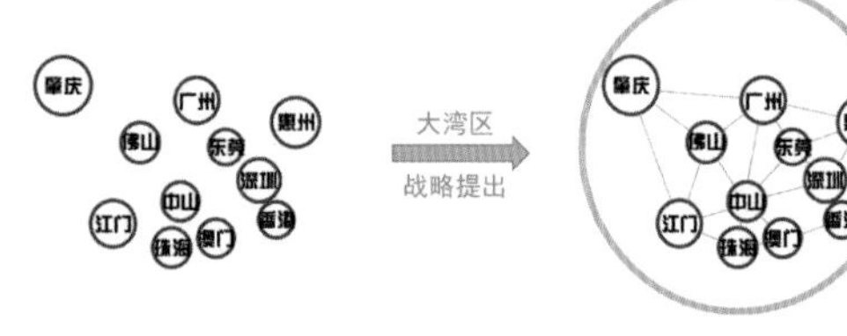

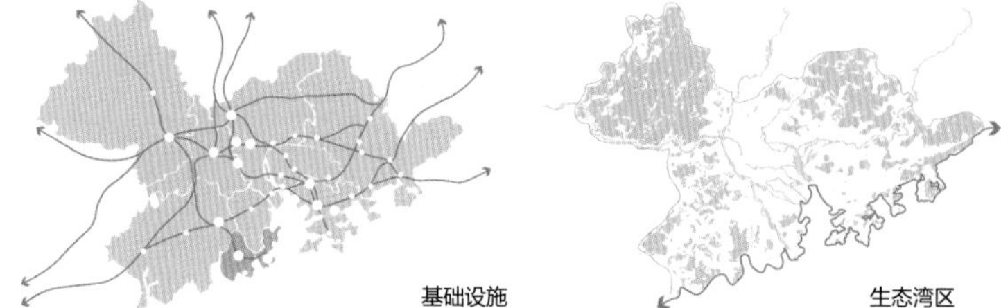

珠澳在大湾区

珠澳双城——联系与割裂

珠澳双城——生态宜居

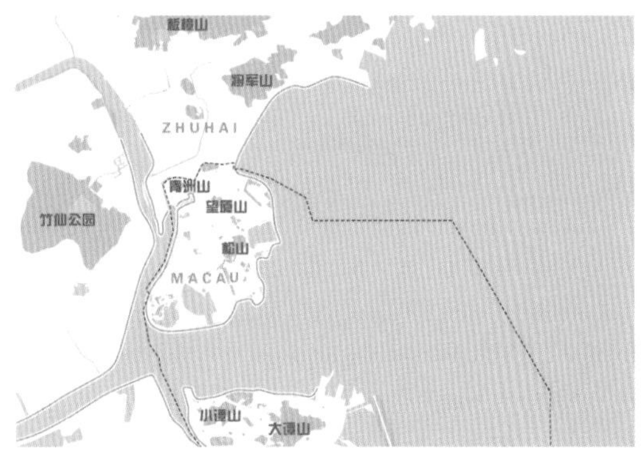

现状交通

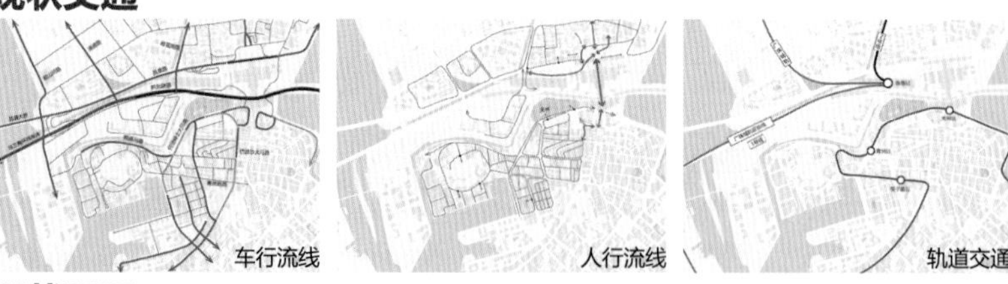

现状肌理

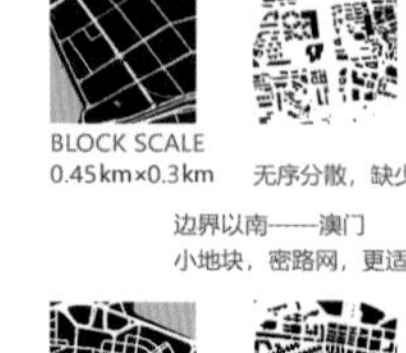

现状分析

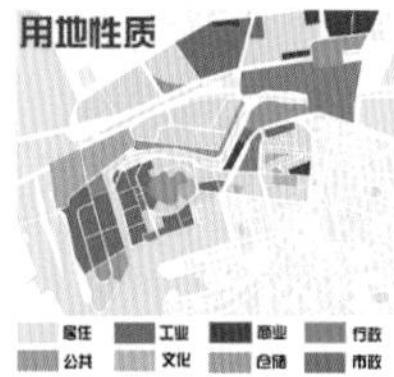

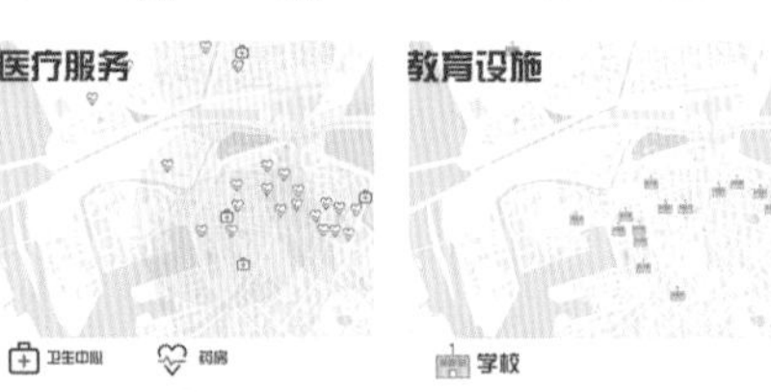

场地问题

边界围栏

交通阻隔

公共空间缺失

活力衰退

步行体验差

水域污染

垃圾堆积

路边泊车

人群行为

珠海

澳门

鸟瞰图

设计发展

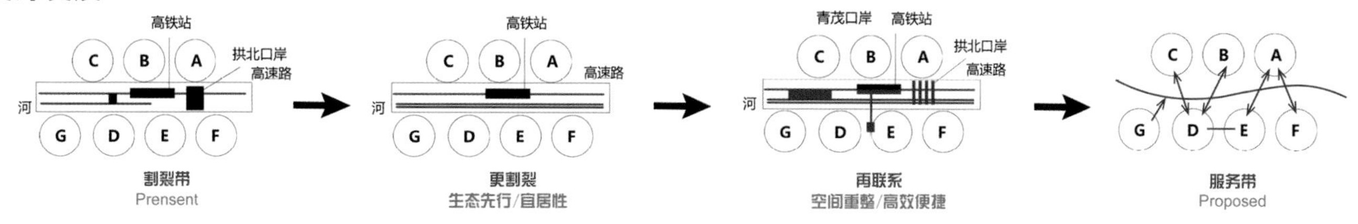

规划空间结构

社区开发模式

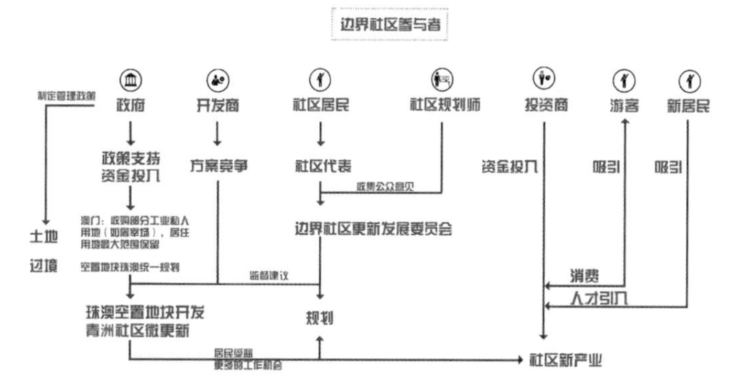

规划——三大发展区

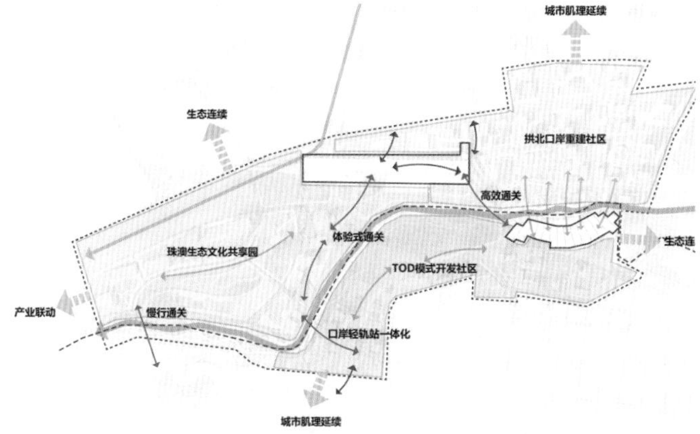

三种过关模式

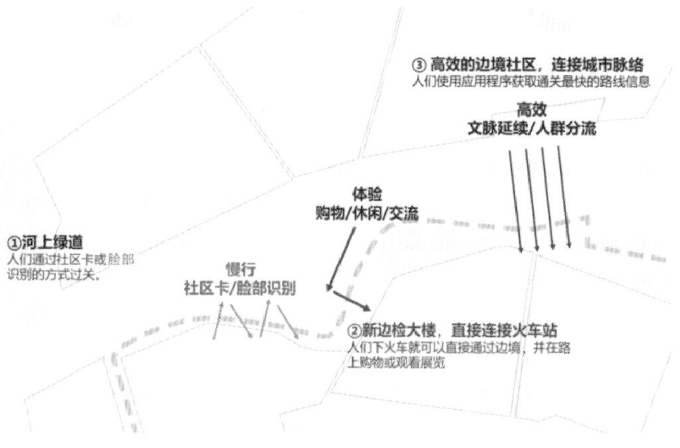

设计总平面

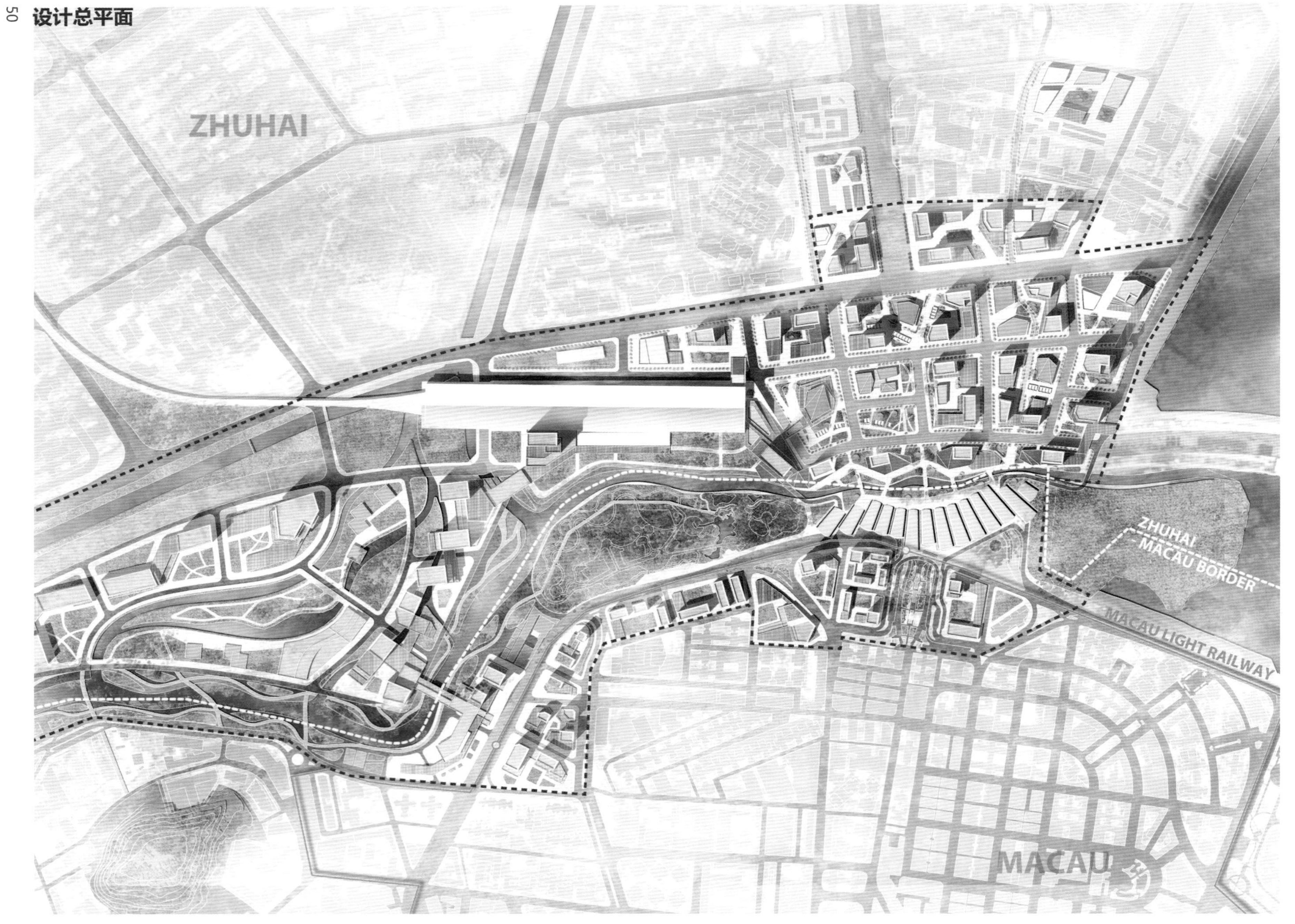

生态修复

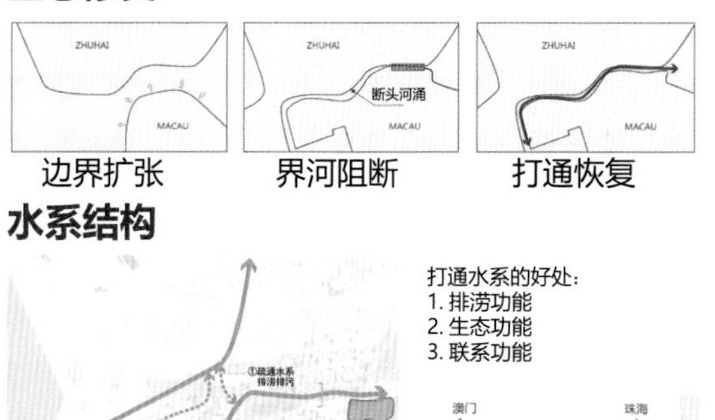

水系结构

打通水系的好处：
1. 排涝功能
2. 生态功能
3. 联系功能

设计策略

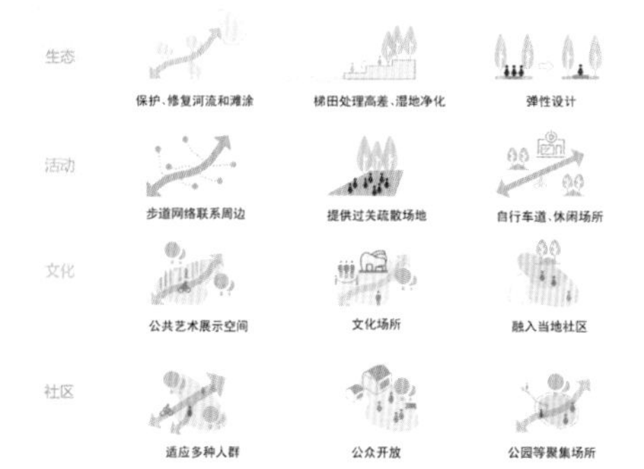

设计概念

功能串联

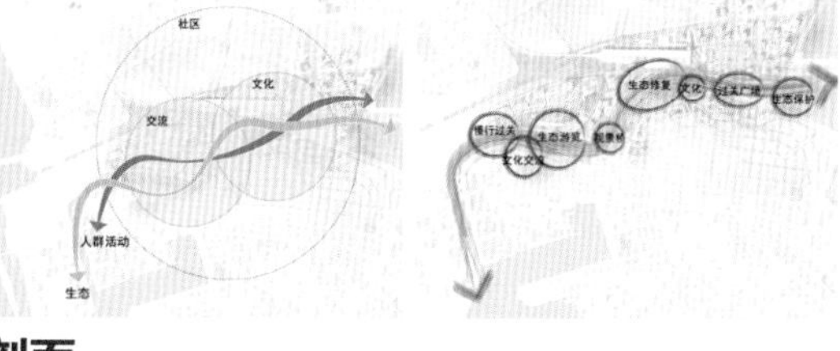

剖面

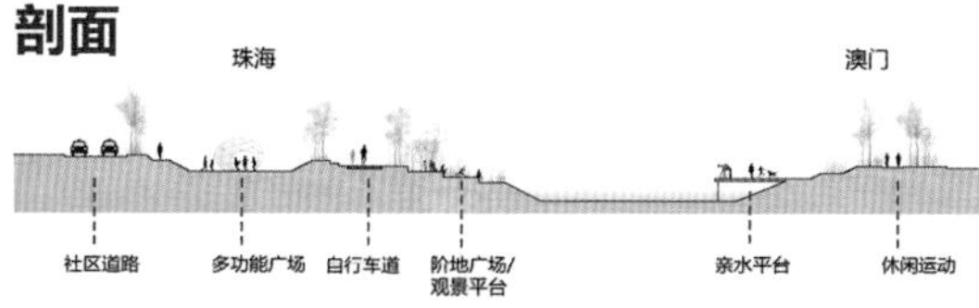

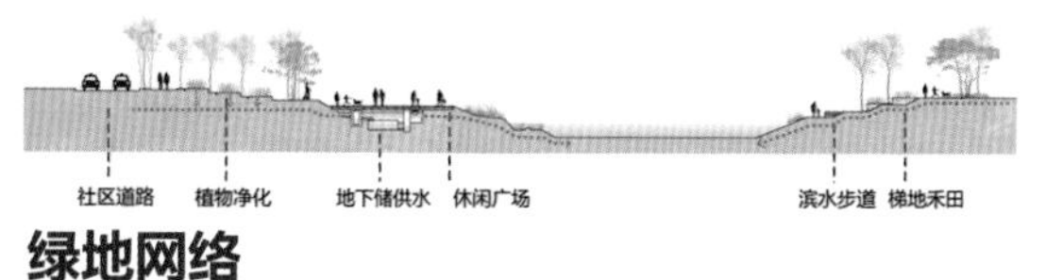

绿地网络

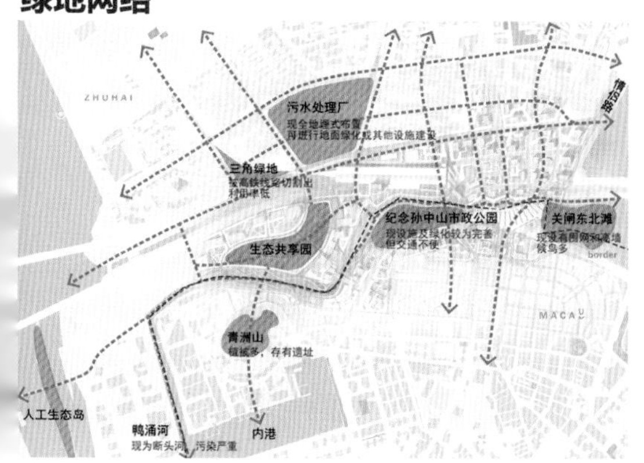

生态共享园设计平面

现状分析

设计结构

将建筑主要安排在地块北侧，并形成较统一的界面。

跨境工业区
与西南方的跨境工业区联系，为其提供展览、销售等场所，建立一个与外部交流的场所。

鸭涌河
中间地块向北与昌盛渠联系，向南与鸭涌河联系，打造一个较为开放的、生态的、可供交流共享的空间。

设计后路网

建筑功能

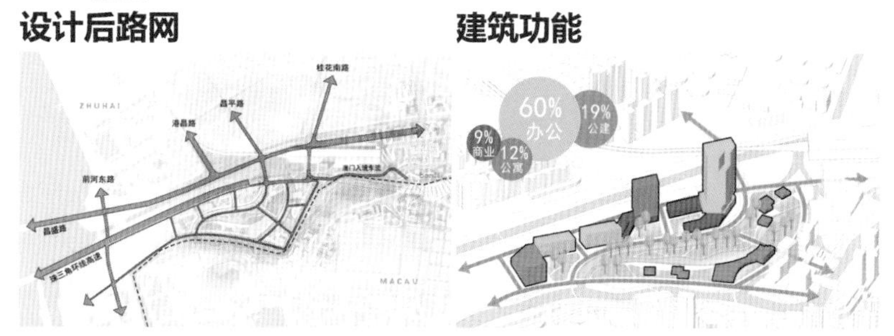

场地剖面

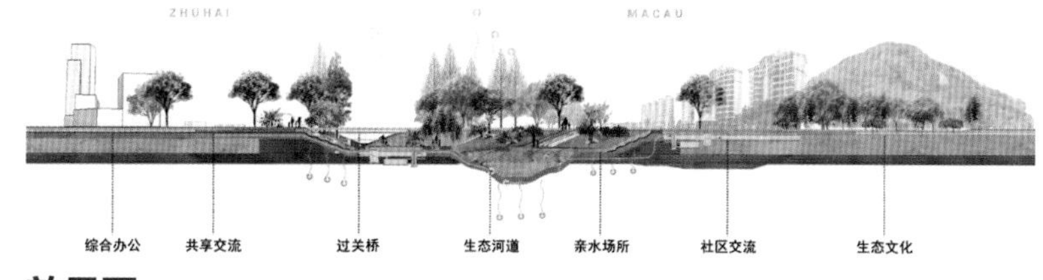

效果图

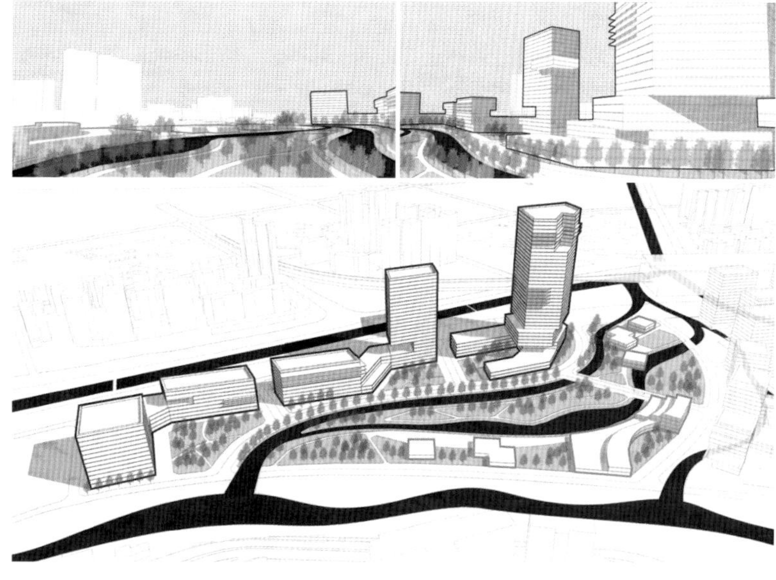

当前问题

与高铁站连接流线

拱北口岸与高铁站空间联系不紧密，通过长廊和广场疏散人群，通关效率低。步行流线曲折，公交站点布置不合理，与周边连接性较差。

方案思考

将拱北口岸的体量进行转化。

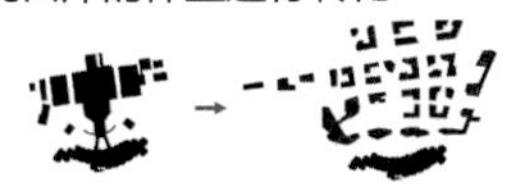

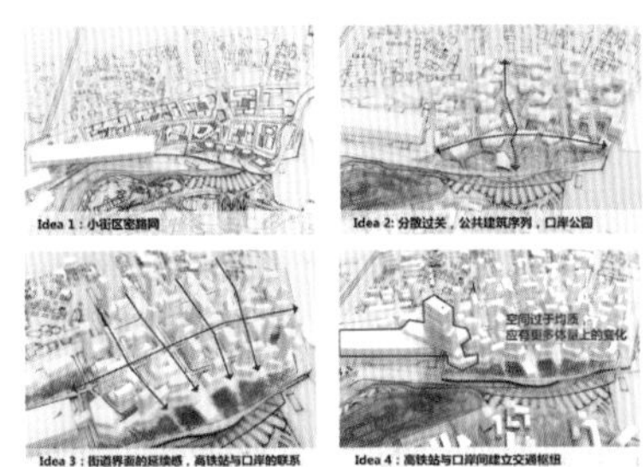

规划结构

找到拱北口岸片区最具代表性的要素，如壁画村的文化、莲花路步行街的商业，都可以延续到城市边界，活化边界。

智慧社区

拱北口岸边界社区总平面

方案发展

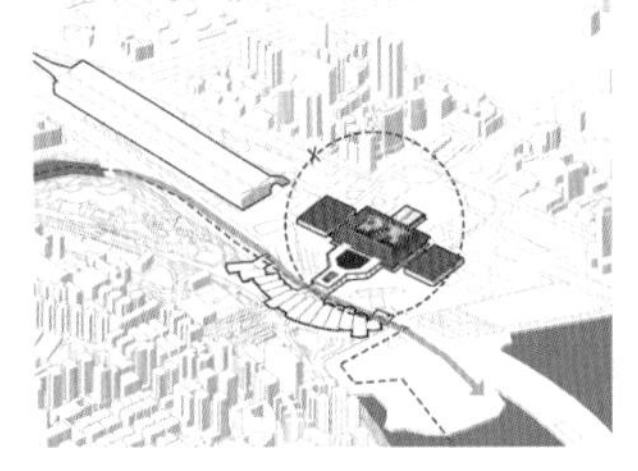

STEP 1：生态优先，拆除原有口岸珠海关闸，打通鸭涌河，恢复口岸原有河岸生态环境。

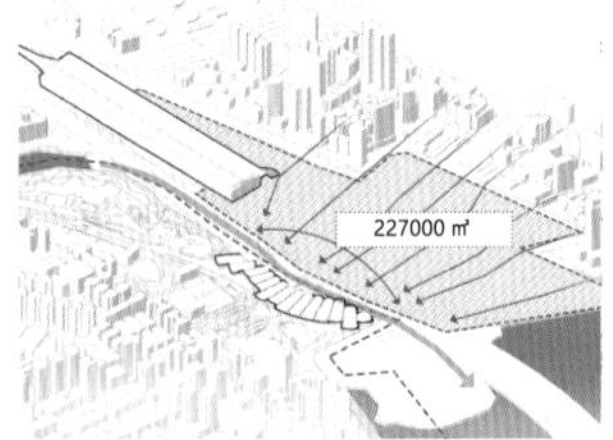

STEP 2：将整个区域作为珠澳城市肌理的过渡衔接，寻找与周边地块的关系，将城市延续到边界。

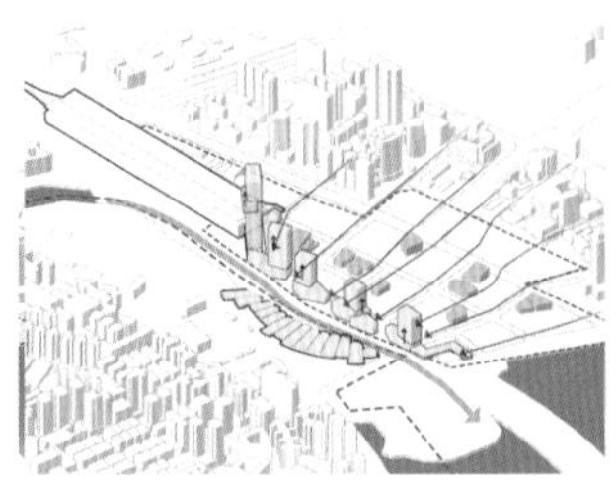

STEP 3：呼应澳门的关闸形式，在珠海一侧做分散的小体量口岸建筑，并在建筑上设塔楼，用于口岸相关办公及珠澳合作。

新口岸边界社区景观设计

自然屏障，当边界消失，自然成为公共空间。

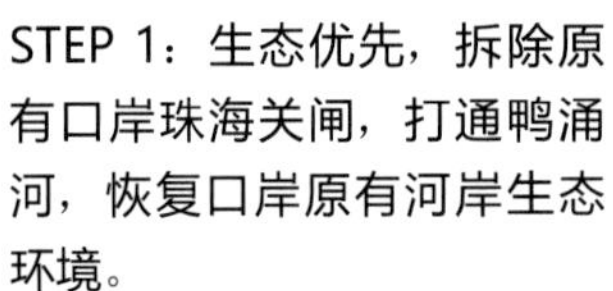

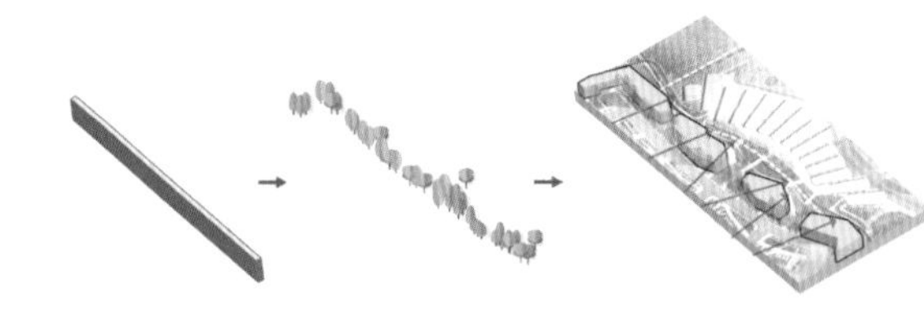

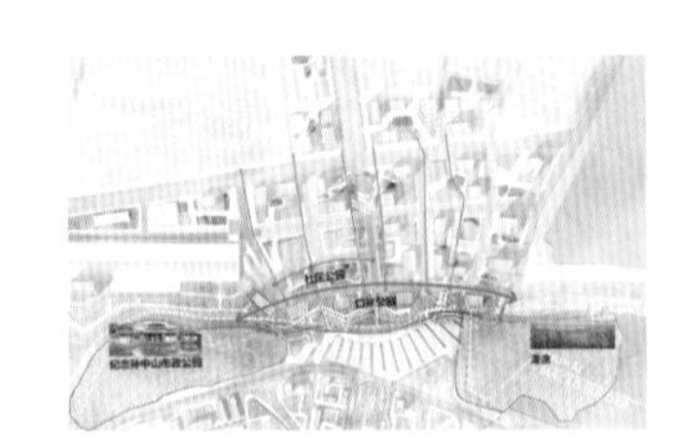

将原本的硬质边界（Hard Borders）通过景观的设计方法转化为软质边界（Soft Borders），虽然目前人们仍需经过关闸办理通关手续才能跨越边界，但是在空间上，边界是延伸出去的，而不是如墙一般分隔开两个城市的。

新口岸与高铁站衔接设计——综合交通枢纽

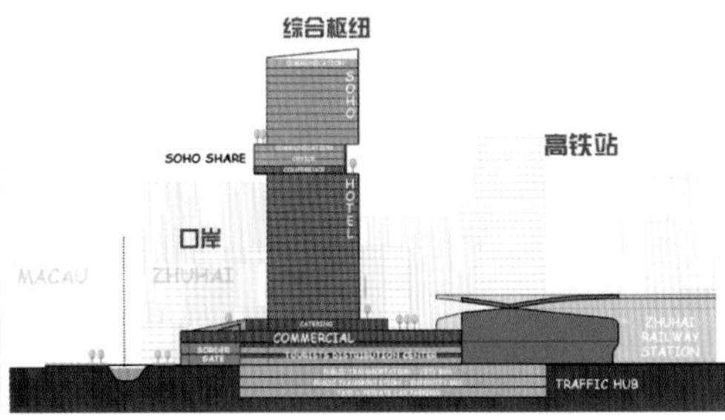

整体规划设计

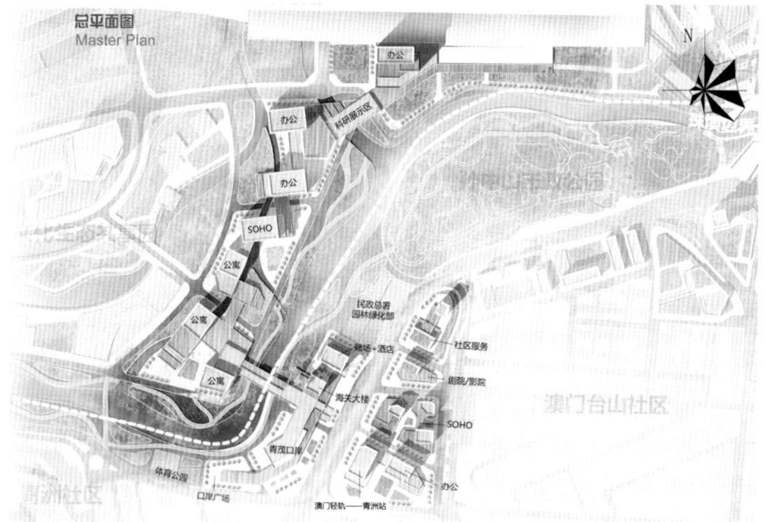

总平面图

体验式过关模块效果图

设计细节分析

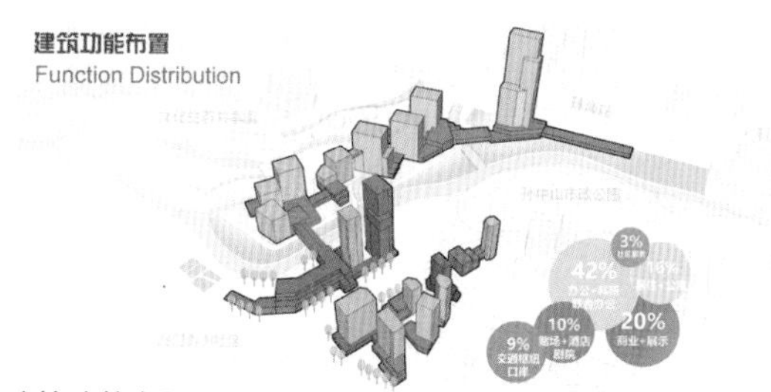

建筑功能布置

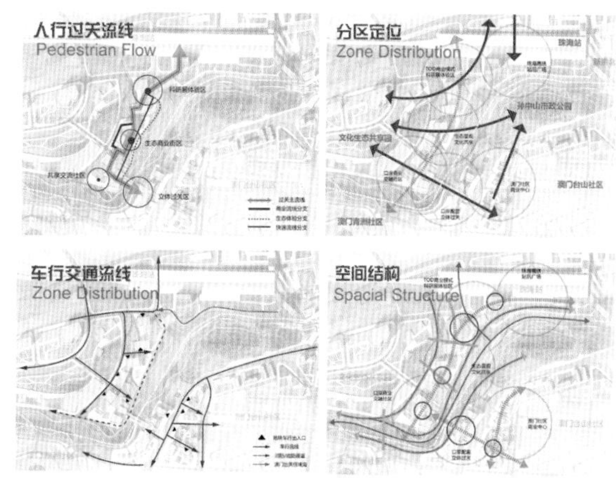

珠海站改造

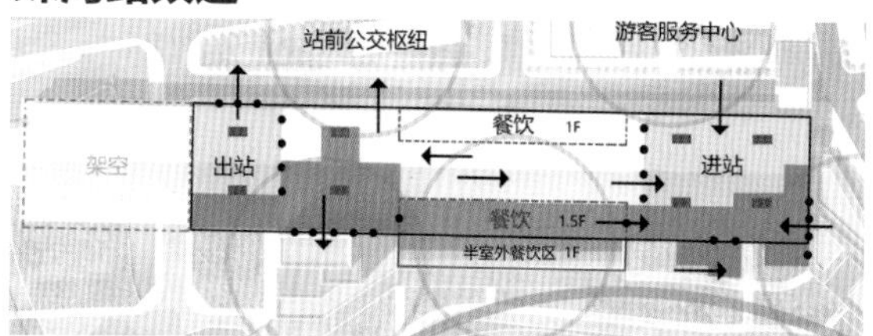

高铁站改造设想平面

青茂口岸设计

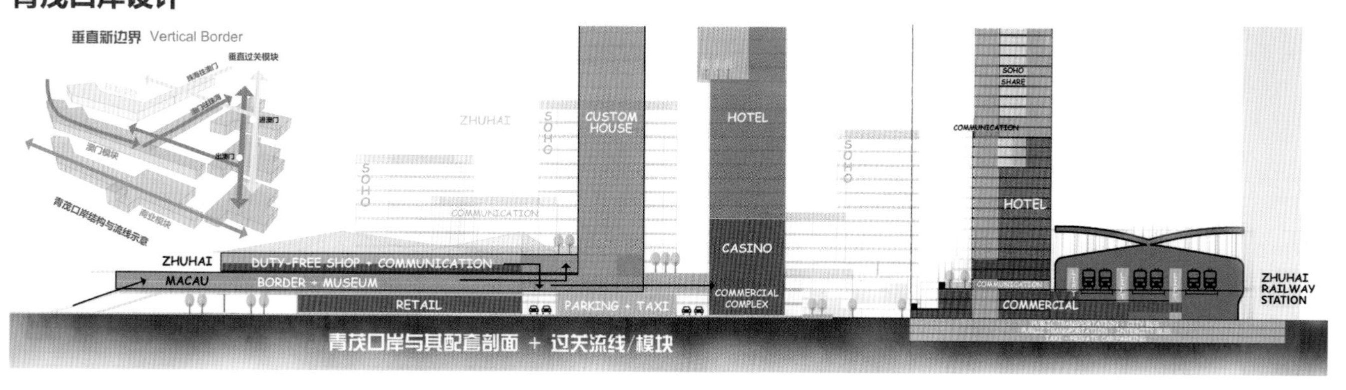

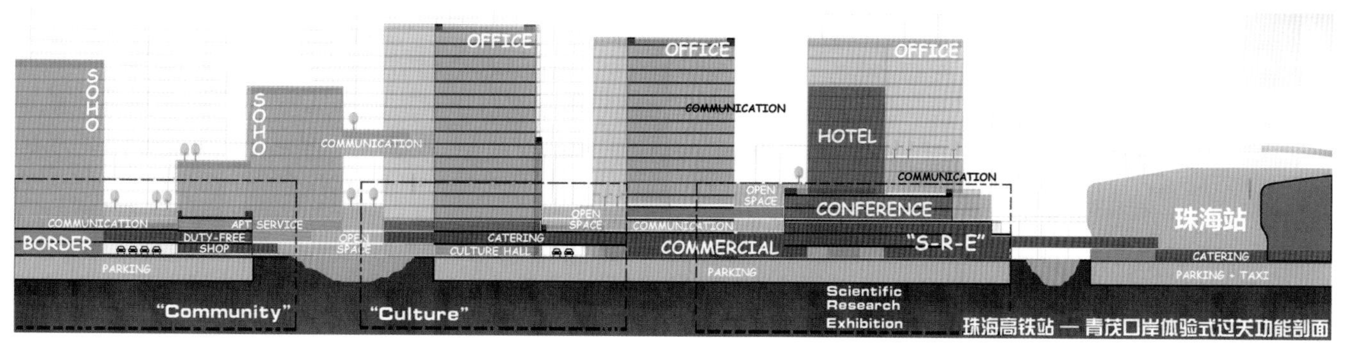

2049 珠澳城市庆典

深圳大学 / 麦青堃 李庄庭 侯天悦 陈泽霖

设计构思

随着珠澳文化、经济等方面的交融，我们认为未来珠澳的关系必然是交互的。前山水道作为曾经珠澳双城重要水上交通要塞，即将成为 2049 年珠澳城市庆典的重要舞台，因此，我们希望通过在两岸搭建索道，增加两地交流的交通方式，引入管道式的轨道交通，解决澳门城轨建设遭遇的难题。

同时，内涝和台风是珠澳双城共同面对的灾害。如何面对越发恶劣的环境？我们认为：疏散雨水才是较好的解决办法。结合澳门用地紧张的现状，我们引入“立体式岸堤”的概念，通过丰富岸堤的功能，增加澳门沿海空间的趣味性。同时，通过水文分析，挑选澳门非历史性街道建设疏水廊道，以求解决内涝问题。为了更好地突出珠海“山水城市”形象，通过设计将军山与水道之间的绿廊来加强山和水的连通性，同时这个绿廊也成为珠海沿海的水循环通道，可增强城市面对台风的能力。

大湾区交通关系

大湾区生态关系

大湾区功能关系

大湾区规划定位

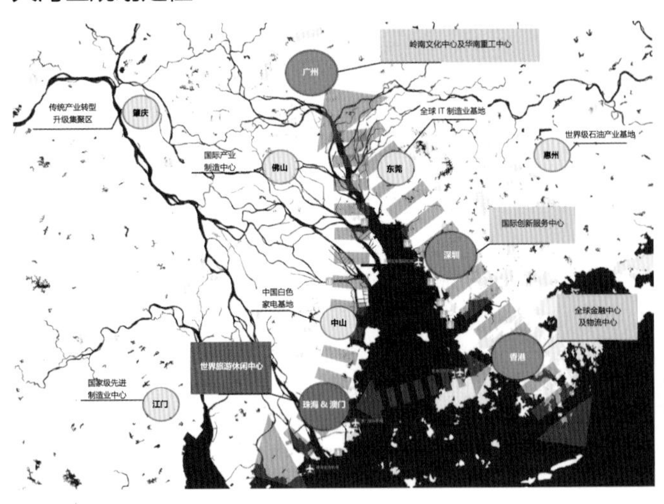

核心问题：1. 湾仔口岸关闭对两地有何影响？ 2. 如何应对风暴潮及新的生态问题？ 3. 宏观调控 VS 公众参与？

区域位置

大湾区

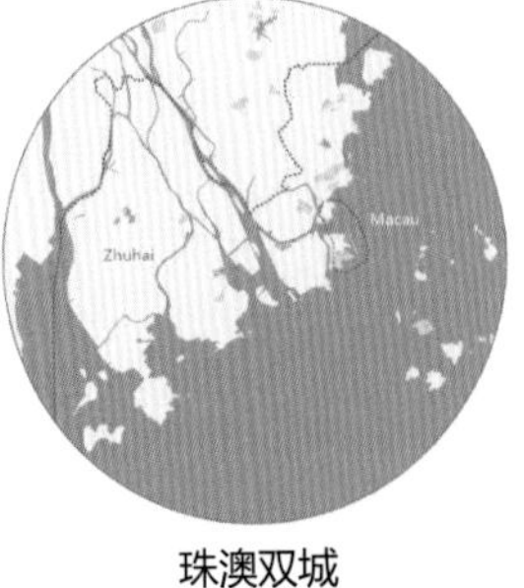

珠澳双城

调研范围

规划范围

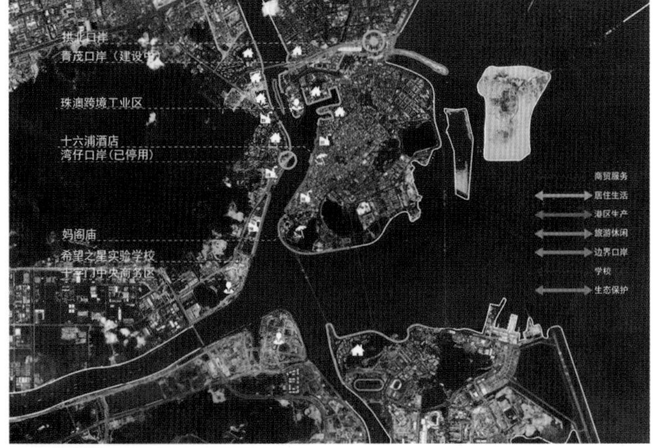

连通性——珠澳边界可达性分析

日均通行人数（人）

大桥珠海口岸
拱北口岸
青茂口岸
跨境工业区口岸
横琴口岸
0　100000　200000　300000　400000　500000

月均车流量（辆）

大桥珠海口岸
拱北口岸
青茂口岸
跨境工业区口岸
横琴口岸
0　100000　200000　300000　400000　500000

口岸开放时间

横琴口岸

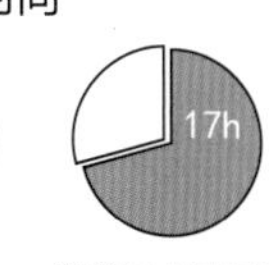

跨境工业区口岸

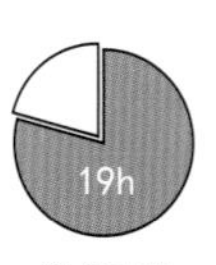

拱北口岸

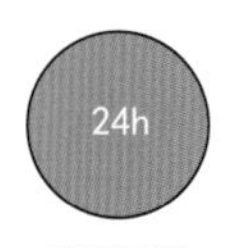

青茂口岸

湾仔口岸

生态性——内涝对城市的破坏

澳门海岸线变化　澳门风暴潮影响范围

澳门不动产保护范围

功能性——珠澳边界发展区域

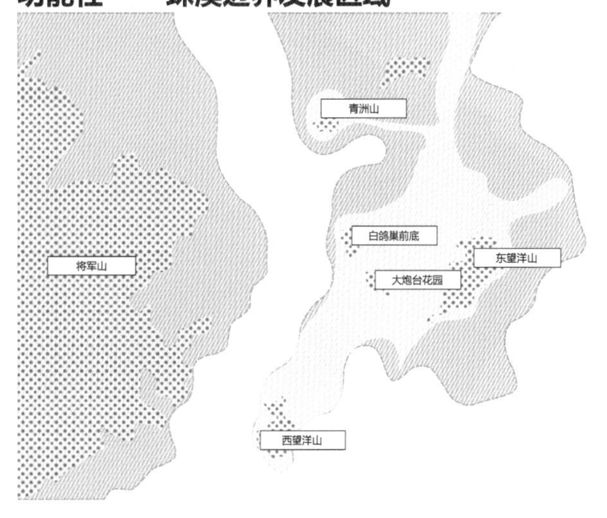

设计框架

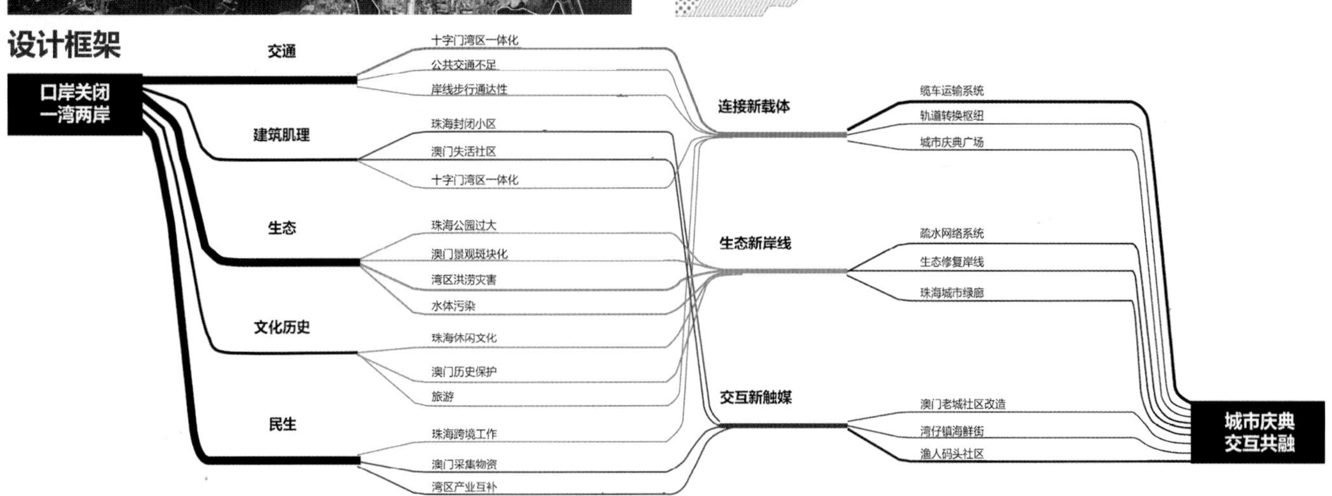

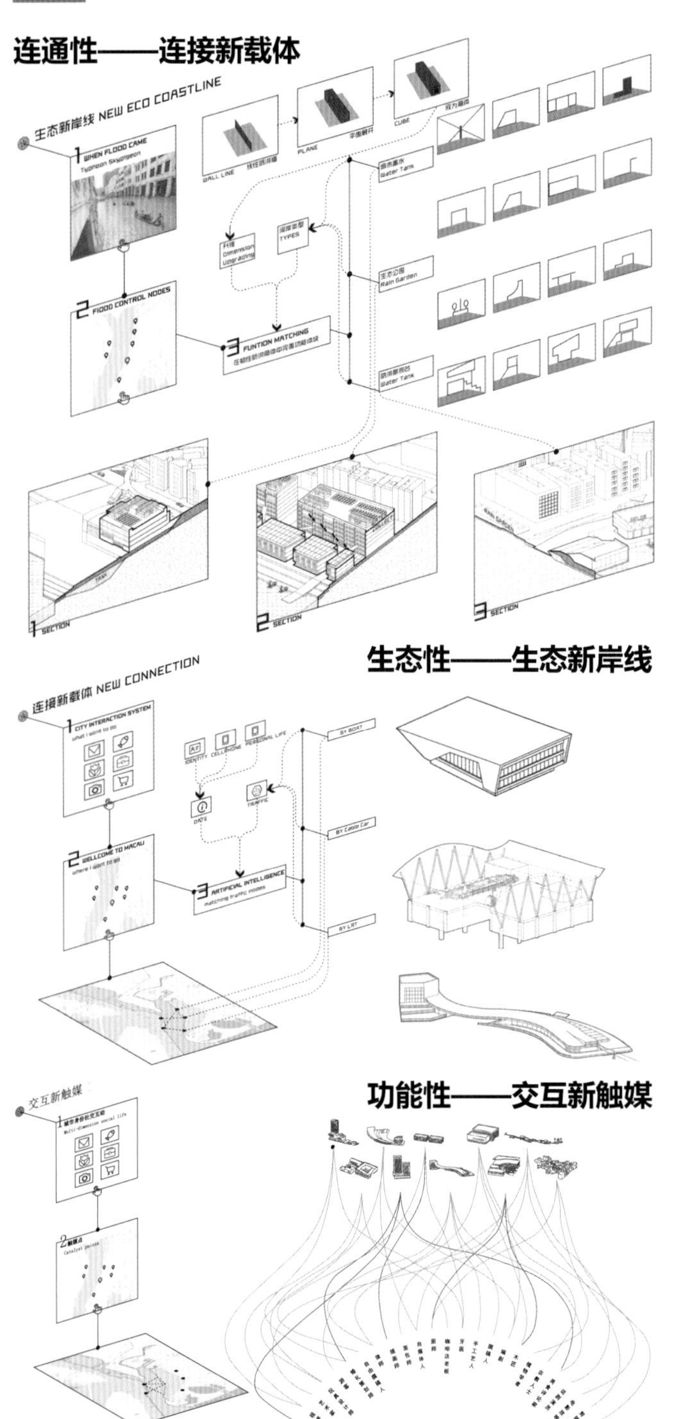
连通性——连接新载体
生态新岸线 NEW ECO COASTLINE
生态性——生态新岸线
连接新载体 NEW CONNECTION
功能性——交互新触媒
交互新触媒

TRAIN STATION
TUNNEL
ECO-ISLAND
MACAU STATION
连接新载体

生态新岸线

Livelihood
民
生
Spatial
Societal
Economical
pier
park
household
history
Labor
supplies
交互新触媒

EXHIBITION CENTER
PORT PARK
TEMPLE DE-A-MA
EXHIBITION CENTER
ZHU MA MONUMENT
MACAU TOWER
CITY SQUARE
PERSONAL PORT
WATER SQUARE
PONTE 16 HOTEL
珠 海
ZHUHAI
澳 门
MACAU

场地分析

前山水道存在着“山—水—山”的空间关系，但珠海被高档高层住宅所隔断，澳门被十六浦酒店以及众多码头所隔断。

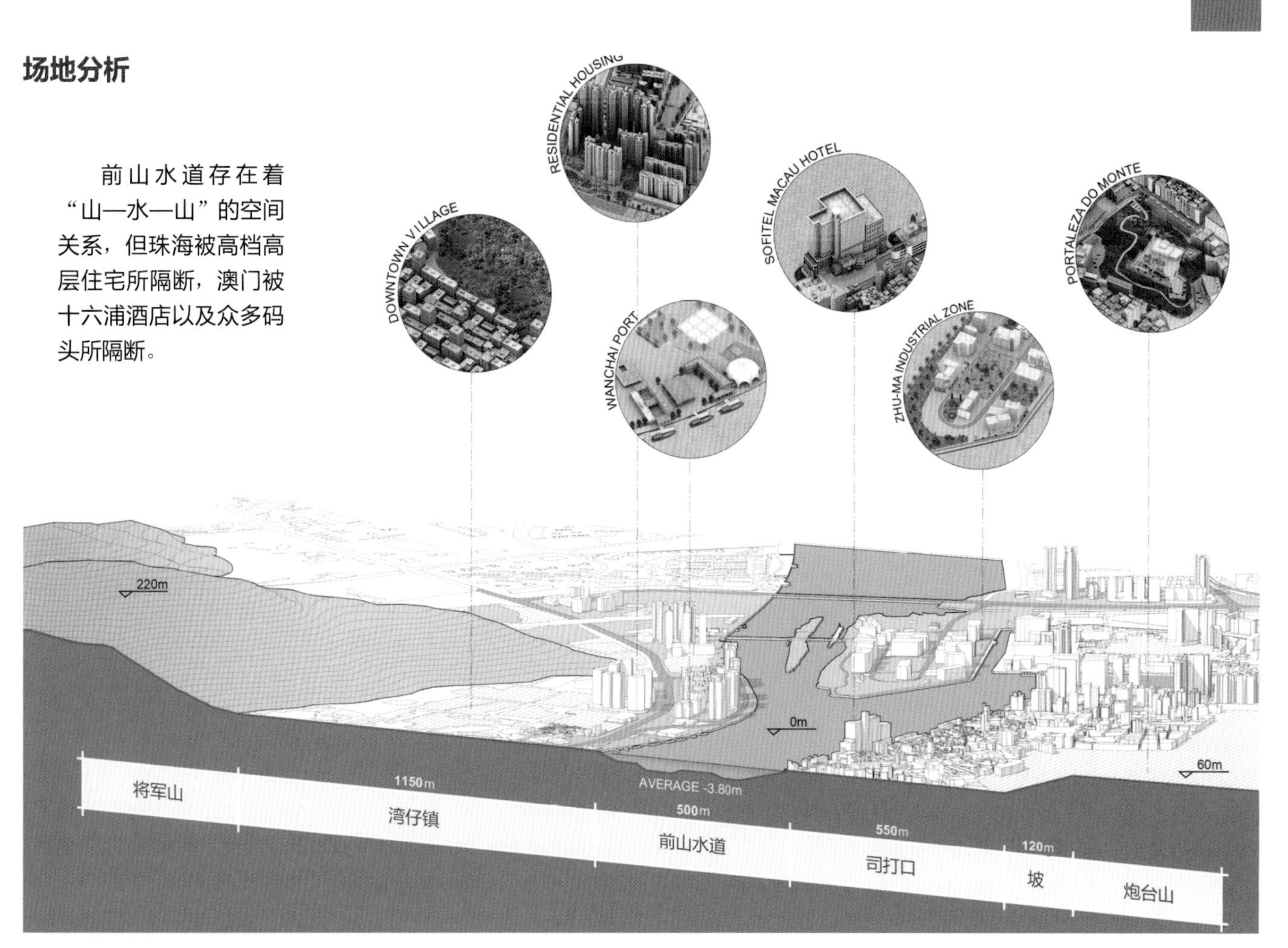

总平面图

N
500m
1000m
1 环形潮汐广场
2 青年公寓
3 文化艺术中心
4 图书馆
5 轻型办公
6 行政功能
7 珠海渔村
8 珠海过境枢纽
9 科学馆
10 人才公园
11 海鲜市场
12 水净化景观
13 河边运动场
14 浮岛界碑
15 海鲜餐厅
16 潮汐公园
17 湾仔码头
18 瞭望角艺术馆
19 北部码头
20 生态防水堤
21 滨水跑道
22 十六浦酒店
23 十月初五街
24 澳门枢纽
25 社区广场
26 集合LOFT
27 折叠码头
28 下环街市改造
29 自动物流码头

鸟瞰图

公共空间

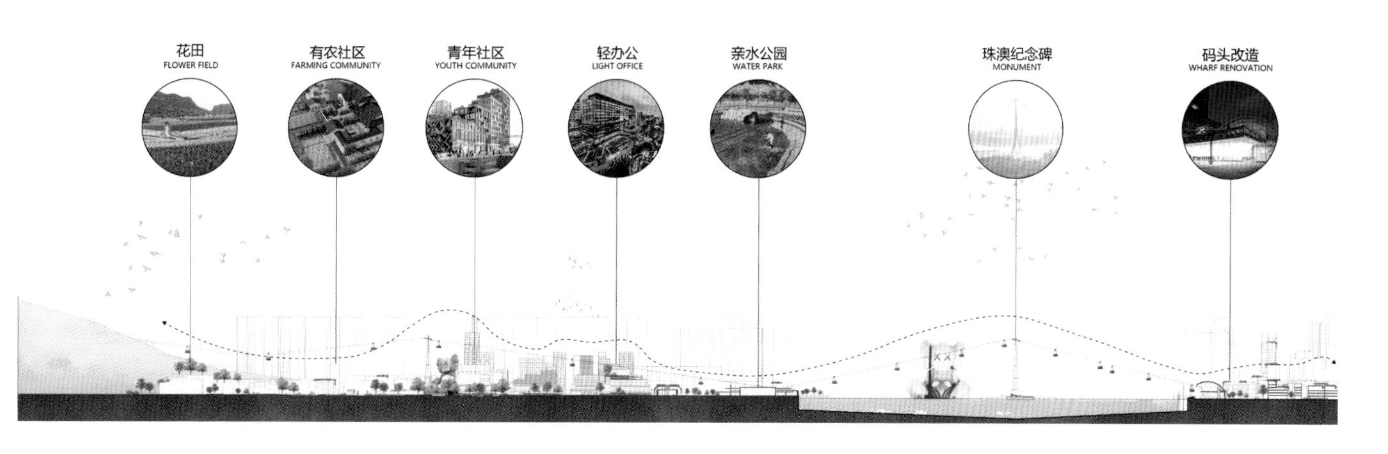

绿轴生态

同时还可容纳雨水、重建当地的栖息地区域、过滤雨水径流，并提供了一个无机动车的娱乐体验场所。

岸线处理

分区式的设计展现出一系列可以推广应用至不同尺度项目中的适应性策略。

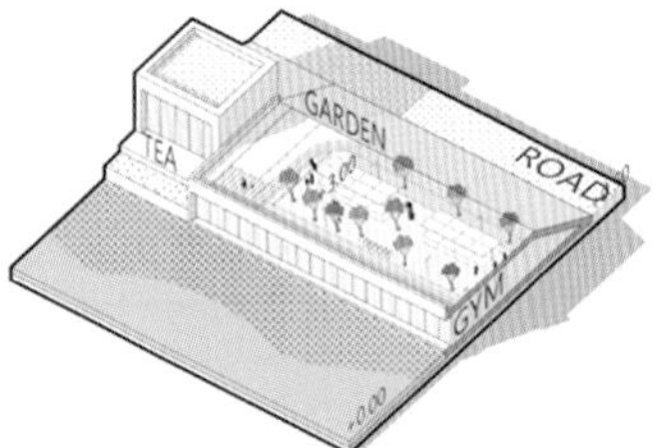

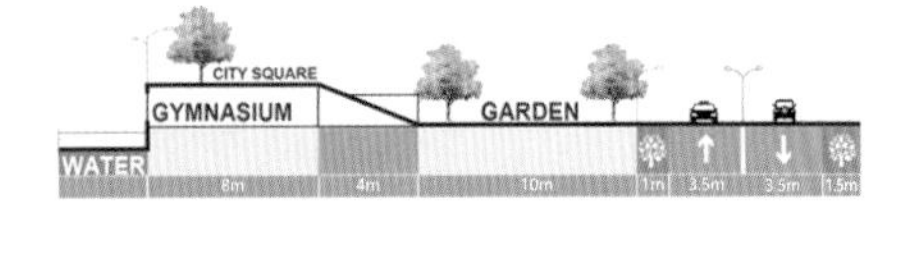

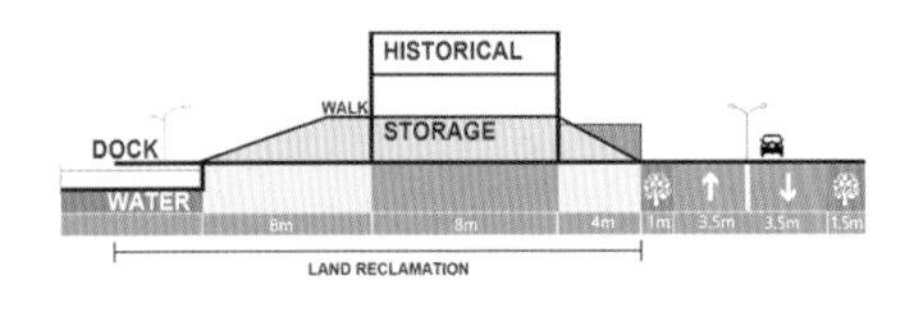

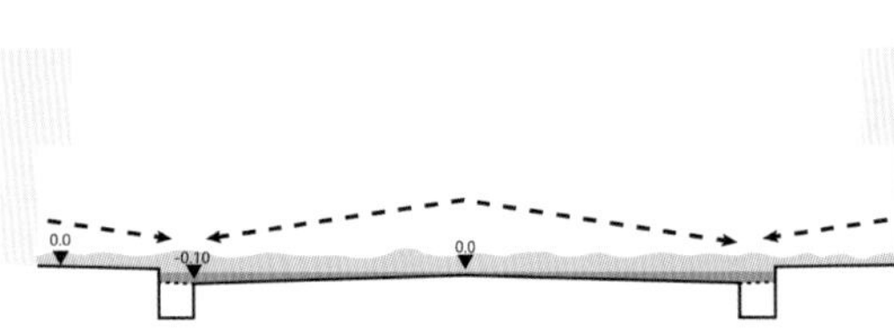

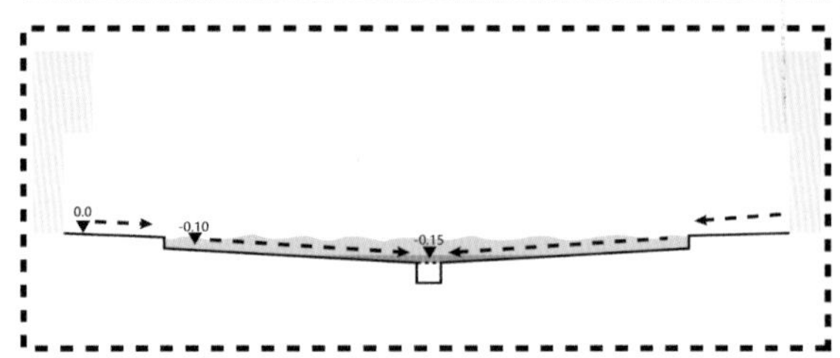

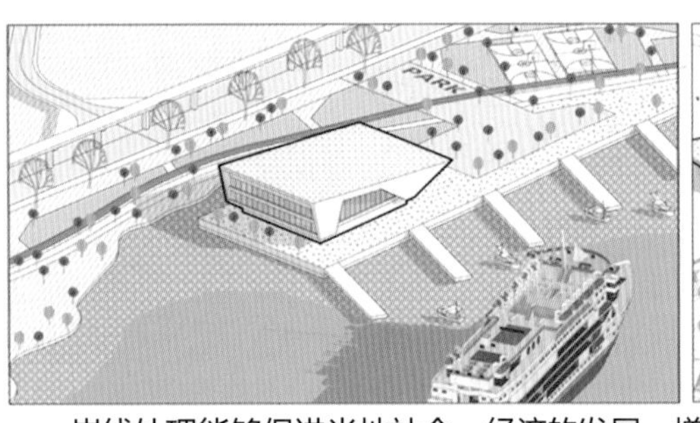

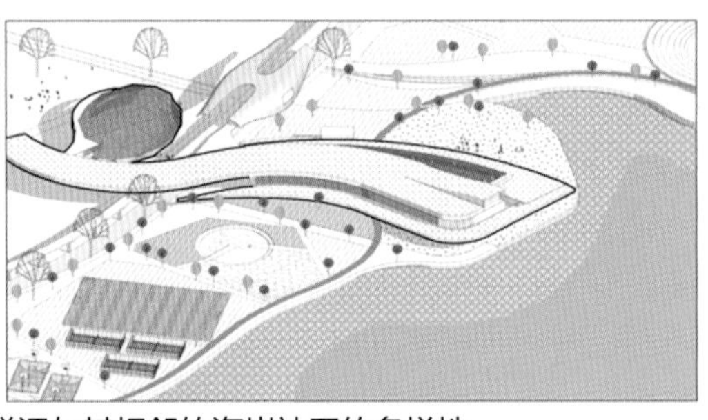

岸线处理能够促进当地社会、经济的发展，增添与其相邻的海岸社区的多样性。

旅游
码头
口岸

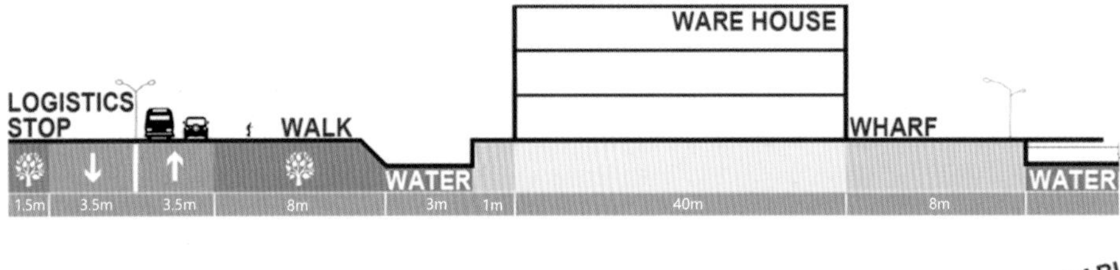

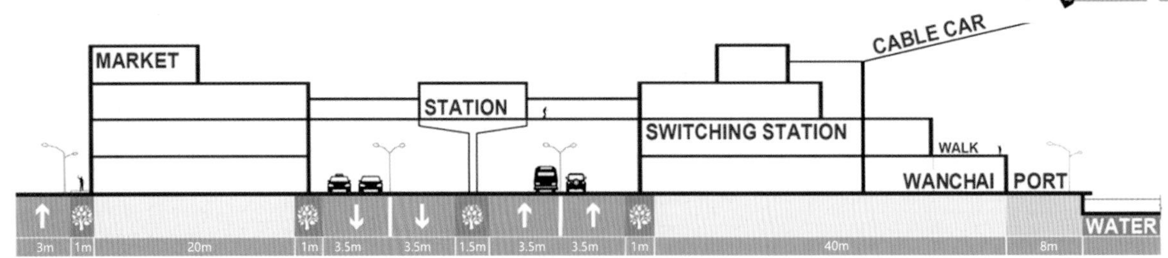

同济大学

指导老师

栾峰

范凯丽

韩硕

刘晓韵

裴祖璇

设计感言

这次联合毕业设计不仅是对我们本科学习的一个综合考查，还让我们体会了综合运用专业技能来解决实际问题的方法，也提供了一个难得的调研交流和开放性探讨的机会，在这种综合演练的过程中，我们可以放飞自己的想象力。通过多次的交流，我们学习了其他高校同学的优秀方案，同时也提供了关于珠澳边界未来发展的多种思路。我们憧憬着一个人才集聚、绿色持续、环境宜人的珠澳边界，希望珠澳边界走向更美好的未来！

创意汇流　文化左岸——面向粤港澳大湾区的珠澳边界再造

同济大学 / 范凯丽　裴祖璇　刘晓韵　韩硕

设计构思

由于历史和制度的原因，澳门西侧的珠澳边界水道两侧，近在咫尺，却成了被遗忘的洼地。珠海部分只有少量地产开发，澳门部分则主要是市政设施和已经明显陈旧的老社区。考虑未来粤港澳协同发展，以及为此应当推进的区域性能提升，我们将这一被遗忘的洼地部分，定位为跨两地的世界级文创汇流之地，不仅为两地的文化创意产业寻找新的共同地域，而且借由未来过关联系更为密切和便利的假设，共同推动世界级的文化创意经济发展。为此，重点强化了两地滨水空间的改造及多种方式的交通联系，进而构建了五大功能片区——高端物流区、文创及配套服务区、滨水公共开放区、站城一体开发区和历史码头游览区，进一步策划了“3+3+X”的核心建设项目，在导入重要文化经济项目的同时，积极推动老旧社区的改造，彻底改变该地的低洼状况。

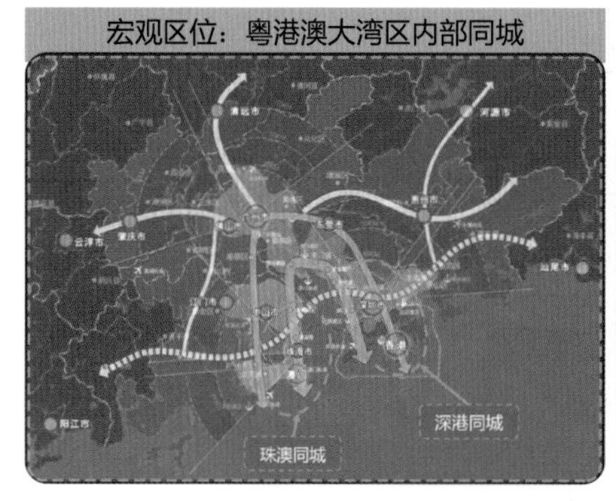

区位分析图

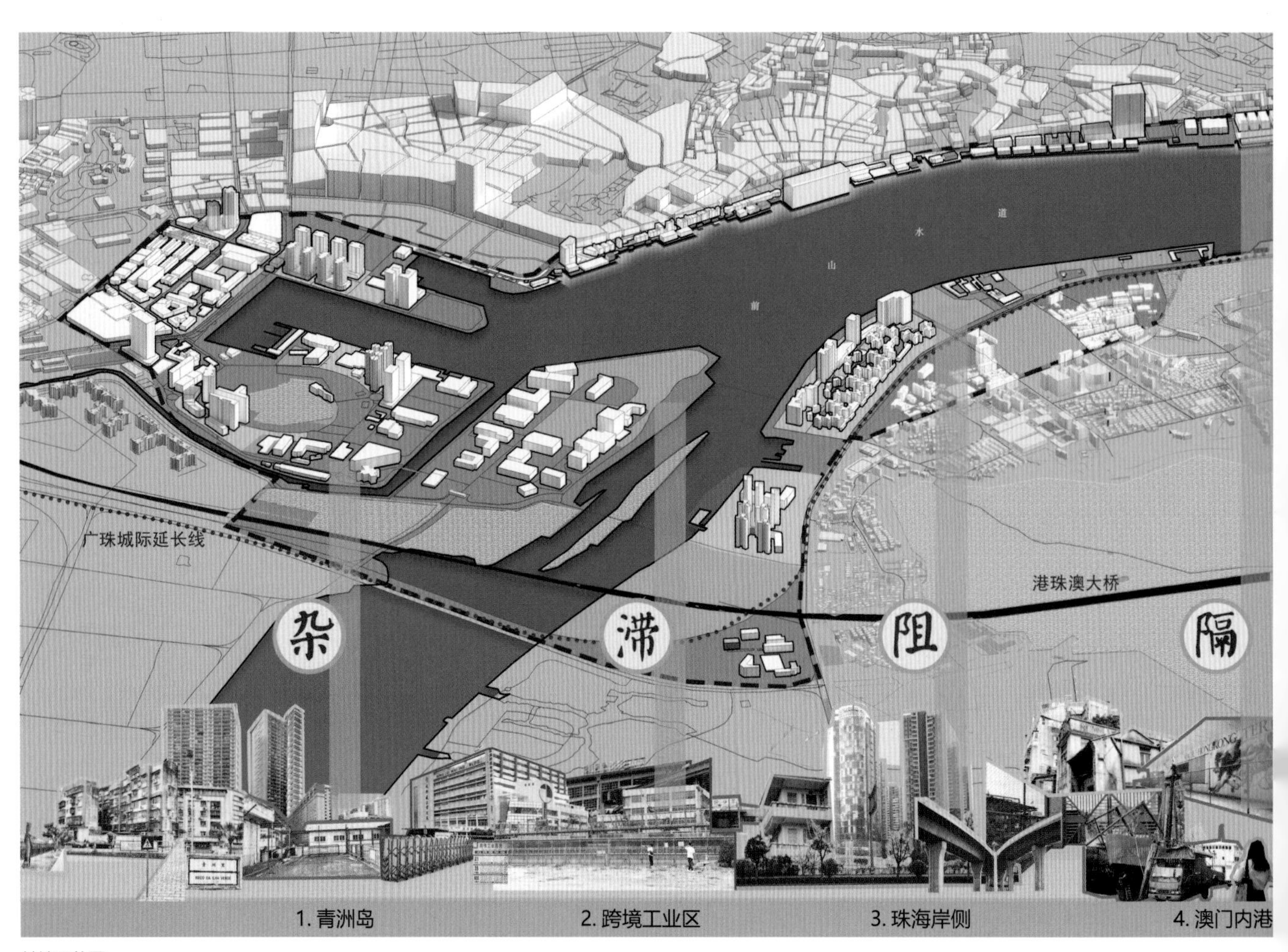

基地现状图

发展定位与演绎

对于珠澳边界而言，优势在于它处于边界之地；劣势则在于两地由于区划的原因临近而无法接近，物质环境衰败；机会在于未来日益临近和协同发展的态势；威胁在于基地的定位尚不明确，基地需要有新的发展思路和方向。

我们在前文总结的基础上，基于异质化的发展、战略定位要求以及现状需求改善，提出我们的最终定位：创意汇流　文化左岸。

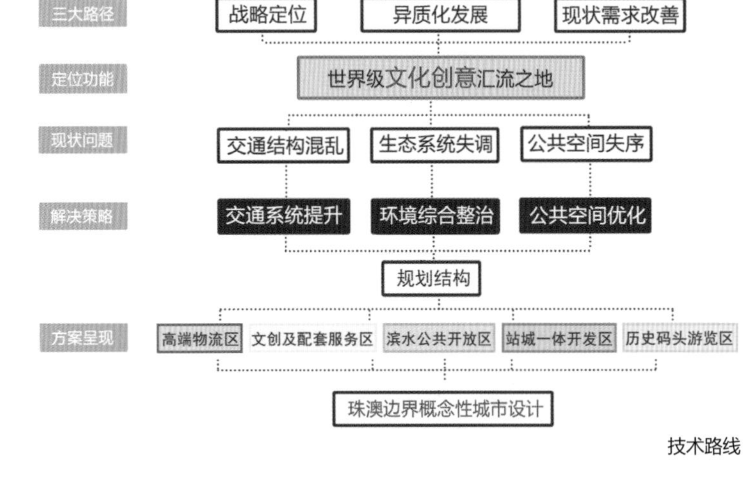

技术路线

现状 SWOT 分析

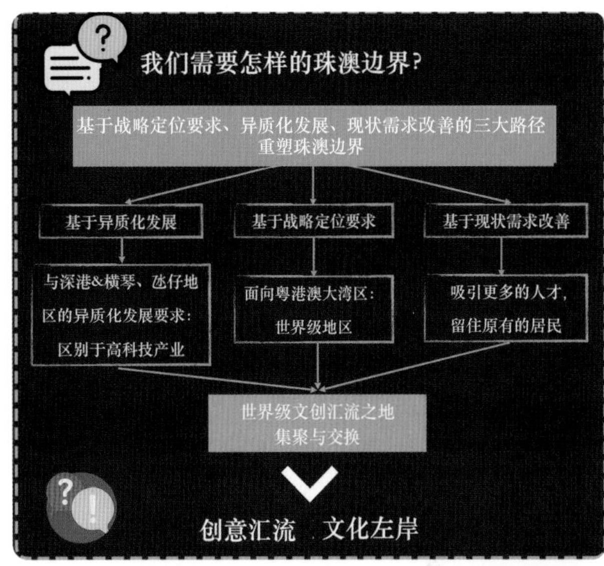

定位研究分析

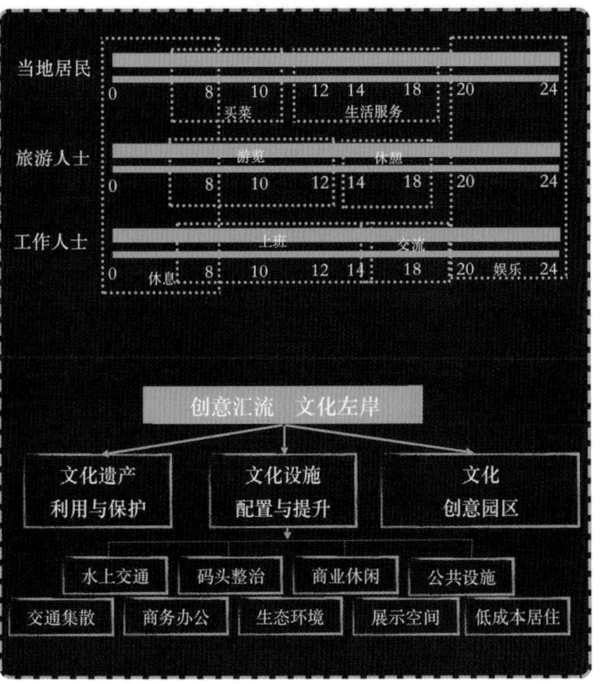

核心功能体系

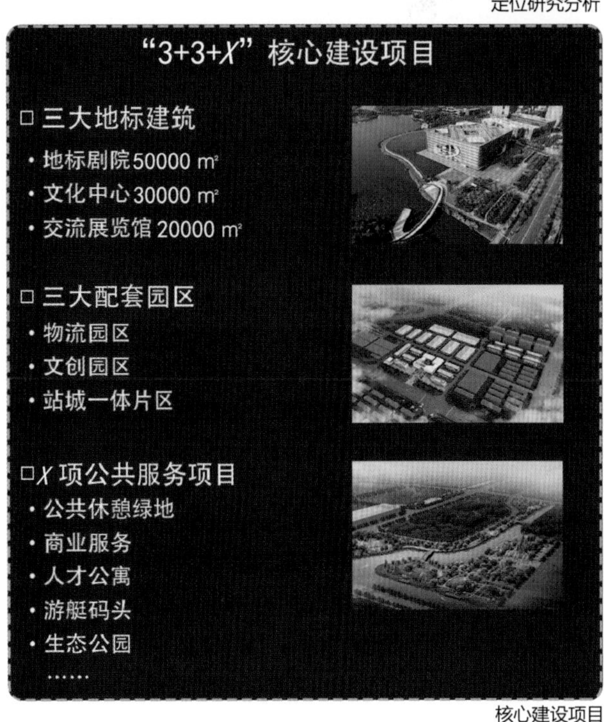

核心建设项目

整体功能策划——交通系统优化

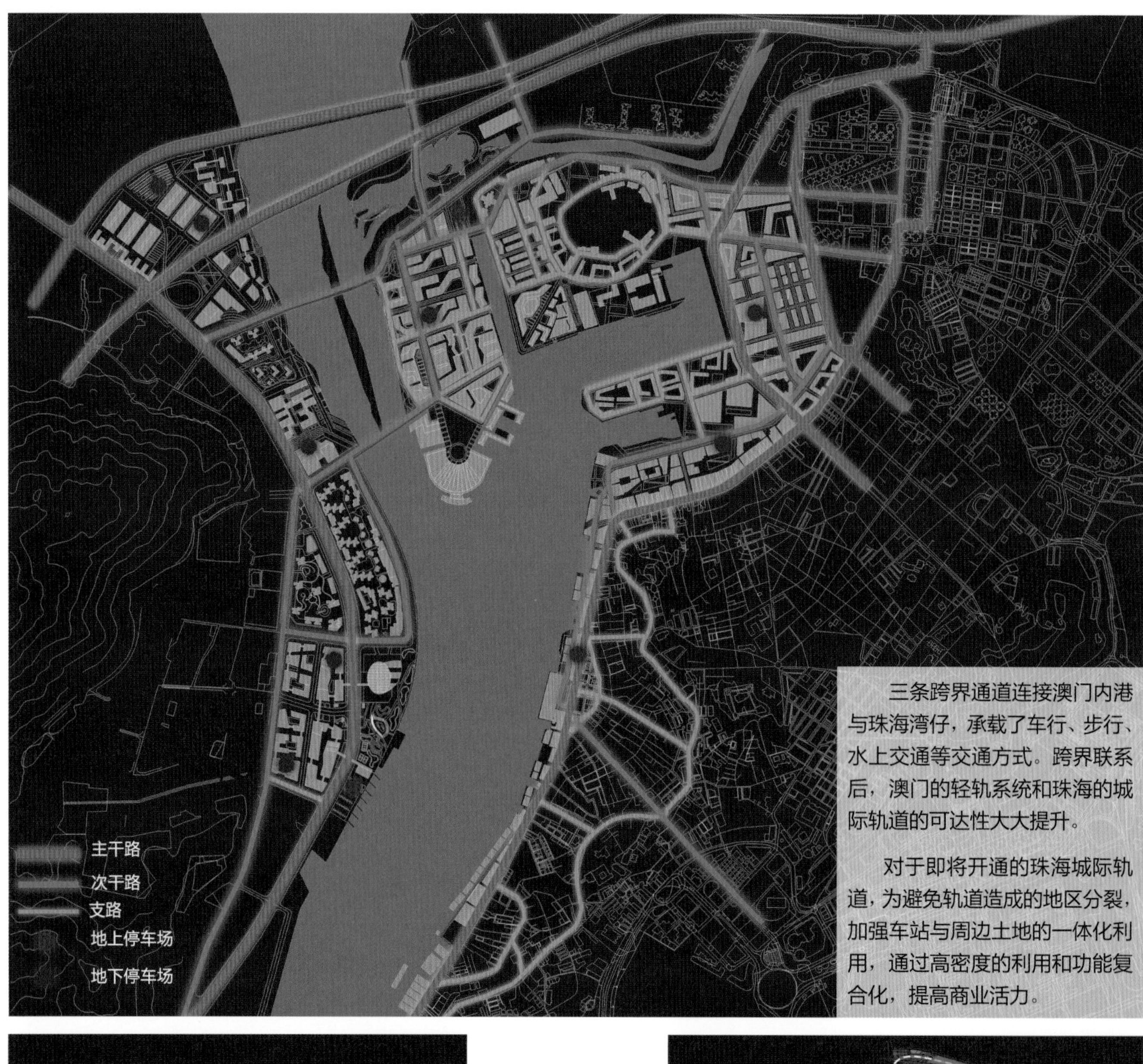

三条跨界通道连接澳门内港与珠海湾仔，承载了车行、步行、水上交通等交通方式。跨界联系后，澳门的轻轨系统和珠海的城际轨道的可达性大大提升。

对于即将开通的珠海城际轨道，为避免轨道造成的地区分裂，加强车站与周边土地的一体化利用，通过高密度的利用和功能复合化，提高商业活力。

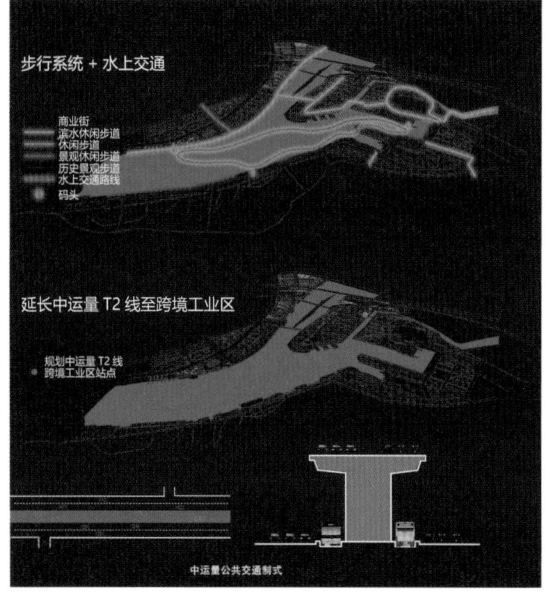

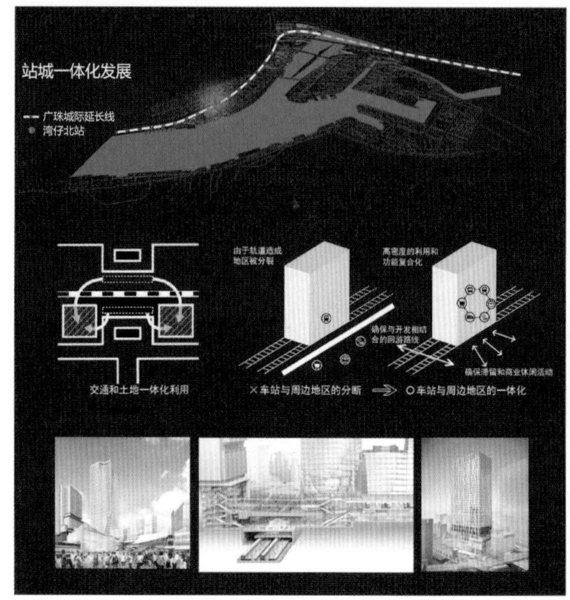

整体功能策划——公共空间提升

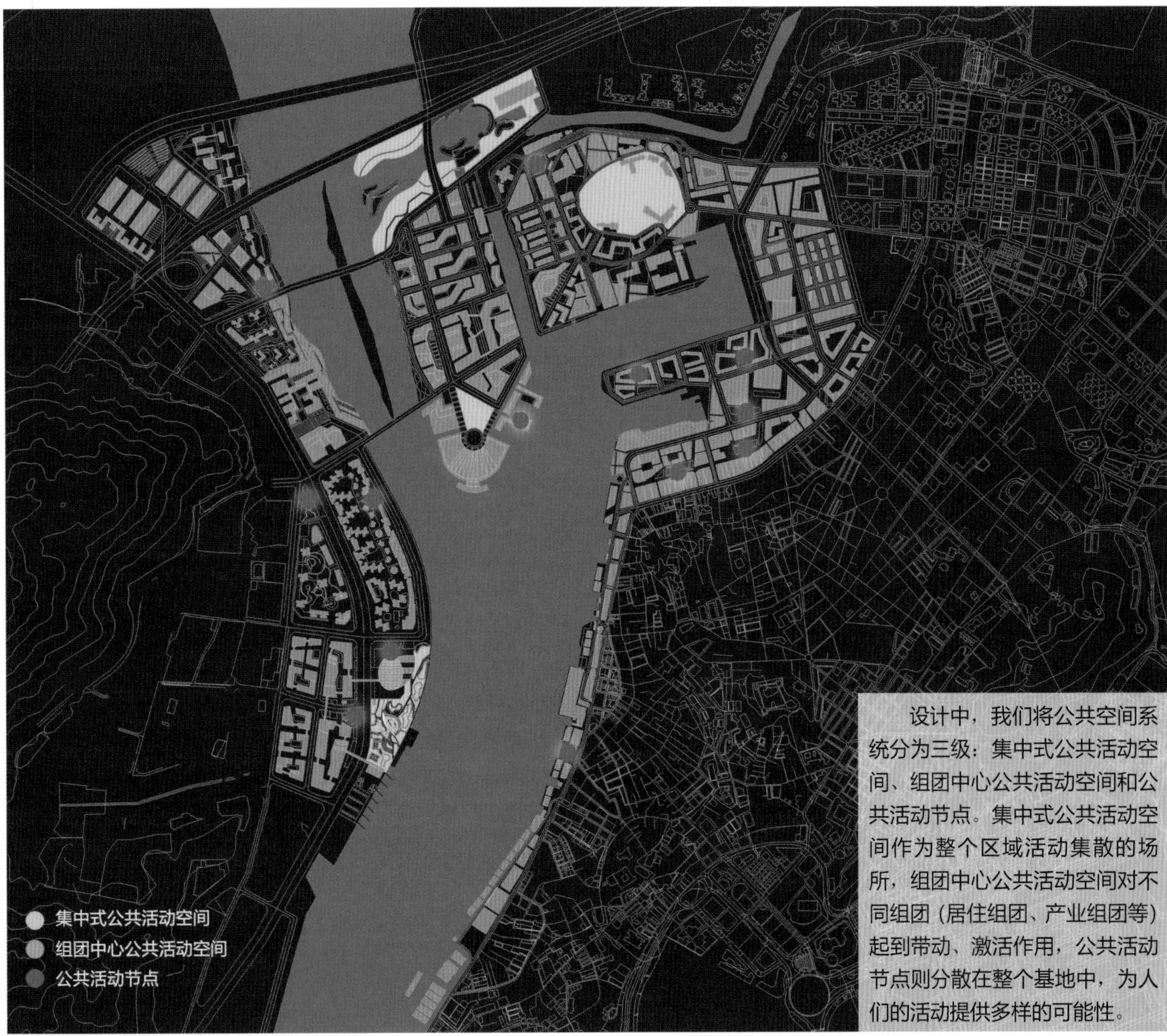

设计中，我们将公共空间系统分为三级：集中式公共活动空间、组团中心公共活动空间和公共活动节点。集中式公共活动空间作为整个区域活动集散的场所，组团中心公共活动空间对不同组团（居住组团、产业组团等）起到带动、激活作用，公共活动节点则分散在整个基地中，为人们的活动提供多样的可能性。

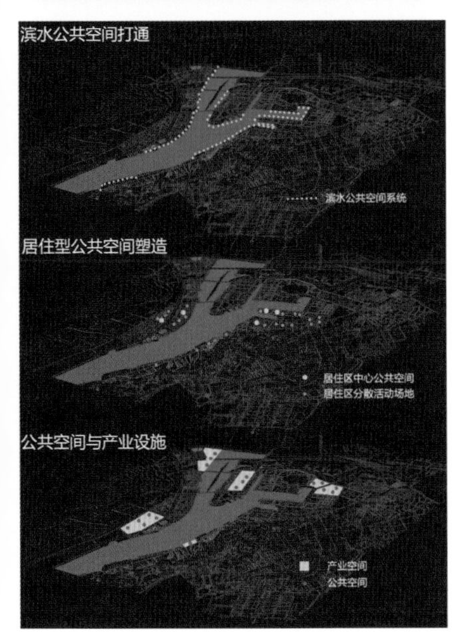

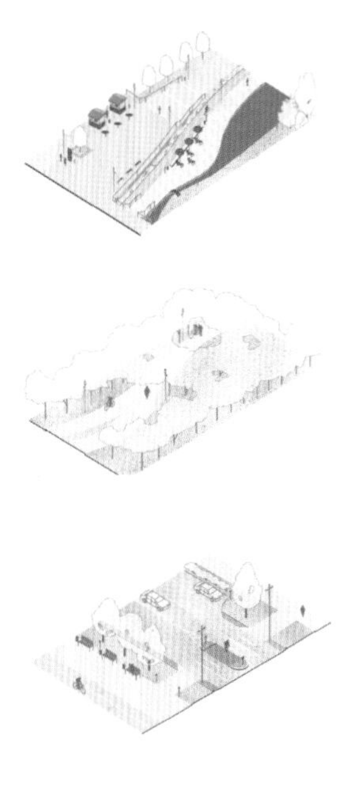

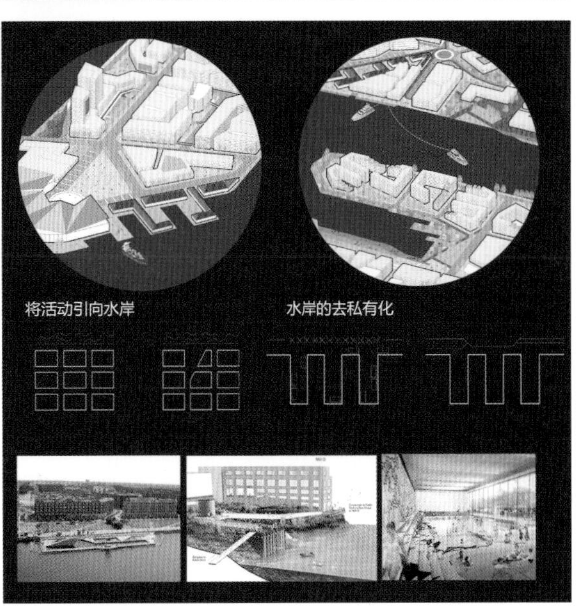

整体功能策划——环境综合整治

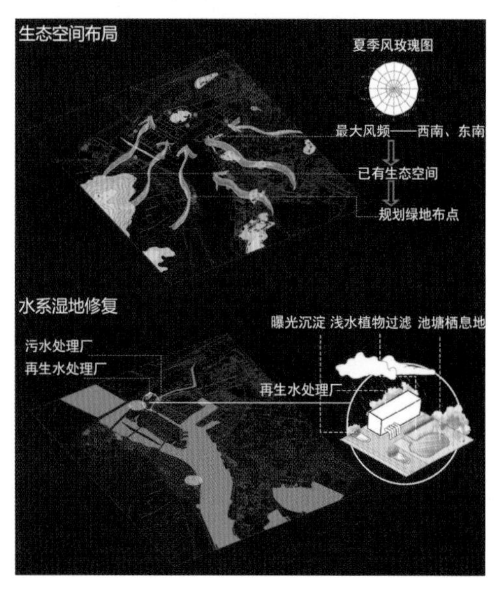

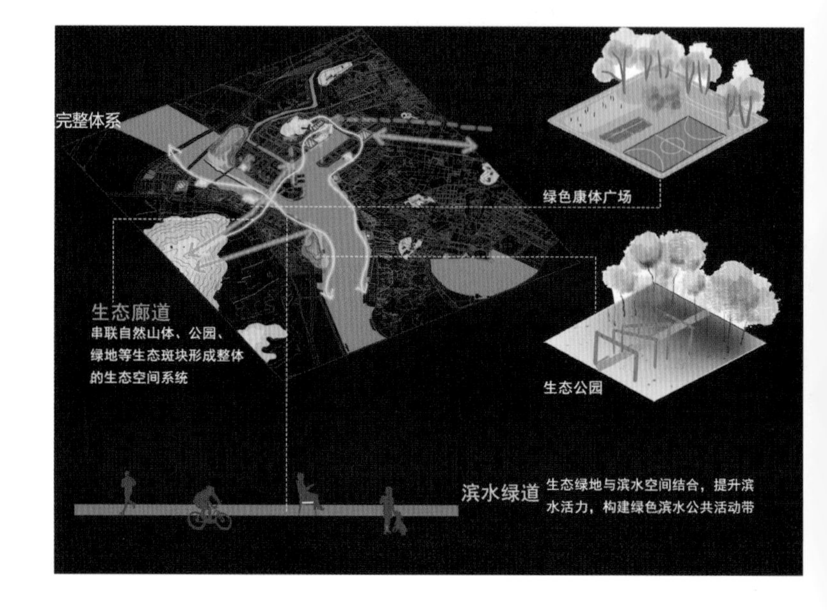

功能结构

总平面图

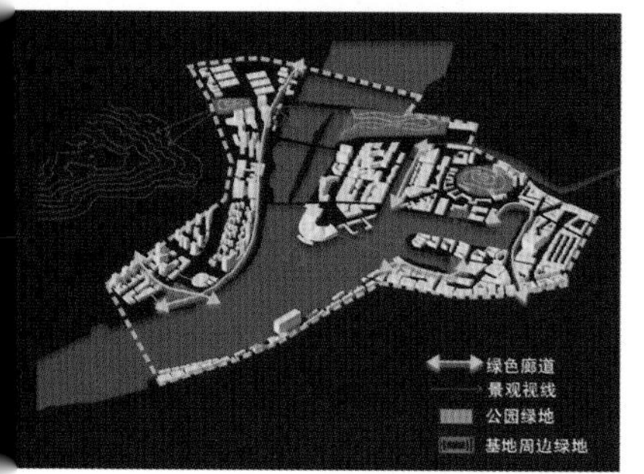

绿化分布与景观视线

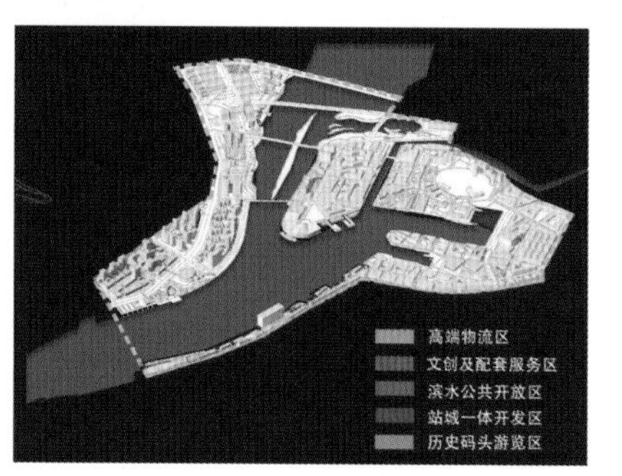

功能布局与总体结构

公共空间与交通联系

功能结构

规划整体的功能结构是两带两轴、片区联动。东西向为文创活动轴和生态开发轴，文创活动轴串联了文化中心、地标剧院、交流展览馆三大核心项目，虽然跨河，但我们同时设计了水上交通来增强彼此的可达性。生态开发轴串联了珠海将军山、绿化广场、青洲山等，东侧可继续延伸到澳门孙中山纪念公园。在珠海和澳门的沿河两侧分别规划了沿河绿道带和创意展示带。在功能布局上，主要分为五个片区：高端物流区、文创及配套服务区、滨水公共开放区、站城一体开发区和历史码头游览区。

核心区块——文化创意岛

位于跨境工业区珠海侧南端，处于基地核心位置，包含商业综合体、滨水商业街、地标剧院、音乐广场等，其东西向轴线西接珠海山体，东接澳门侧公共活动中心，南北向轴线串联北部的酒店会展区和南部的地标剧院，吸引人流。

文化创意岛场景图

核心区块——青洲山文创区

轴线连接跨境区域，西侧连接地标剧院，沿轴线分布滨水商业街、商业综合体、交流展览馆等，东侧通往青洲山；青洲山南侧公共空间面向水面敞开，增强滨水空间可达性。

青洲山文创区场景图

核心区块——站城一体片区

该片区分布于南湾南路两侧，西侧为商业、商务综合片区，东侧为文化展览馆、生态公园及新湾仔口岸，通过二层连续步行系统增强两侧可达性。城际轨道及湾仔北站的开通，将为该地区带来人流和新的发展机会。

站城一体片区场景图

核心区块——内港公共空间

释放滨水岸线，规划游泳场、渔业博物馆、滨水湿地、地下停车场、轻轨站、轮渡码头等，增强地区活力；缝合滨水空间与腹地历史建筑轴线，通过步行商业街、美术馆、创意集市、创意公园等，吸引游客及居民；全面激活内港地区，如新建社区居民活动中心、体育运动休闲空间、创意工厂、创意文化区等，使其成为地区新的标志性公共空间。

内港公共空间场景图

香港中文大学

Darren Snow

Nuno Soares

杨茗清

设计感言

中国城市化进程中有“两瓶解药”，一是旧改，二是产城。而由于澳门处于高密度的城市环境中，绿色环境与城市开发成了首要矛盾。澳门因此而具有的特殊性使得我们在利用城市设计的手段去解决问题时，会觉得更加有趣，不用循规蹈矩。感谢老师和同学们，让我经历了一个如此特殊、有趣、有意义的项目，让我在面对今后的工作难题时，有了更多切入问题的角度。

钟新禹

设计感言

边界区是特殊的政治因素形成的城市空间，随着社会的发展，地区间沟通与交流日益频繁，边界的隔离功能将逐渐弱化，尤其是有明确时间节点的香港（2047）与澳门（2049）。思考边界空间在未来的使用成为必然的趋势。就目前而言，“城市禁区”为中国边界空间的常态。本设计在探索以另一种模式保持通关功能的同时，通过公共空间的方式激活地块，使其真正转化为城市的一部分。在此过程中，感谢老师与同学们的悉心指导与帮助，从中收获颇丰。

徐咏霖

设计感言

因应近年颁布的《粤港澳大湾区发展规划纲要》，本次联校专题研习也围绕着粤澳边缘空间的未来发展而展开。我们的导师将研究范围延伸至澳门新城及香港东涌，而我们小组则选址于拱北关闸口岸一带。本着促进两地共存共融的理念，我们大胆构想了一个多元化跨境区域。在此过程中，我们有幸参加了中期汇报，了解到不同院校的设计及方案构思。

曾思瑶

设计感言

随着城市的扩张和航空旅行的主流化，如何将传统意义上的荒无人烟的机场邻里打造为行人友好的活力机场城市成为一项新的课题。在粤港澳大湾区规划的背景下，本次设计着眼于未来的香港赤鱲角机场，尝试将一个基础设施主导的大尺度空间转化为一个包容、通达和充满活力的人性化机场社区。非常感谢在联合毕业设计中持续提供启发与帮助的导师和同学们，一起经历了无数脑力激荡的时刻，顺利完成这一独特而具有挑战性的项目。

熊旎颖

设计感言

联合毕业设计选择在珠海和澳门之间的拱北口岸，场地的环境比较复杂，这对于我们处理和分析周边环境的功能、交通等信息的能力有着相比之前更高的要求。设计的目标是一个社区型的口岸，用分散的口岸通关系统实现通关人员的分流，提高通关效率。在将原有巨大的通关建筑分解之后，我们采用了碎片化的、生态的、多用途的空间设计，以期获得更佳的通关体验。

水资源敏感型城市设计——以澳门人工岛地区为例

香港中文大学 / 杨茗清 Water Sensitive Urban Design—A Case Study of Macau Artificial Island Area

设计说明

随着城市化进程的加快，水资源保护和水污染控制已成为人居环境建设和社会可持续发展的关键问题。在这一全球背景下，世界上许多国家提出了较为成熟的水敏化城市设计，并逐渐成为缓解快速城市化进程中的环境压力的成功策略。

本设计的目的是分析 WSUD 的作用和基本原则，及其他领域的案例。在案例研究中，考察了水敏感战略的实施方法。以澳门为例，WSUD 被引入新人工岛地区，然后根据不同规模设计了相应的策略。

基地调研

加兰河碧山—宏茂桥公园

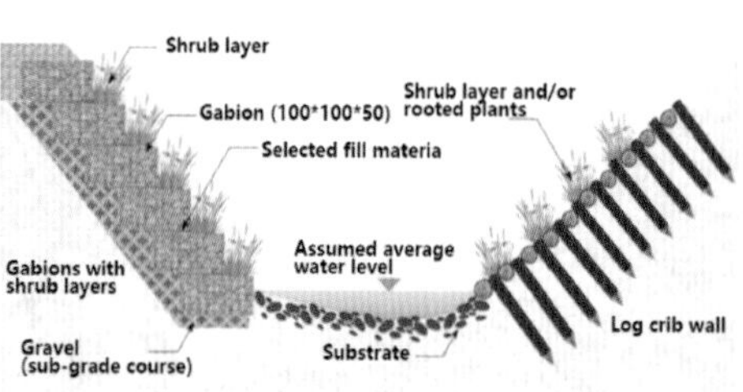

加兰河碧山—宏茂桥公园是一个具有启发性的案例。巧妙利用水资源，兼顾雨水管理、生物多样性恢复、河流生态恢复、社区建设、环境教育、休闲娱乐等功能。通过与水的密切接触，公民增强了保护水资源的责任感。

纽伦堡的水敏感社区

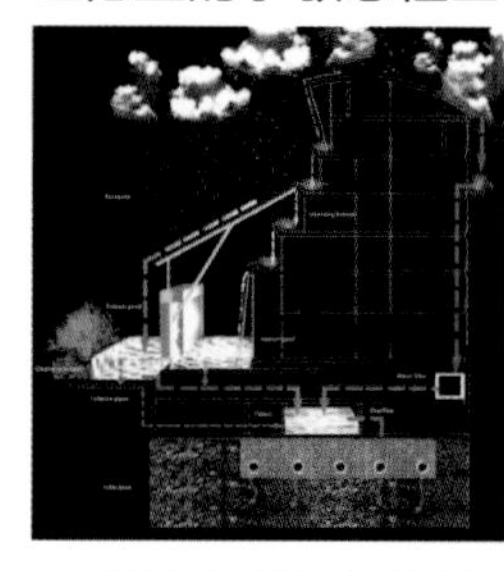

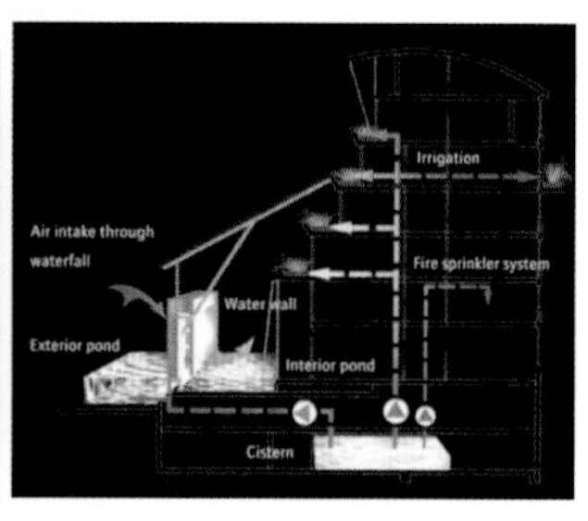

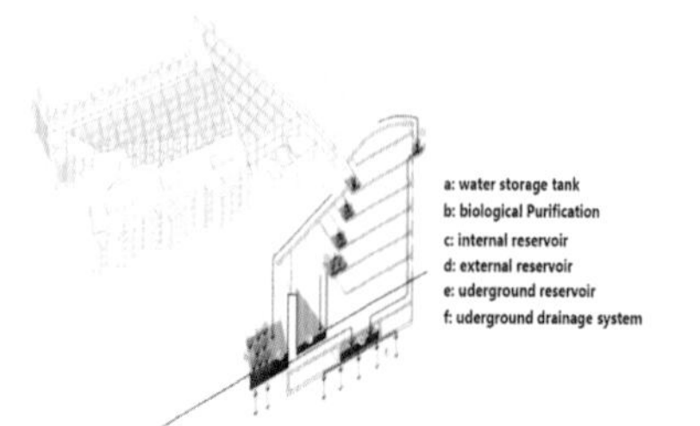

纽伦堡利用分散的雨水管理来建立稳定的室内气候，提供一个有吸引力的工作和生活环境。通过巧妙的建筑设计，将雨水管理纳入建筑设计中，以支持不同的用途。所有屋顶的雨水都被收集在桶和室外的池塘里。屋顶内外都有植物池。雨水池安装在综合体下方，可以容纳 240m³ 的雨水。

基地要素分析

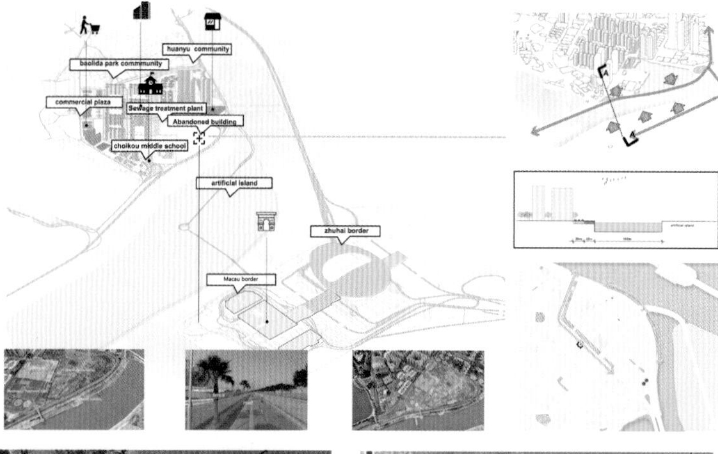

澳门水资源分析

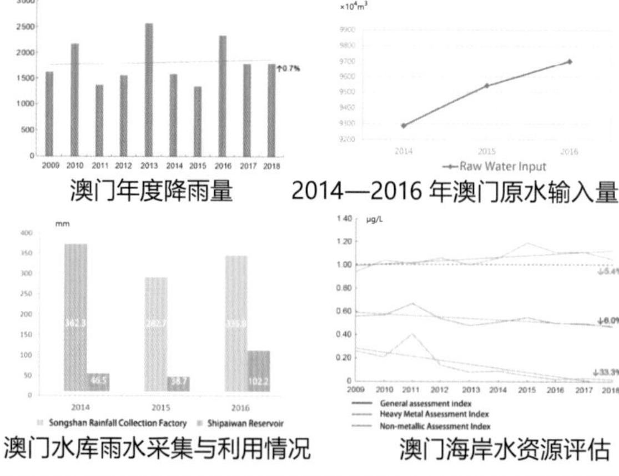

澳门年度降雨量　　2014—2016 年澳门原水输入量

澳门水库雨水采集与利用情况　　澳门海岸水资源评估

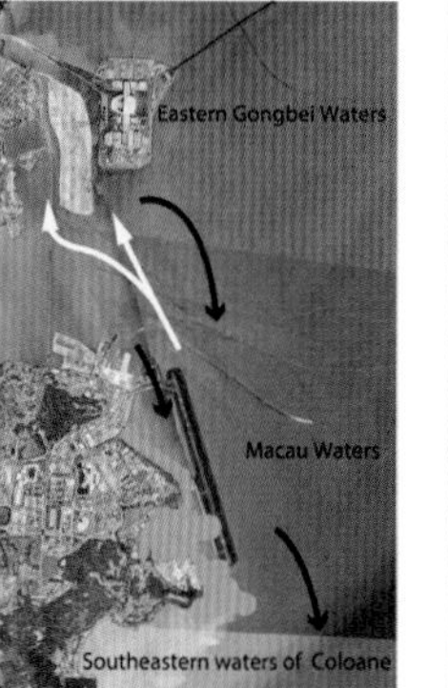

设计策略

水敏感公园

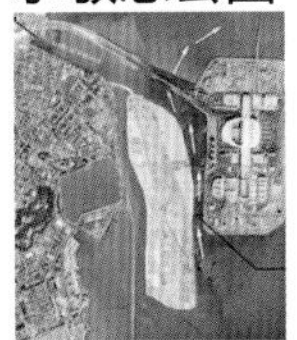

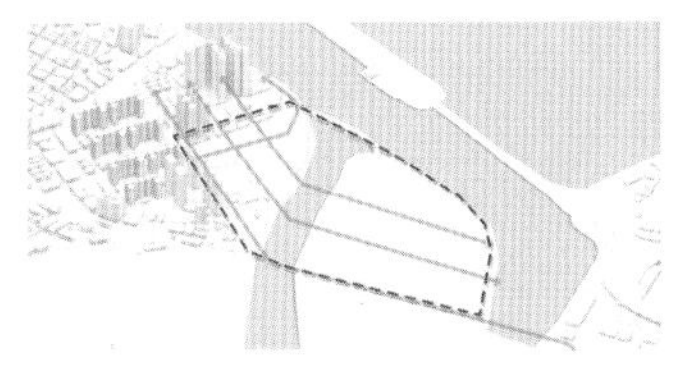

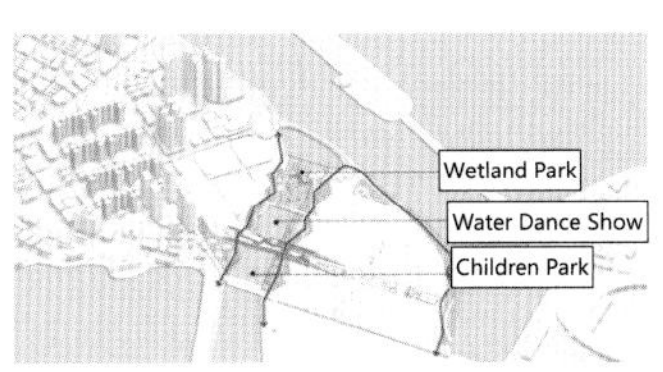

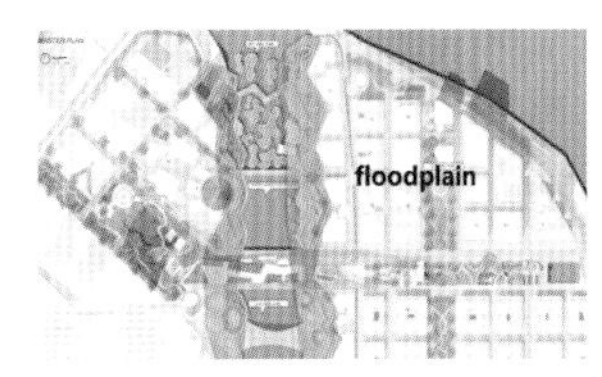

河岸再设计

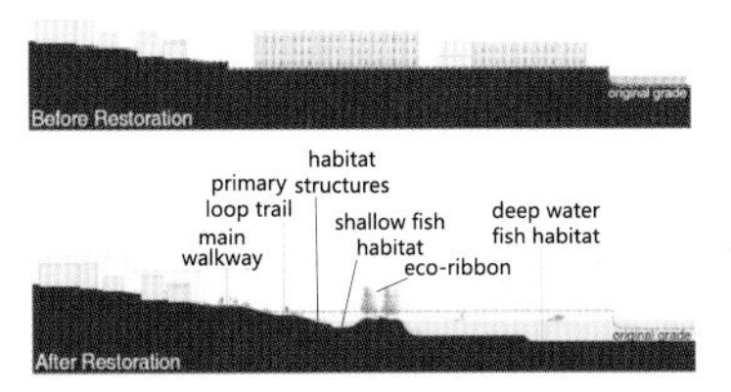

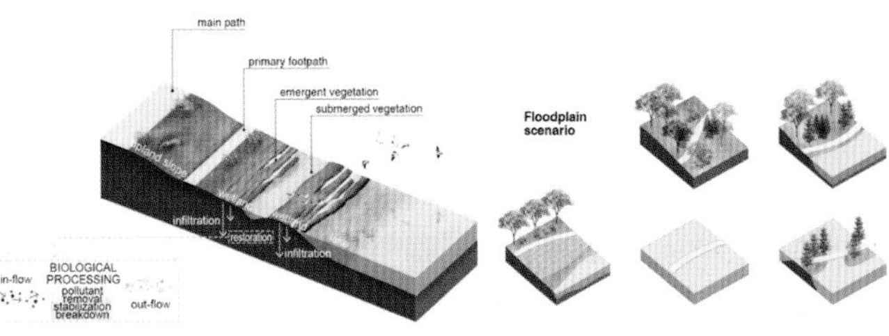

浮动湿地

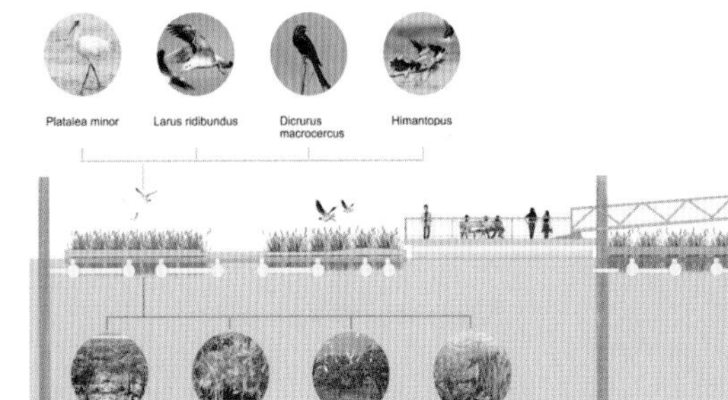

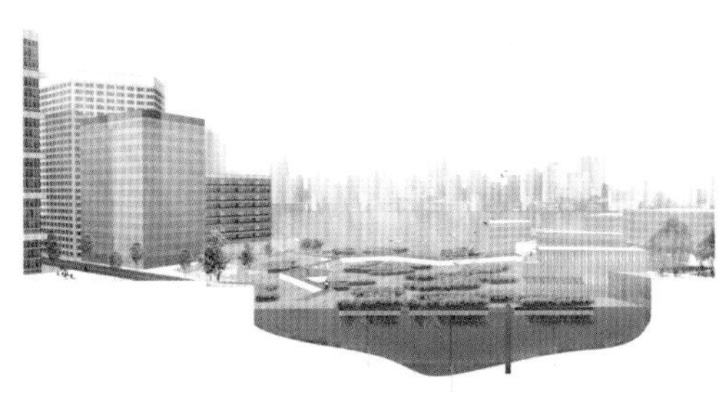

总平面图

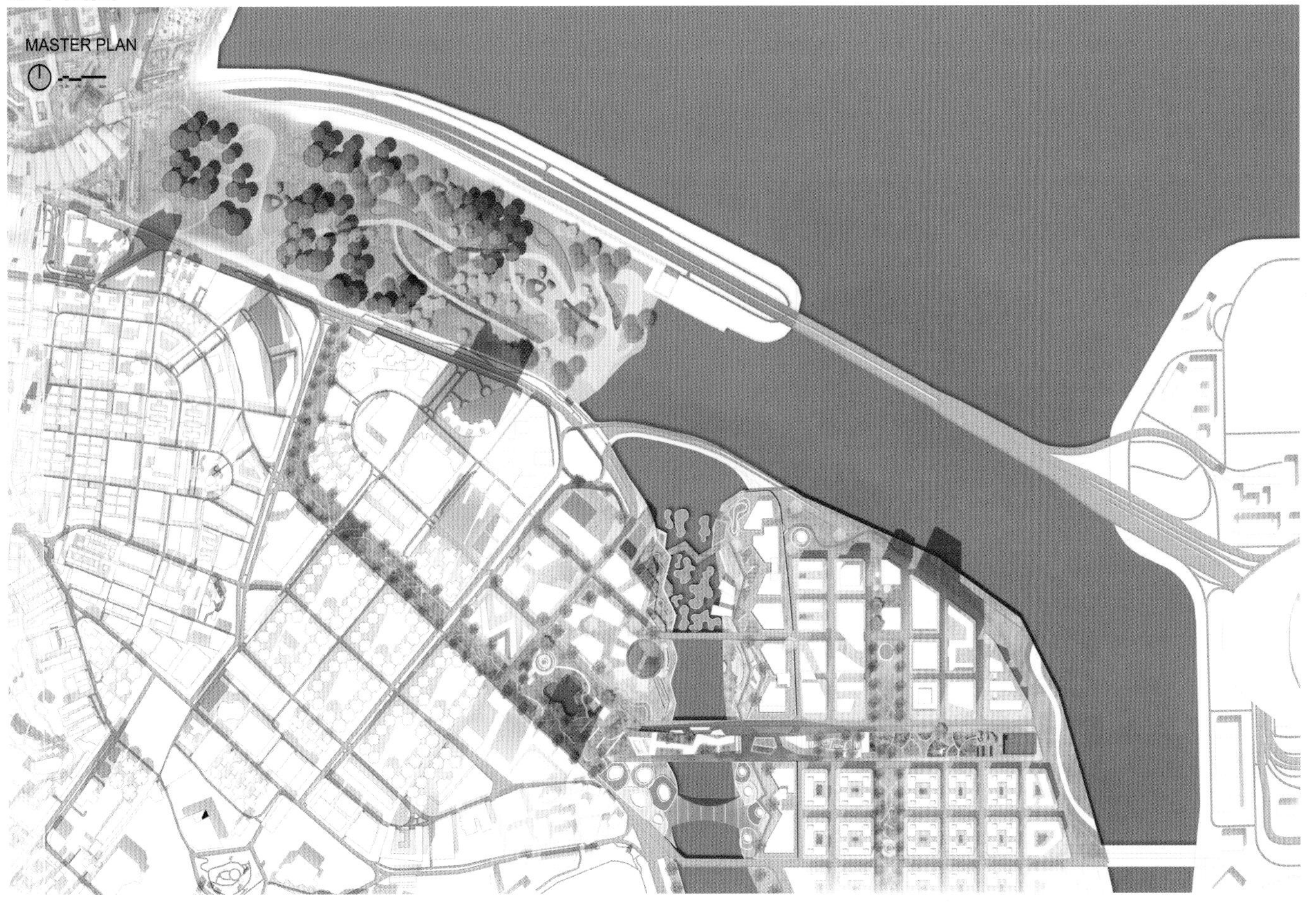

设计策略

人工湿地

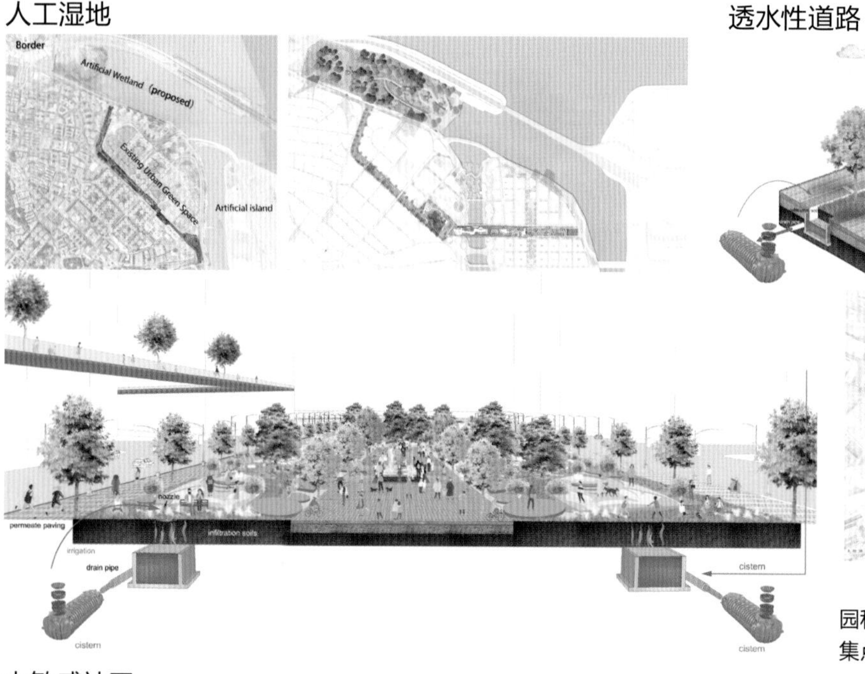

透水性道路

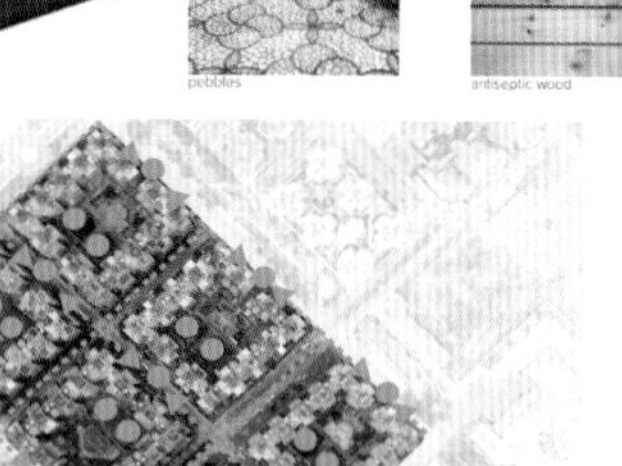

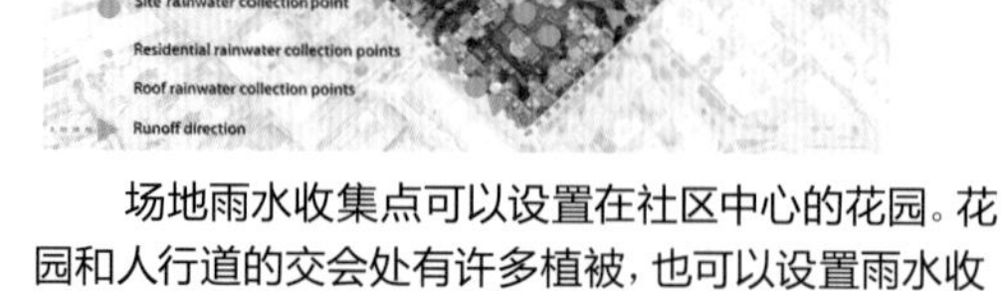

场地雨水收集点可以设置在社区中心的花园。花园和人行道的交会处有许多植被，也可以设置雨水收集点。收集点形成轻微的斜坡，利于形成雨水径流。

水敏感社区

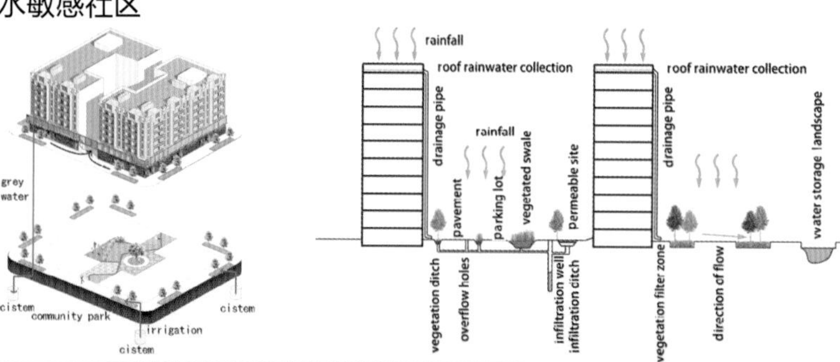

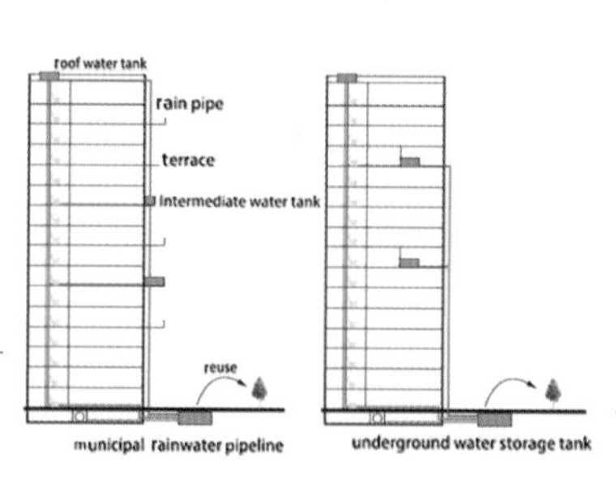

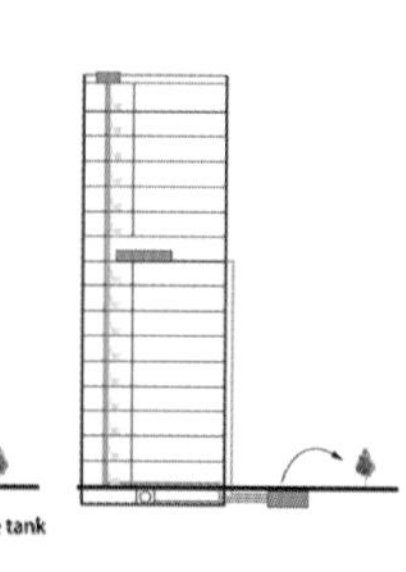

软化边界——将边界地区转变为公共开放空间

**香港中文大学 / **钟新禹 Soften the Border—Transforming the Border Area into Public Open Space

设计说明

随着中国内地社会经济的快速发展和大湾区的建立，三个地区之间的人员和经济交流日益频繁。早期建立的边境管制形式超载，穿越量是最初设计容量的几倍，场地内严重拥堵，交通体验糟糕。

本设计旨在探讨将边界空间转变为集体界定的城市空间的可能性。在改善跨境体验的同时，也为该地区提供了具有城市特色的新身份。边境管制（可能）消失后，边境地区将完全转变为城市的一部分。拱北过境点是前往珠海和澳门的主要口岸，它坐落在这两个城市人口最密集、联系最紧密的地区之间，每天可接待超过36万人。来自跨境港口、火车站和巴士总站的人流已经把该地区变成一个复杂的换乘区。我们试图重新设计沿一公里陆地边界分布的小型跨境设施，并通过多个过境点疏导过度的跨境流动。同时，整合公园、社区、商业街、办公、交通等城市功能，填补空白，营造宜人的城市门户环境。

中国边境管控

香港—澳门过境口岸

香港、澳门回归后一直沿用回归前的边境管制制度。深圳和香港的边界主要以深圳河为界，珠海和澳门的边界主要以内港为界。边界两侧设置带刺铁丝网作为行政边界的标志，切断公民穿越的可能性，使边境地区成为城市的空白。

香港—澳门过境口岸类型

福田口岸　深圳湾口岸

拱北口岸　港珠澳大桥口岸

皇岗口岸　莲塘口岸

文锦渡口岸　罗湖口岸

口岸组成部分

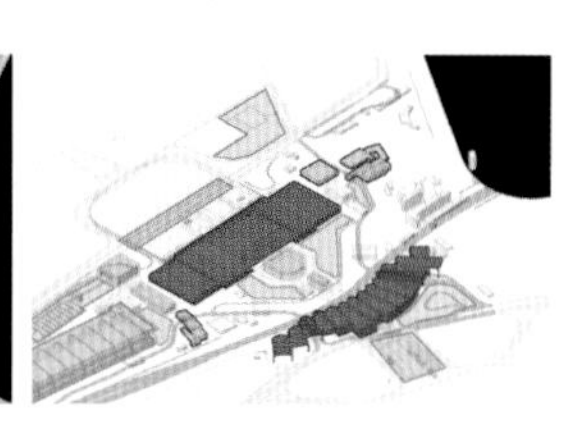

检验程序

安全检查　卫生检疫

人工入境　电子入境

海关检查　动植物检疫

案例分析

柏林墙区

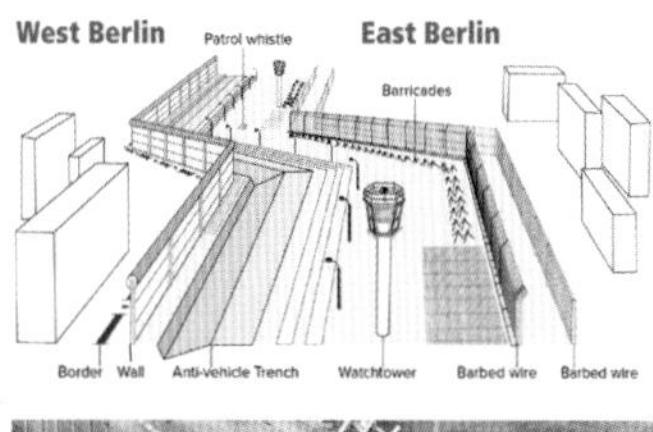

原柏林墙由铁丝网和铺设障碍物组成最终变成带状区域，包括障碍墙、车辆防撞栏、巡逻通道、照明设施等。

柏林墙纪念馆

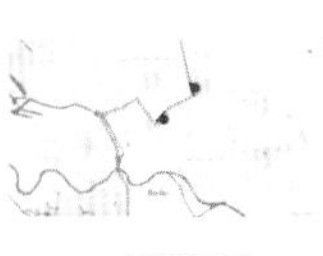

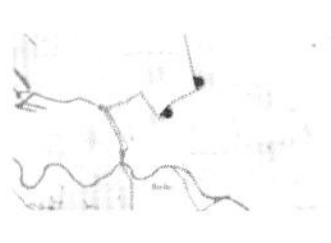

基地位置

柏林墙纪念馆的叙事区划

空间等级

Mauer 公园

柏林墙改造项目

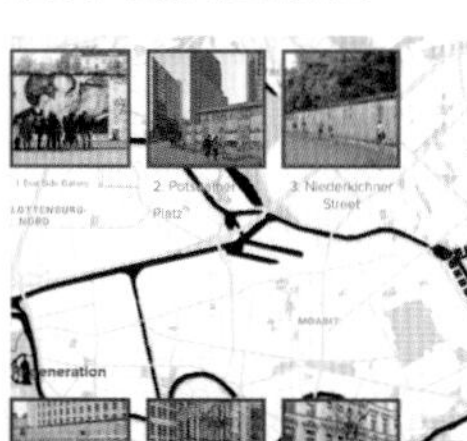

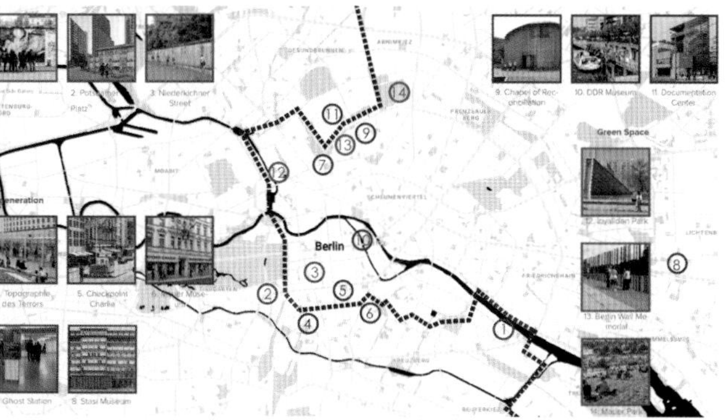

与拱北口岸对比分析

场地条件分析

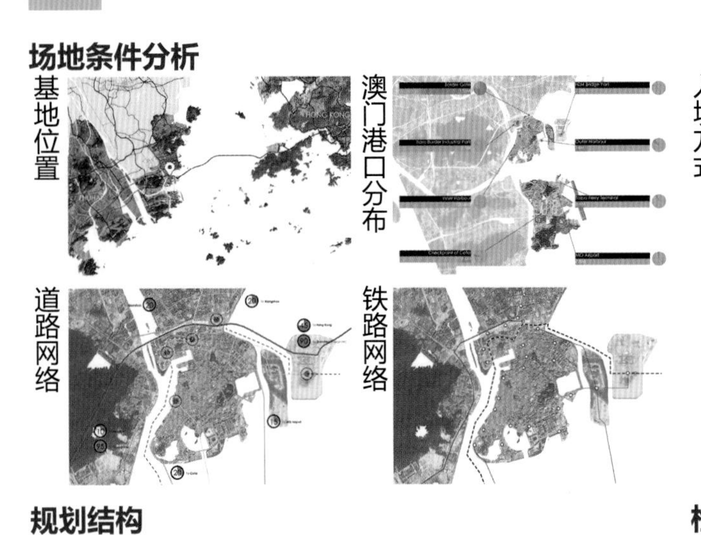

入境方式

为解决人满为患的问题，政府试图在距珠海火车站 800 米处建立一个新的过境口岸。 青茂港通过二楼走廊与火车站相连，但与其他交通方式的连通性较差，难以引导拱北港的人流。

跨境流量

平均过境量 (2018)：3.6 万人 / 天 2019 年 4 月 6 日 (清明节假期) 接待游客 467，000 人 澳门总人口：622600 人

规划结构

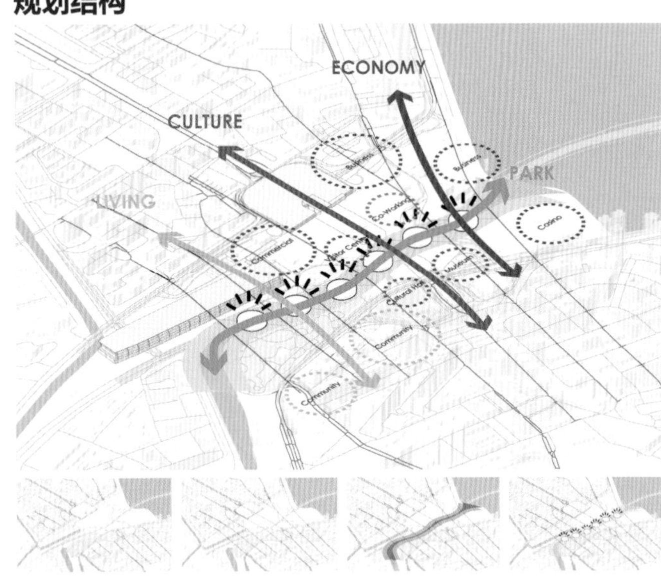

检查点再设计

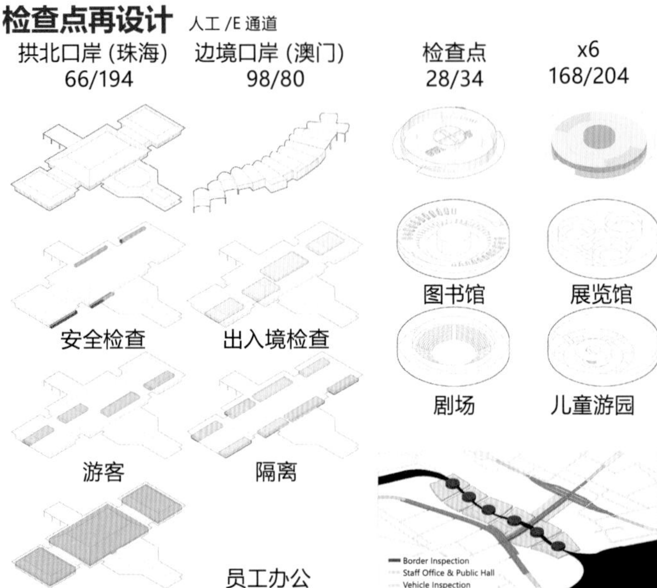

总平面图

节点设计

文化轴

由珠澳两大主轴相连，具有深厚的历史价值。通过开放空间和文化公共设施展示地区历史价值。

边境公园

西侧延伸河流作为“软边界”，在保持视觉联系的同时实现物理分离。将Mauer公园与地下空间结合，创造出起伏的地形。

鸟瞰图

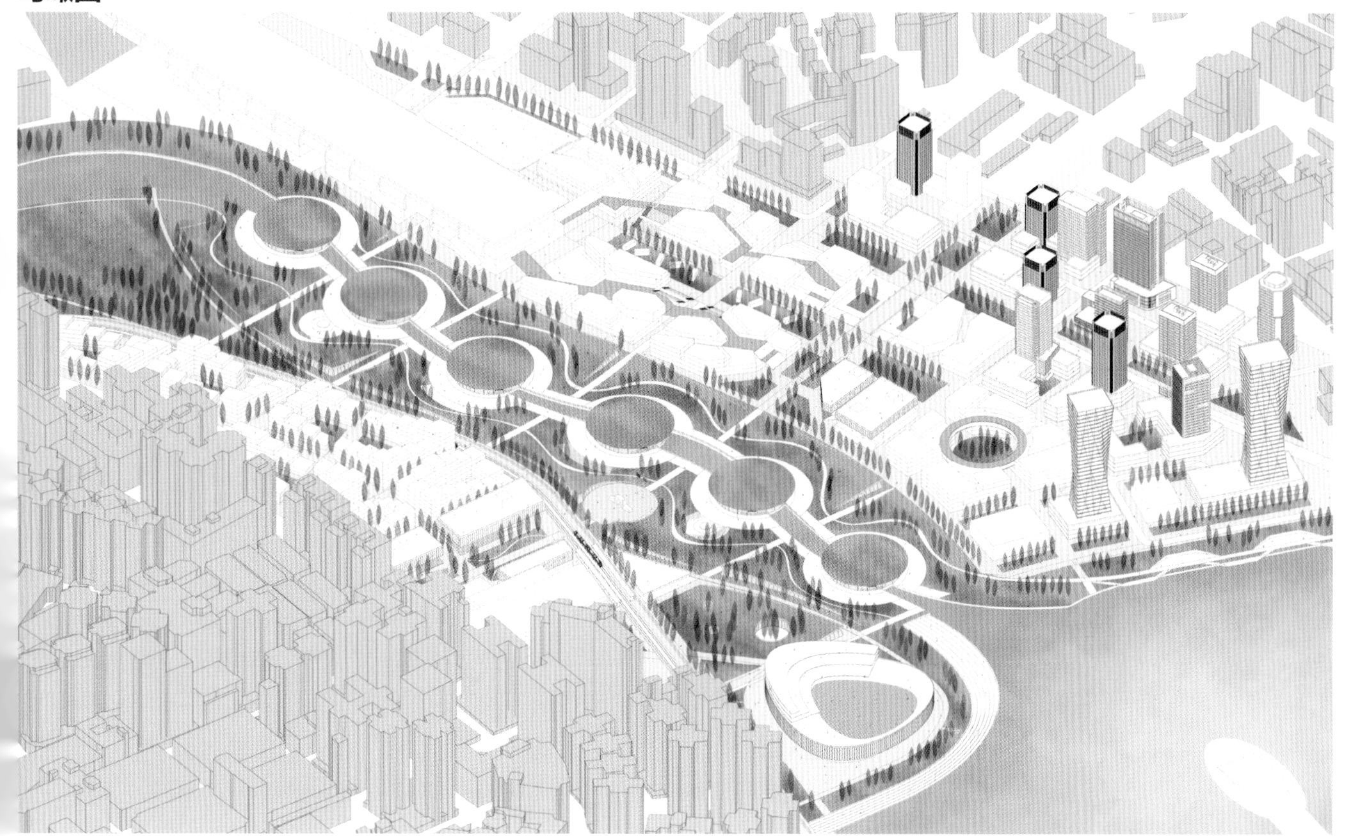

新兴城市——珠澳边界作为临时公共场所

香港中文大学 / 徐咏霖 Emerging Cities—Zhuhai & Macau Border as Temporal Public Space

设计说明

本设计探讨了在“一国两制”情景下创造欢迎姿态的可能性，其目的是通过场所营造方法重新连接和整合珠海和澳门之间的过渡空间。

通过沿边界线重新布置和分散边界设施，增加商业和社区设施以及重建连接珠海和澳门的历史轴线，将边界过境空间重新构建为多功能公共空间。

本设计的目的是提出一种替代性的跨境环境，充当游客穿越边界控制点，以及游客和居民进行不同社交活动的临时公共空间；恢复这两个城市之间历史路线和公共空间的创造力，而这两者之间的过渡空间可以作为未来实现社会互动和整合的平台 。

参考案例

灵活的水上活动：美国纽约布莱恩公园

移动适应性：人们参与的灵活性和活动范围

为人们提供了在公共空间内灵活选择并创建自己在个人空间的自由，参与并改变空间的组织结构。移动性表明人们可以选择在空间中自由发挥，这使人们拥有将空间改造得更加适宜的可能性。

边界的生命线：美国圣地亚哥与墨西哥蒂华纳州的陆地边界

关于政治和社会波动如何改变边界基础设施的反例

无论城市如何相互联系，人们如何适应跨境通勤的生活方式，以及边界有多开放，边界其本身是有生命的，因此边界的渗透性经常受到区域和全球政治动态的持续波动和不确定性的影响。

基地分析

拱北关闸口岸

建筑类型

场地概况

功能流线

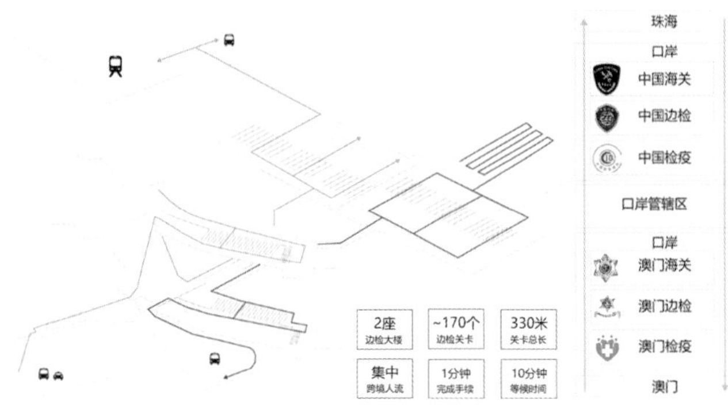

跨境客群分析

设计策略

跨境综合大楼概念

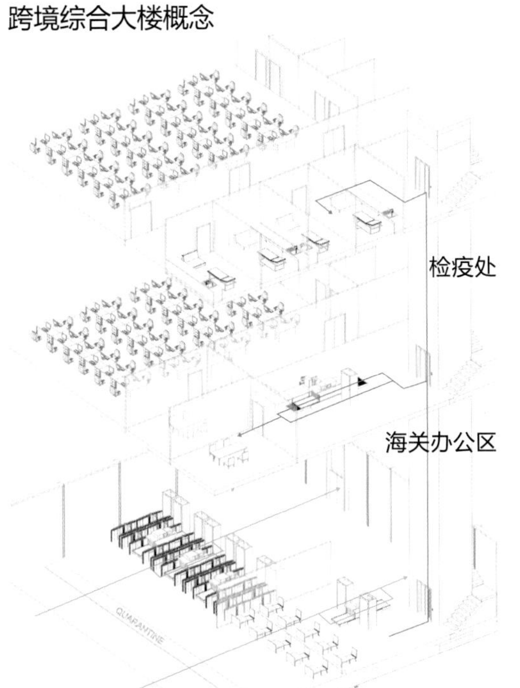

放射式跨境设施

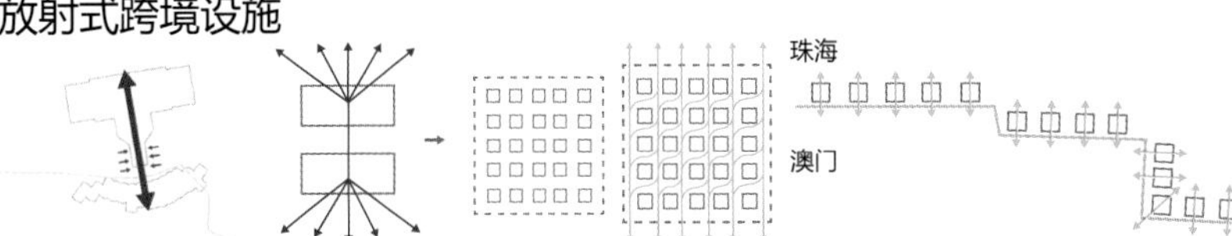

目前的边界造成了交通拥堵，打破孤立的边界结构将有机会建立一个更容易渗透的边界设施；在珠海澳门边界沿线设置系列过境设施，旅客可以通过各种途径过境。

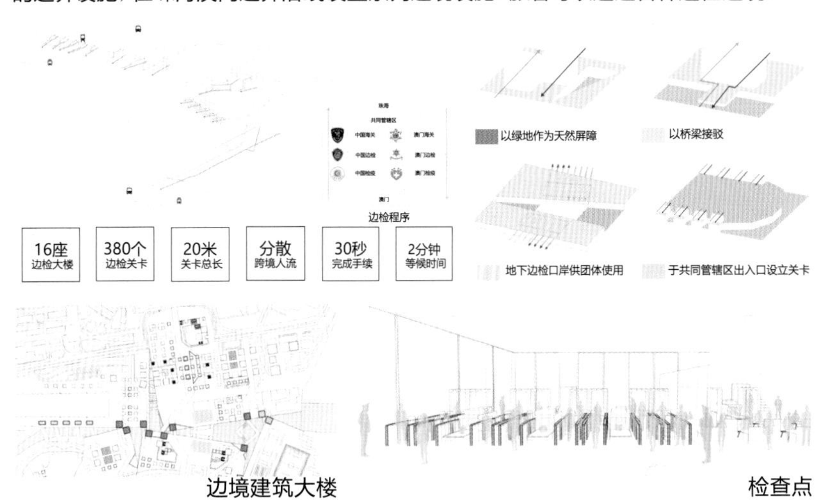

以地标建筑重构珠澳历史连廊

多元化功能分区

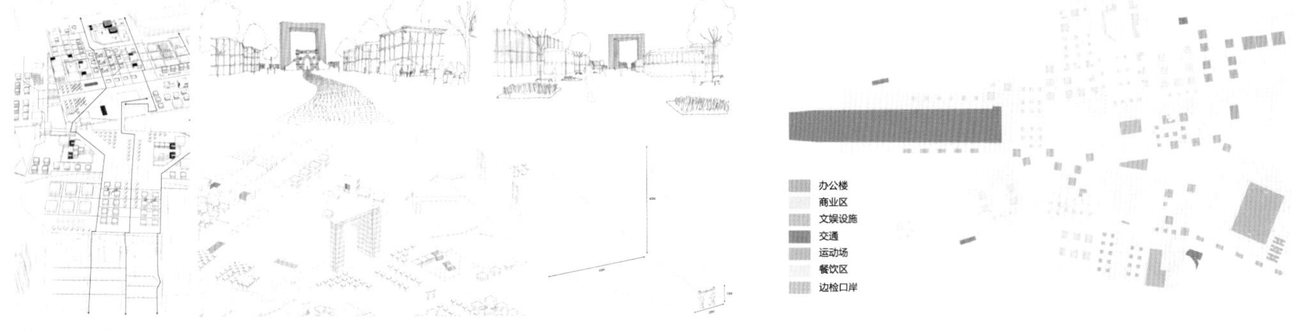

总平面图

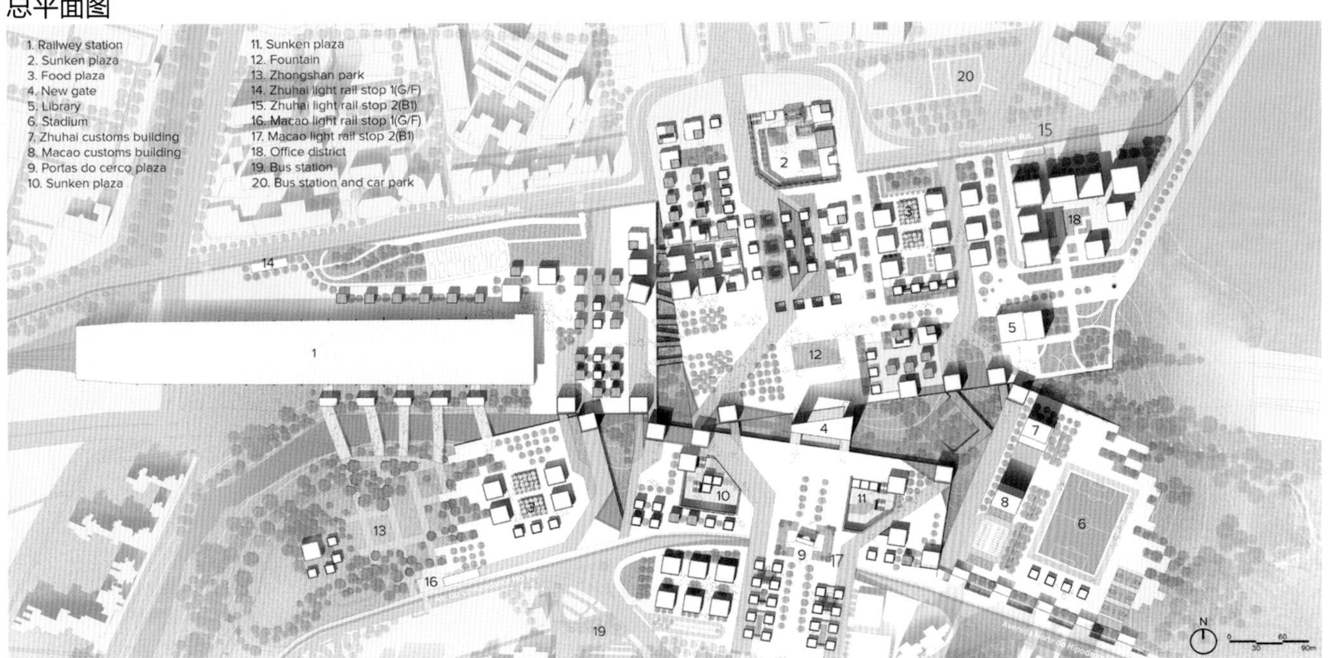

机场城市场所营造——包容性的邻里机场设计

香港中文大学 / 曾思瑶 Airport City Placemaking—Designing an Inclusive Airport Neighbourhood

基地调研

基地背景 | 港珠澳大桥

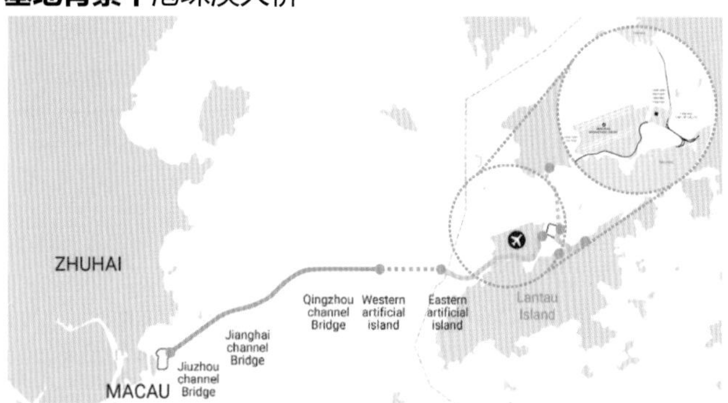

基地背景 | 政府视角

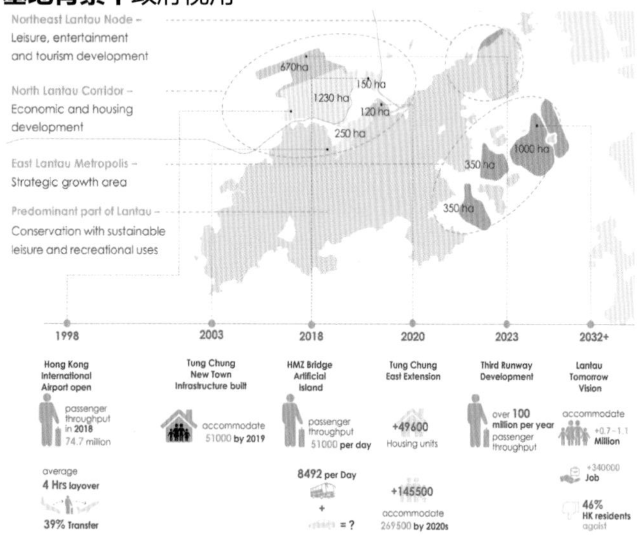

Exsiting Land Use

基地背景 | 主要问题

1. 流动性不足

铁路运输的效用相对较低、东涌与边境岛联系薄弱、面向汽车的边境岛。

2. 碎片化的城市形态

基础设施占主导地位的地方、偏远的海滨和市区、街景损失。

3. 缺乏识别性

作为香港的门户，机场周围的环境无法展现香港的区位优势。

香港机场和 HMZB 边境岛

东涌新市镇

概念生成

场地感知

东涌—机场—HZMB 边境岛

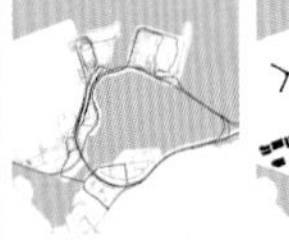
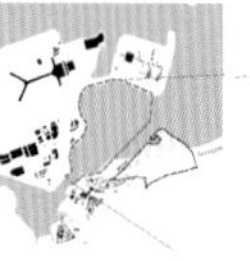

九龙—香港岛

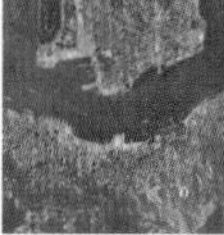
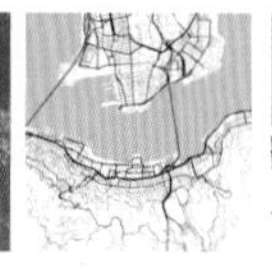
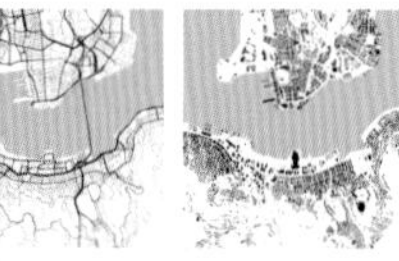

海岸线长度为 7 千米，是新加坡的两倍。以成年人的平均步行速度为例，大约需要一个小时才能穿越场地环圈。

新加坡滨海湾

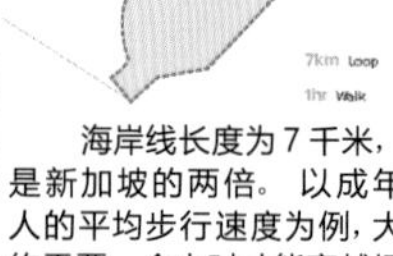

概念演进

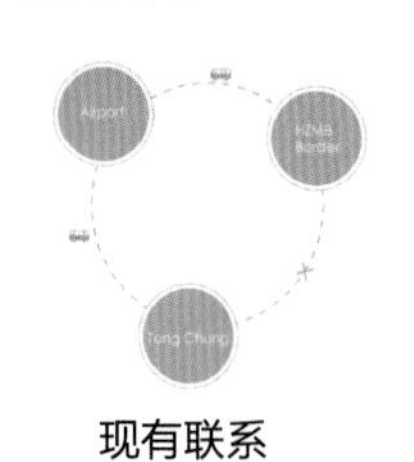

现有联系

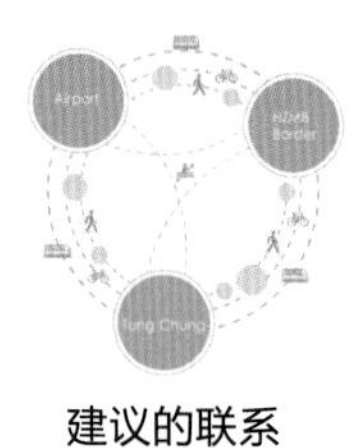

建议的联系

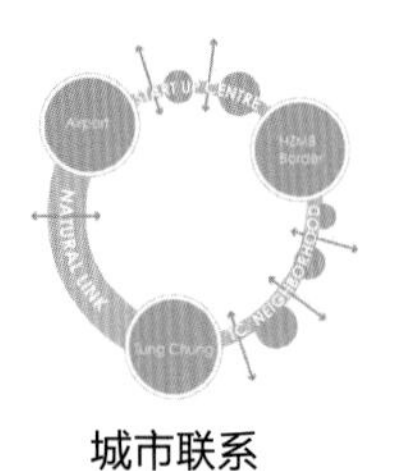

城市联系

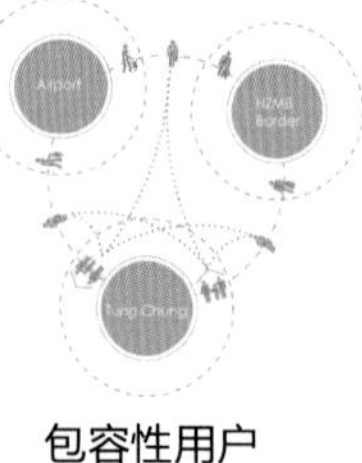

包容性用户

设计策略

网络

总平面图

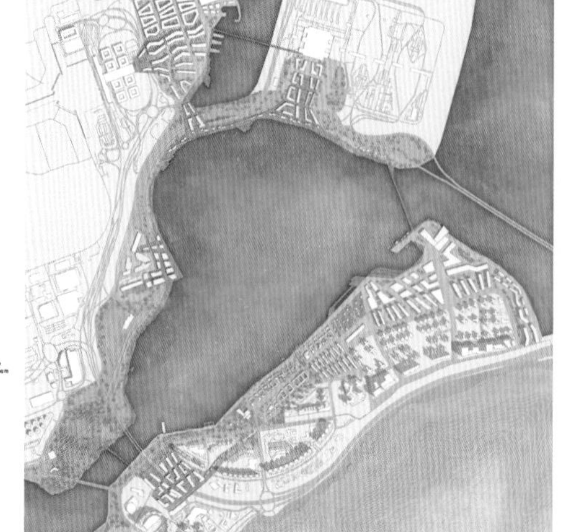

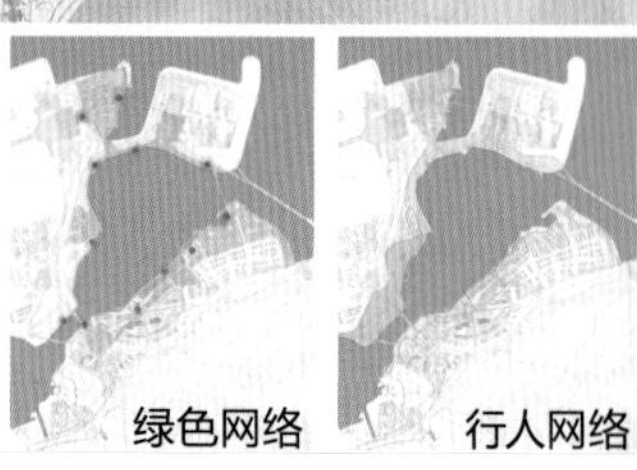

捕捉地图　绿色网络　行人网络

运输系统

现状图

规划图

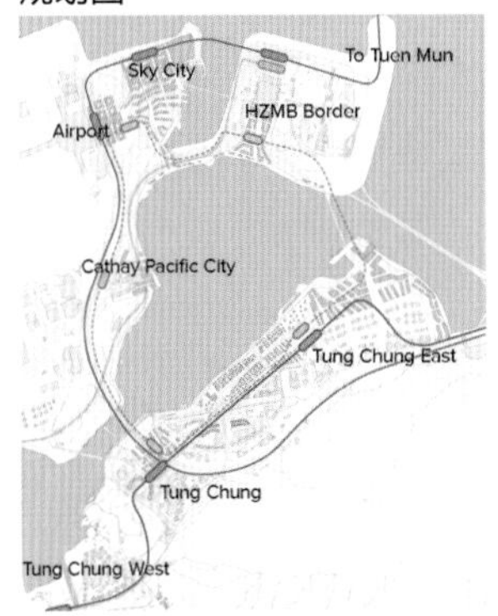

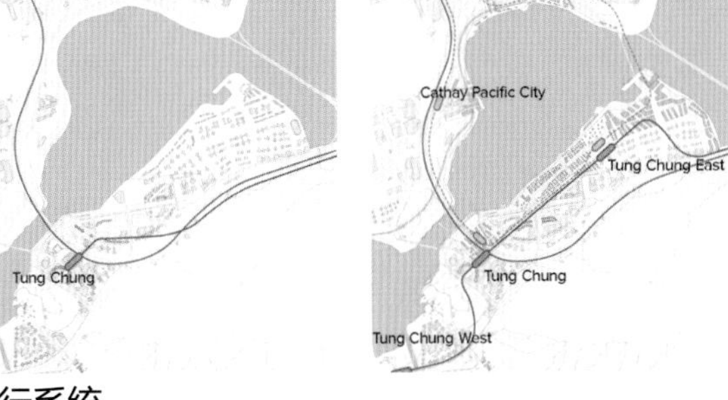

步行系统

东涌东段

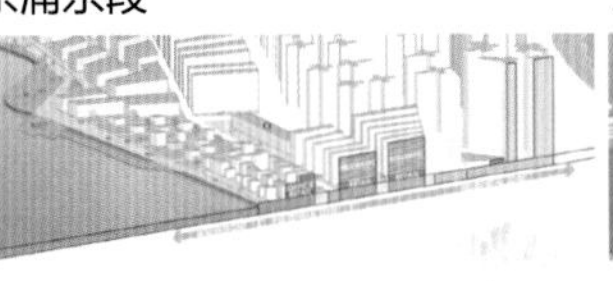

天空城段

天空城机场段

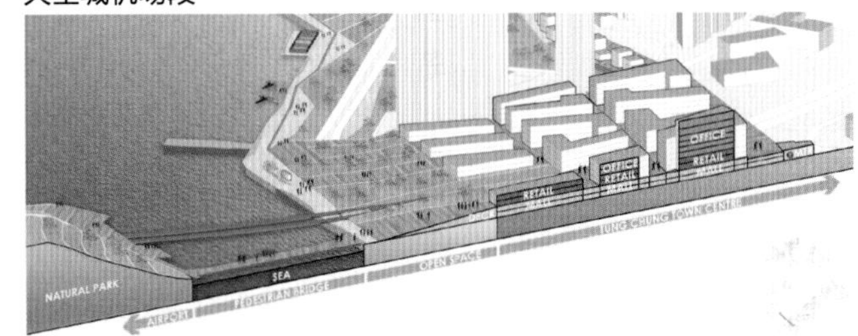

滨水区规划

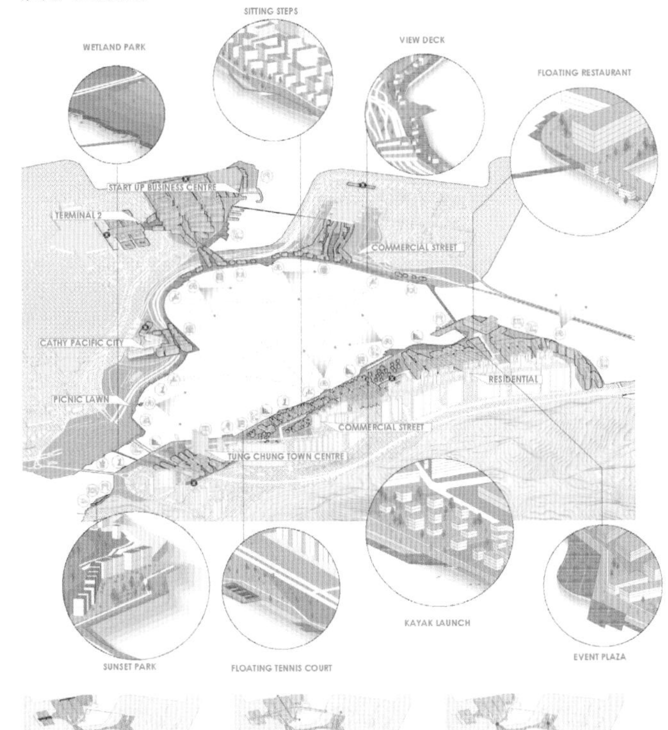

建筑类型

	东荟城购物中心	亚洲博览会	东涌住宅	东涌滨水区
现状				
规划				

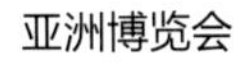

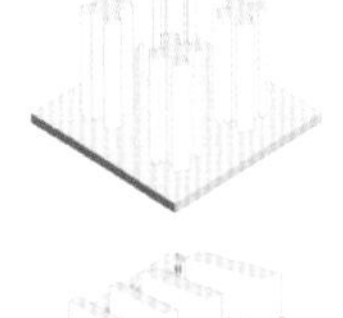

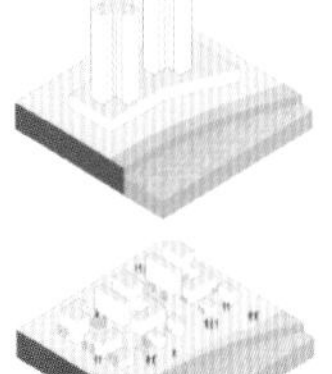

该场所被大型候机楼或必要的配套设施所占据。 在城镇地区，由商业综合体和高层住宅楼组成的建筑形式未能融入街头生活并带来更多活力。建议采用较小体积，以人为本，营造街道景观。

滨水类型

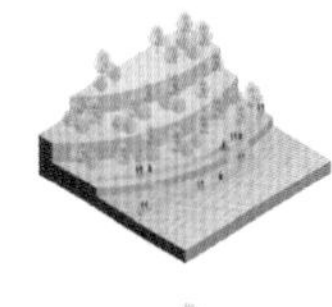

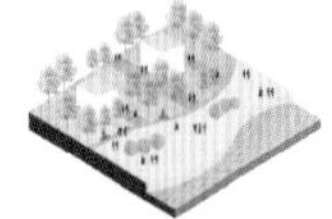

长达 7 千米的海港环路是振兴机场邻里的关键。天然水特色景观与设计的滨水方案相结合。在东涌市中心，以自然与城市生活相结合为主题，根据环境和城市功能提出了一系列滨水方案。在东涌新市镇方面，则更多以社区功能为基础。在机场周围，滨水区位于甲板上。小规模的装置和建筑物建在甲板上，以提供理想的生活方式。对于跨港口设施，项目考虑将皮艇和自行车道置于关键节点附近，以促进机场城市内部的机动性。

东涌东景

充满活力的海滨步行街

DUO CITY——边界社区设计

香港中文大学 / 熊旎颖 DUO CITY — Border Community Design

设计说明

中国古代城市有不同的边界，城市之间是乡村或荒野；边境检查站是城门，通常离高密度住宅区很远。当时的城市是独立的个体，边界是它们的保护层。但是，随着城市的现代化和扩展以及城市群概念的普及，许多城市变成了面对面的邻居。当城市出现在一个国家或地区的边界上时，因为不同文化在这里汇合，该区域变得更加复杂和有趣。粤港澳大湾区就是这种区域，人与物的频繁交流为这一地区带来了优越的经济和文化交流环境。

本设计以珠海与澳门之间的拱北口岸为研究样本。大型基础设施占据了该区域的空间，造就了奇怪而令人不适的环境。对于乘客来说，类似机器的检查站确实为他们提供了高效的流程，但体验较差。建立边界社区可以提升跨境流程的效率，满足旅行者、居民和边界工作人员的需求。在这里，除了官方的检查站管理系统外，企业、附近的居民甚至一些利益集团都可以参与该地区的建设。

本设计着眼于边界社区的创建，通过考察边界的历史、文化、交通和空间，提出了相应的设计策略和方法，特别设计了拱北口岸，以将庞大的边界设施整合到城市结构和建设边界社区中，使边界适应短期和长期的变化。

案例分析

消失的西安渭河海滩

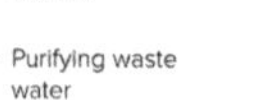

- Creating resilient, flood adaptive landscape
- Reusing the original beach for green corridor
- Purifying waste water
- Returning of rural life

跨国城市——斯武布福特

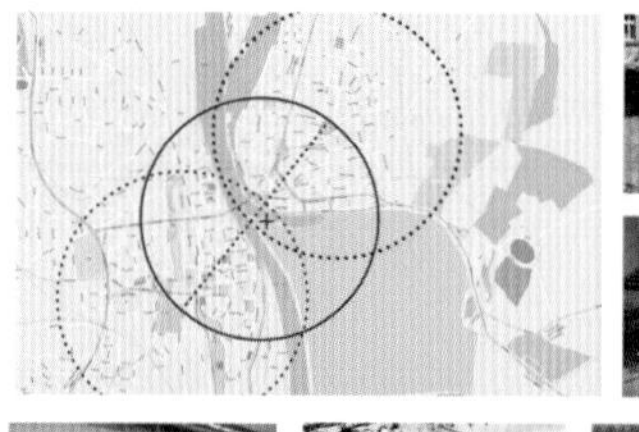

基地要素分析

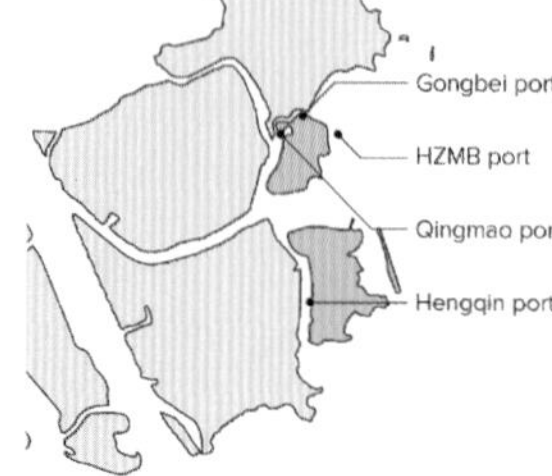

人口密度地图

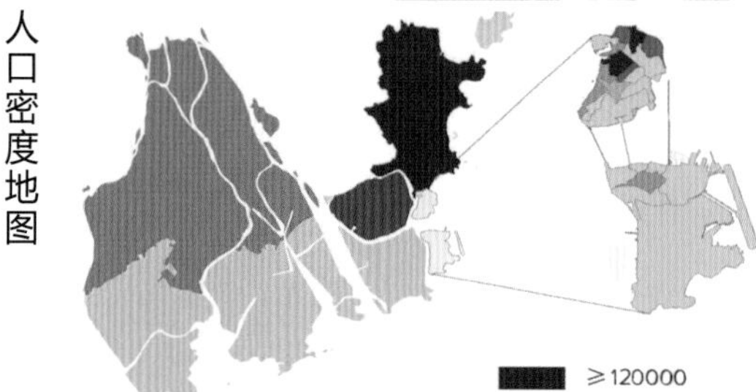

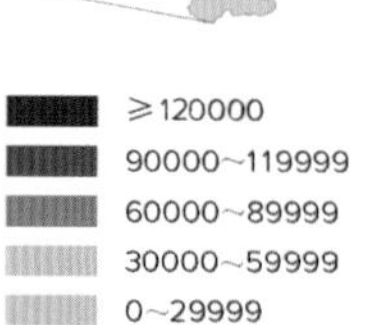

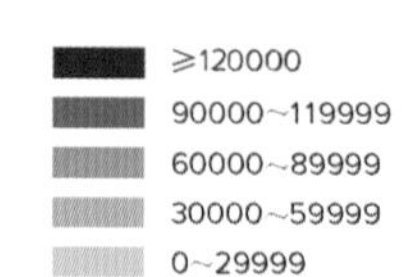

基地调研

边界历史事件

用地开发过程

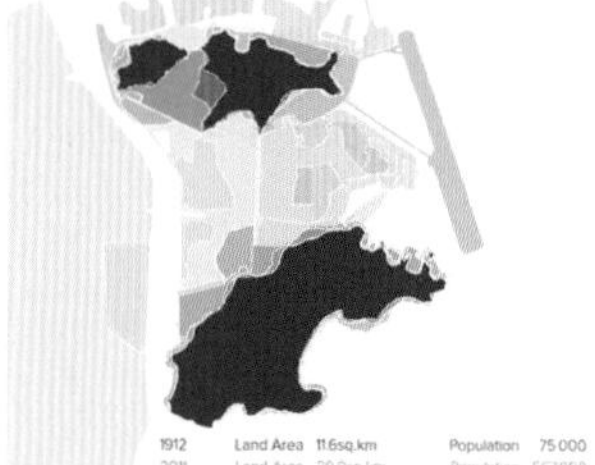

主要使用人群

居民　工作者　旅客

澳门市民

澳漂

自由行

跨境家庭　长期雇员　旅游团

家庭佣工

商务

外国人

现状建筑用途

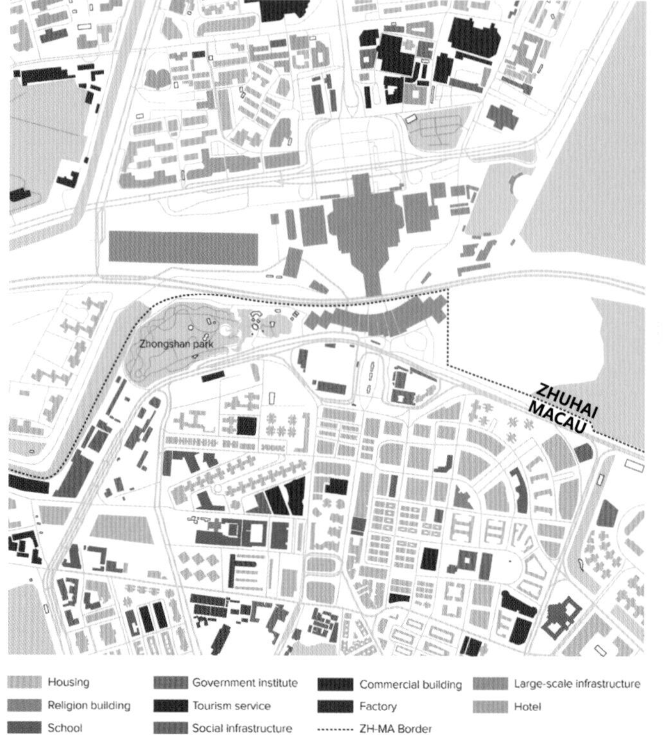

关键问题观察

交通运输条件

城市形态与风格

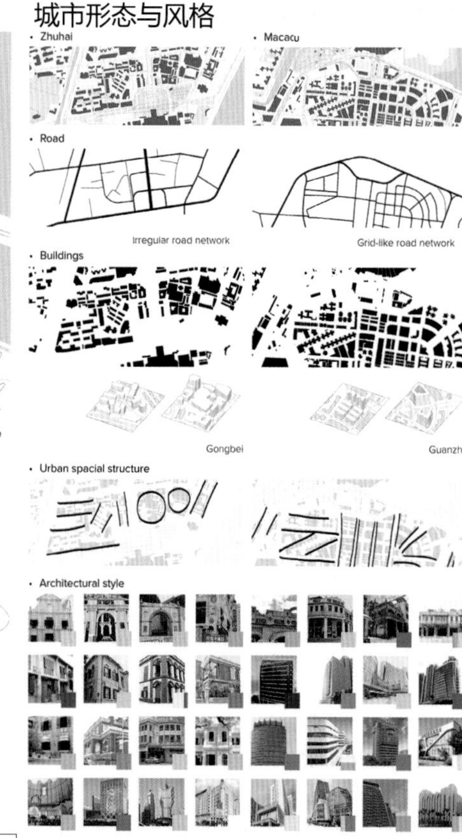

现状体块与空间联系分析

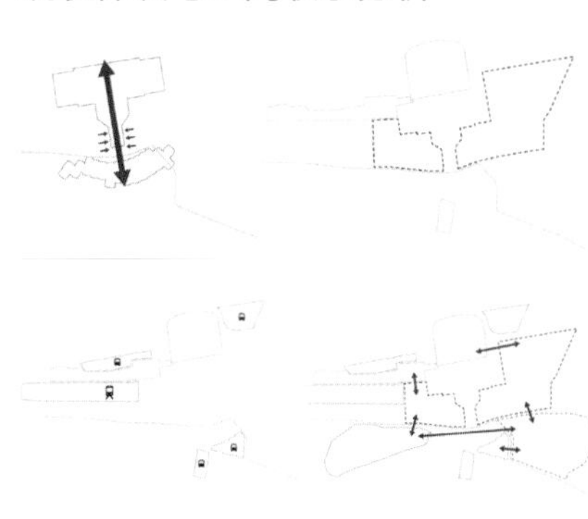

现有人流分析

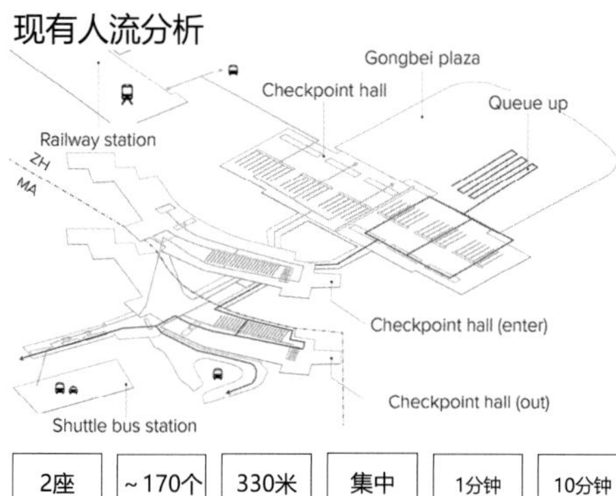

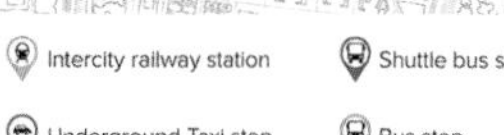
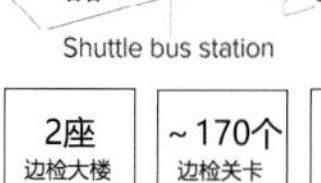
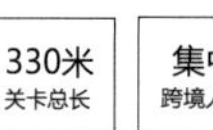

概念生成

软边界

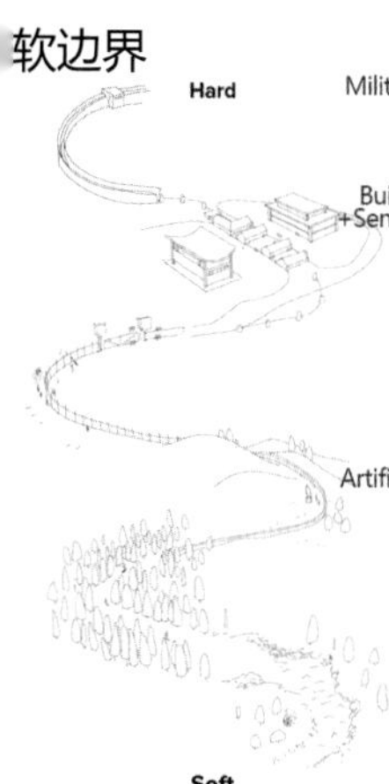
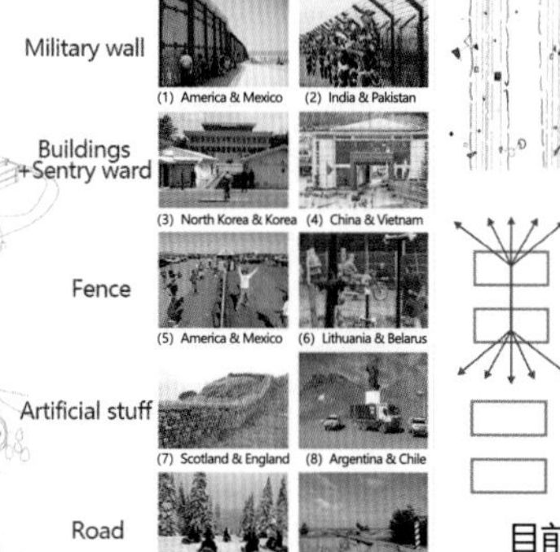

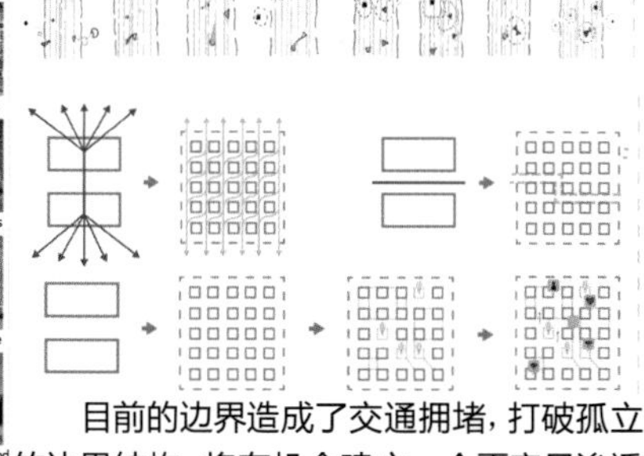

目前的边界造成了交通拥堵，打破孤立的边界结构，将有机会建立一个更容易渗透的边界设施；在珠海澳门边界线沿线设置系列过境设施，旅客可以通过各种途径过境。

设计策略

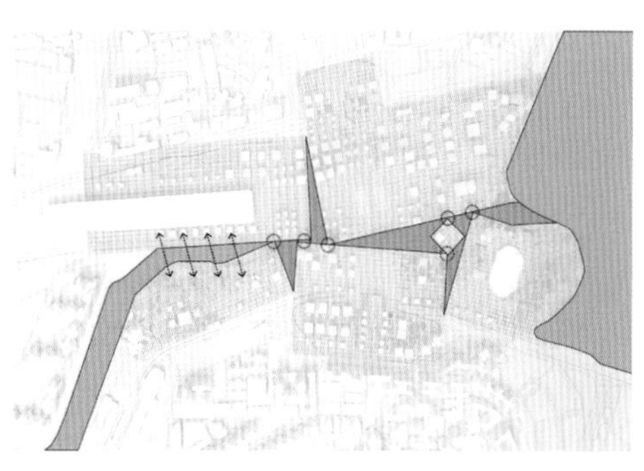

鸭涌河、绿地和海洋形成了新的象征性边界，降低间隙以避免边界两侧视线被阻挡。

社区参与过程

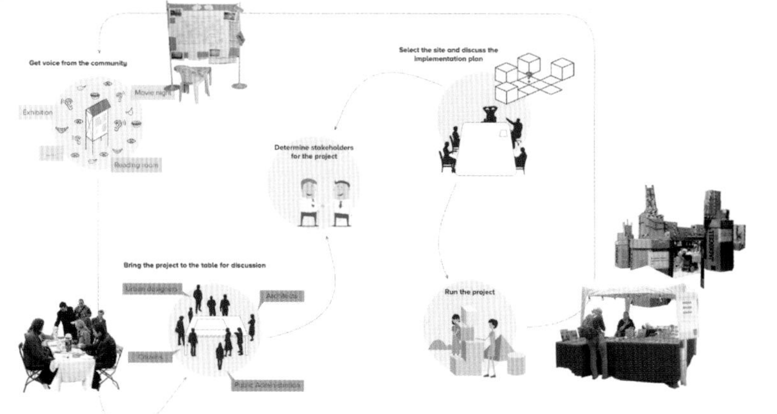

自然边界形式和多样的跨境路线

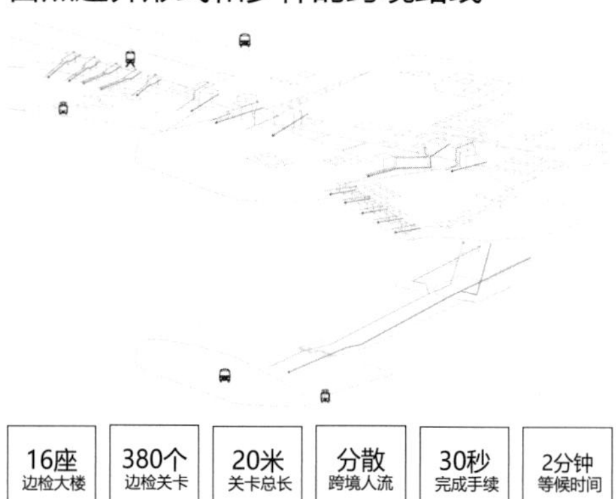

16座 边检大楼	380个 边检关卡	20米 关卡总长	分散 跨境人流	30秒 完成手续	2分钟 等候时间

边境大楼位置和排列

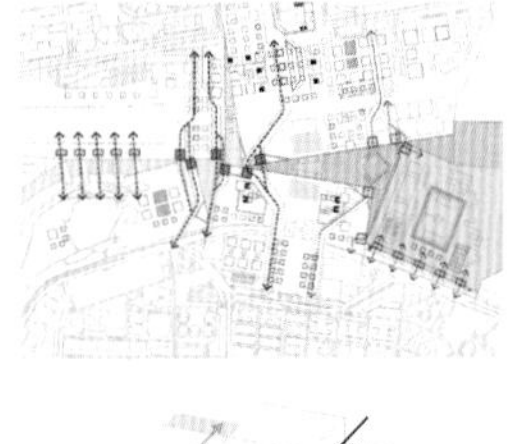

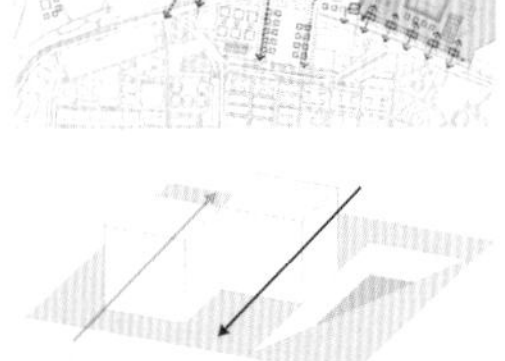

以绿地作为天然屏障

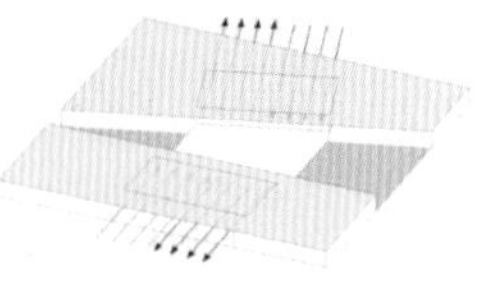

地下边检口岸供团体使用

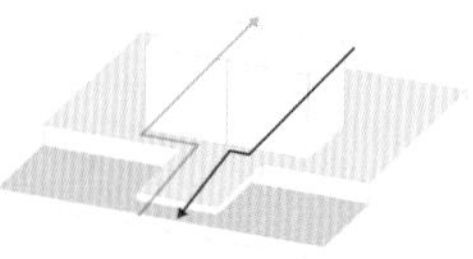

以桥梁接驳

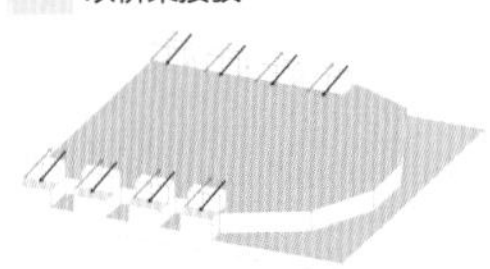

于共同管辖区出入口设立关卡

边境大楼内部布置

Macao

Zhuhai

Vehicle channel

总平面图

1. Railway station
2. Sunken plaza
3. Food plaza
4. New gate
5. Library
6. Stadium
7. Zhuhai customs building
8. Macao customs building
9. Portas do cerco plaza
10. Sunken plaza
11. Sunken plaza
12. Fountain
13. Zhongshan park
14. Zhuhai light rail stop 1(G/F)
15. Zhuhai light rail stop 2(B1)
16. Macao light rail stop 1(G/F)
17. Macao light rail stop 2(B1)
18. Office district
19. Bus station
20. Bus station and car park

社区叙事空间

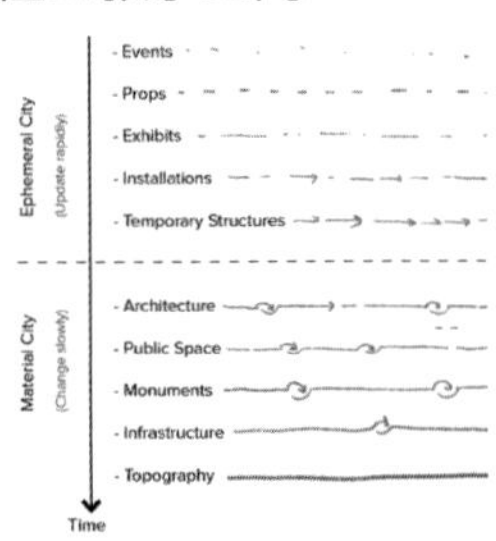

A. Sculpture exhibition in Zhuhai community

B. Weekend gourmet market in Macao

C. Creative cultural fairs in co-managed areas

D. The atmosphere of the underground passage space

澳门城市大学

指导老师

王伯勋

周龙

李孟顺

曹健

周嘉发

陈俊铭

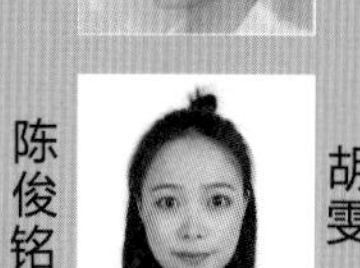

胡雯

何祎

刘行

设计感言

首先，非常荣幸能够得到此次机会，参与各大高校的毕业设计交流会。站在学生个人的角度，我们要感谢华南理工大学给予我们这次机会，这不仅是对我们个人成绩的肯定，还是对我们今后学习的期许；站在澳门城市大学的角度，我们同样很感激华南理工大学给予了我们的认可和信心。在参会期间，我们不仅学到了如何合理安排时间、如何与人交流、如何去解决问题等，还从各位同行身上学习到很多在设计、表达上的宝贵经验。最后，很期待在日后的学习与工作中，能有更多的机会与各位老师、前辈、同仁们一起献力。在规划设计这条道路上，我们一起不忘初心，砥砺前行。

陈以乐

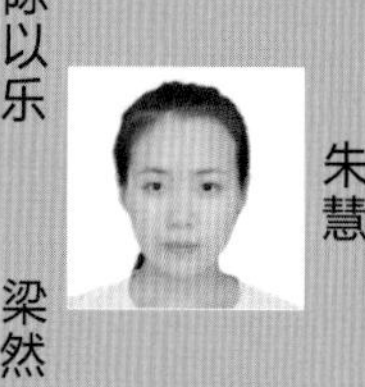

朱慧

梁然

设计感言

本次有幸参与珠澳边界的设计工作坊，小组规划场地的复杂性无疑是一个挑战，墓葬设施、环境卫生设施、交通枢纽交会处以及老化的工业园区聚集于此，如何规划以让澳门走向更生态的未来、更加充分地展示自己的活力是值得我们思考的问题。这里虽然没有传统意义上有形的“边界”，但机场口岸的边界却是“无形”又举足轻重的，它更像一个城市的形象窗口，全方位地诠释这座城的文化、历史、活力、发展。尽管方案目前停留在概念阶段，但我们的思维能力依然得到了锻炼。关注城市边界、出入境口岸这一问题，让我们体会了澳门规划设计的意义。

Urban Link——青茂口岸规划设计研究

澳门城市大学 / 胡雯 陈俊铭 何祎 刘行 周嘉发 曹健

项目背景

为了实现广珠城轨与澳门轻轨的便捷对接，积极解决拱北—关闸口岸的通关难题，综合整治水质污臭、杂草丛生的鸭涌河，改善澳门北区的城市形象，打造新的城市门户，促进澳门建设世界旅游休闲中心，上位规划提出在拱北—关闸口岸西南侧约 800 米处建设新的粤澳通道。粤澳新通道被定位为新的关闸口岸，以专用通道连接广珠城轨和规划中的澳门轻轨，同时利用口岸建设的契机，对珠澳两地的边界河——鸭涌河进行综合整治。

设计构思

粤澳新通道项目位于拱北—关闸口岸西南侧约 800 米处，广珠城轨珠海站以南约 400 米处，定位为独立开发的信息化电子口岸，设计日通关流量约 20 万人次，以自助通关为主，仅供行人通行，不设车辆通道。粤澳新通道项目建成之后，不仅可以有效缓解拱北口岸通关人流量大的压力，还可以实现“合作查验，一次放行”的通关新模式，新模式更加方便、快捷，通关程序更简单，省时省力。因此，为了契合粤港澳大湾区“互联互动”的展望，此次项目设计将以“urban link”为切入点，在联系城市发展的同时，进一步加强珠澳经济、文化、贸易等各方面的联系。

粤港澳大湾区优劣势

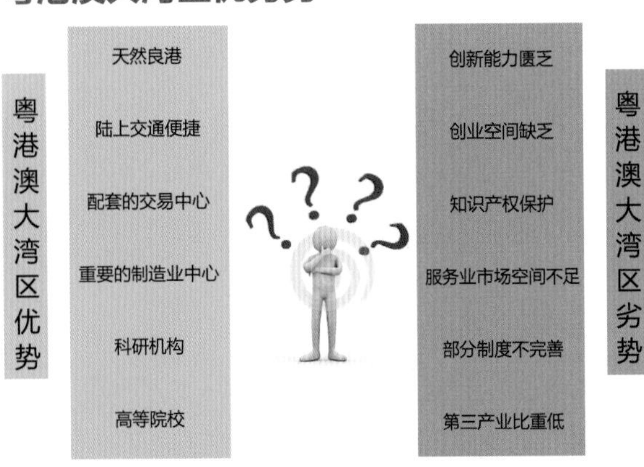

粤港澳大湾区初步发展定位

城市	规划定位
香港	巩固和提升国际金融、航运、贸易三大中心地位 强化全球离岸人民币业务枢纽地位和国际资产管理中心功能 推动专业服务和创新及科技事业发展，建设亚太区国际法律及争议解决服务中心
澳门	推进建设世界旅游休闲中心 打造中国与葡语国家商贸合作服务平台 建设以中华文化为主流、多元文化共存的合作交流基地，促进澳门经济适度的多元化发展
广州	打造建设国际航运枢纽、国际航空枢纽、国际创新科技枢纽 打造高水平对外开放门户枢纽，成为粤港澳大湾区城市群核心门户城市
深圳	加快建设国际科技、产业创新中心 协同构建创新生态链、全球高端产业综合体和金融综合生态圈
佛山	突出打造制造业创新中心
东莞	国际制造中心
惠州	新定位瞄准“绿色化现代山水城市”，生态担当 全面对标深圳东进战略，对接广州东扩展 发展圈，加快创新平台建设
中山	珠江西岸区域科技创新研发中心；承接珠江东、西南岸区域性交通枢纽
肇庆	珠三角连接大西南门户城市，湾区通往大西南以及东盟的“西部通道”
江门	全国华人华侨双创之城，沟通粤西与珠三角“传”、“接”的“中卫”角色
珠海	全国唯一与港澳陆地相连的湾区城市，建设粤港澳大湾区的桥头堡与创新地 开辟“港澳市场及创新资源+珠海空间与平台”的合作路径，国际创新资源进入内地的“中转站”

四大湾区对比

湾区	粤港澳大湾区	纽约湾区	旧金山湾区	东京湾区
位置				
地理范围	珠江三角洲	纽约州、康涅狄格州、新泽西等 31 个州联合	北湾、东湾、半岛、南湾、旧金山	围绕东京发展起来的东京城市群
主要城市	香港、广州、深圳、澳门	纽约、曼哈顿	旧金山半岛上的旧金山、东部的奥克兰和南部圣荷西等	东京
发展目标	世界科技创新中心和亚洲金融中心	世界级金融湾区	世界级科技湾区	世界级产业湾区
代表产业	金融、航运、电子、互联网、工业、进出口贸易、仓储和邮政业、电脑服务和软件业、房地产业、交通运输业、科技创新、服务业、制造业	金融服务业、航运、计算机、房地产业、医疗保健业、科技服务业、批发零售业	电子、互联网、生物、金融保险业、制造业、批发零售业、资讯产业	装备制造、钢铁有色冶金、炼油、机械、汽车、化工、现代物流、造船、电子、机械、金融、研发、文化、大型娱乐设施和大型商业设施
第三产业比重（%）	62.2	89.4	82.8	82.3
人均 GDP（万美元）	2.04	5.98	11.19	4.14

澳门第三产业现状

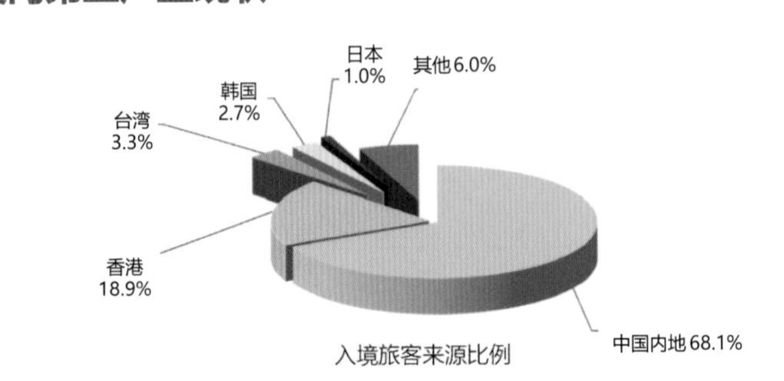

入境旅客来源比例

从如今入境旅客来源比例图中可以看出，澳门入境来访人群主要以内地游客为主，香港占据部分比例，其余地点所占比例较小。

基地区位概况

本研究范围位于粤港澳大湾区南部，珠海市与澳门特别行政区相接之处，东侧架有港珠澳大桥与香港隔海相连，同时口岸周围就有珠海高铁站以及珠海汽车客运中心，使得青茂口岸在湾区中体现出非常便利的地理条件优势。

口岸梳理

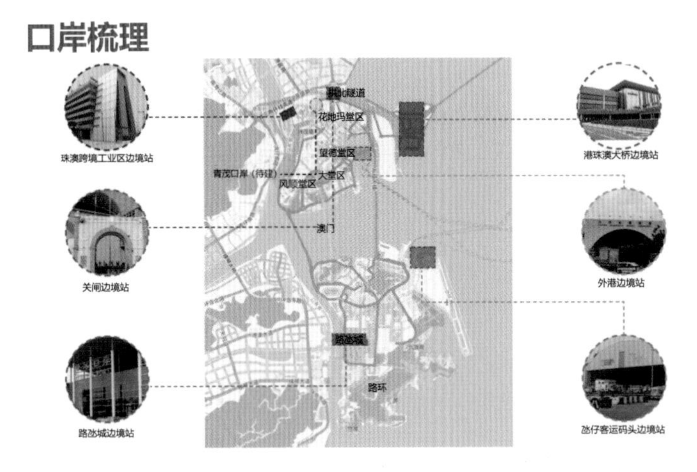

现状分析

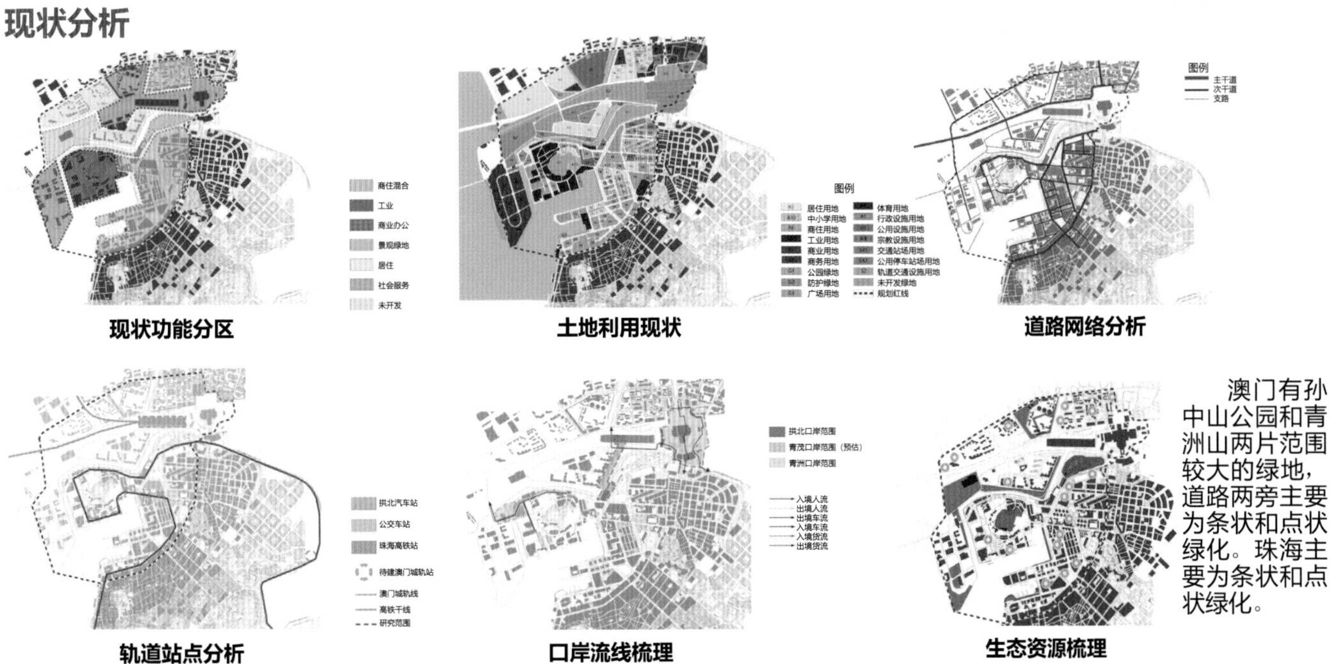

现状功能分区　　土地利用现状　　道路网络分析

轨道站点分析　　口岸流线梳理　　生态资源梳理

澳门有孙中山公园和青洲山两片范围较大的绿地，道路两旁主要为条状和点状绿化。珠海主要为条状和点状绿化。

人群分析

澳门境外人流主要来源：内地。
拱北关闸目前作为澳门对内地的主要通关口岸承载着巨大的人流运输压力，节假日人流量达到饱和。

人流主要运输点

人群类型	特征	访澳目的	逗留时长
	个人或两三人 自由行 行动路线不定 时间自主安排	体验风土人情 购买海外产品 购买博彩旅游产品	2~7 日
	个人 商务目的行程 目的性强	参与商务活动	2~4 日
	旅游团 行程由旅行团组织 目的性强	结伴体验澳门当地特色 购买澳门手信 行走目的地较为单一 行动受限	当日来回
	多为澳门高校学生 长居澳门或多日往返 时间安排根据课程决定	参与课堂学习 兼职实习 参与展会活动	当日多次往返 长居澳门(1~2年)

人群分析

方案生成

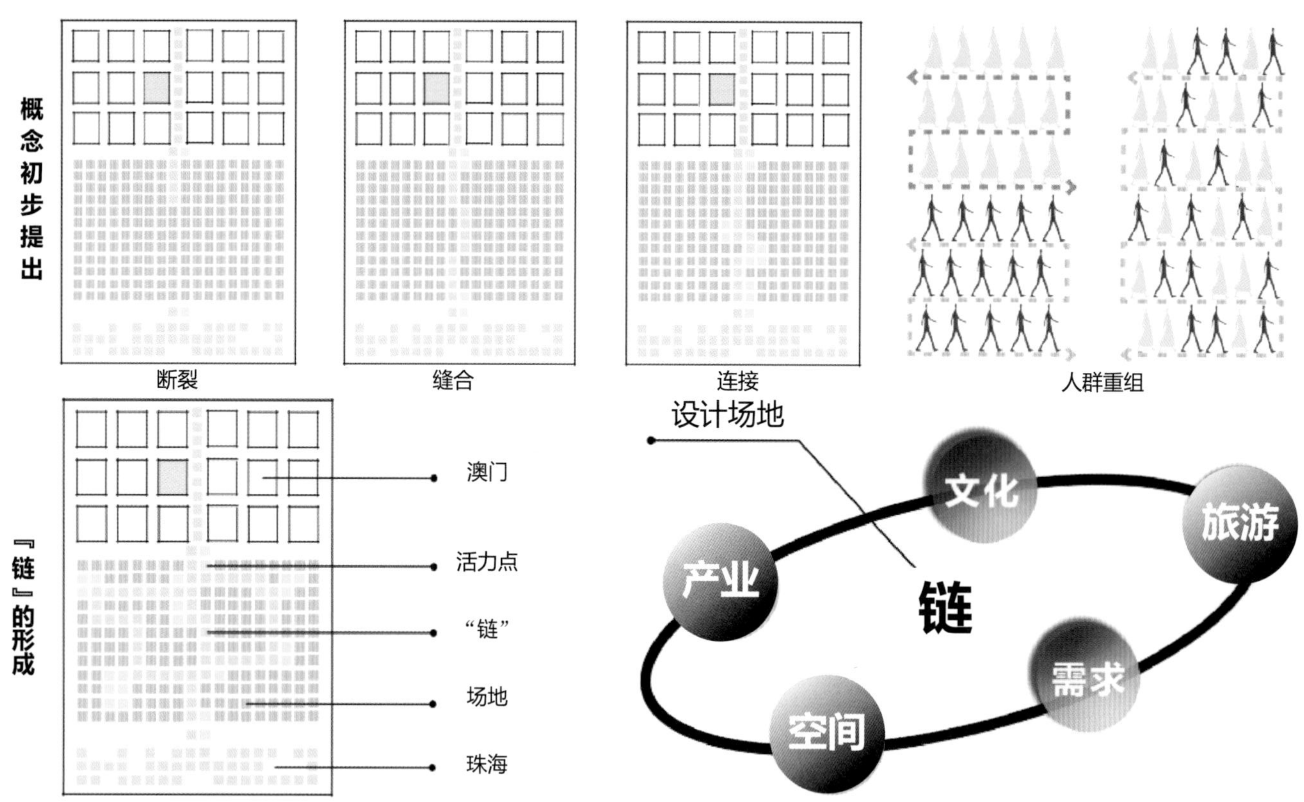

"链"之解读：以文化为魂，商业为脉，旅游为纽带，在原有产业的基础上，大力发展旅游业，为本地居民和外地旅游者提供一个休闲、游憩、旅游的场所。

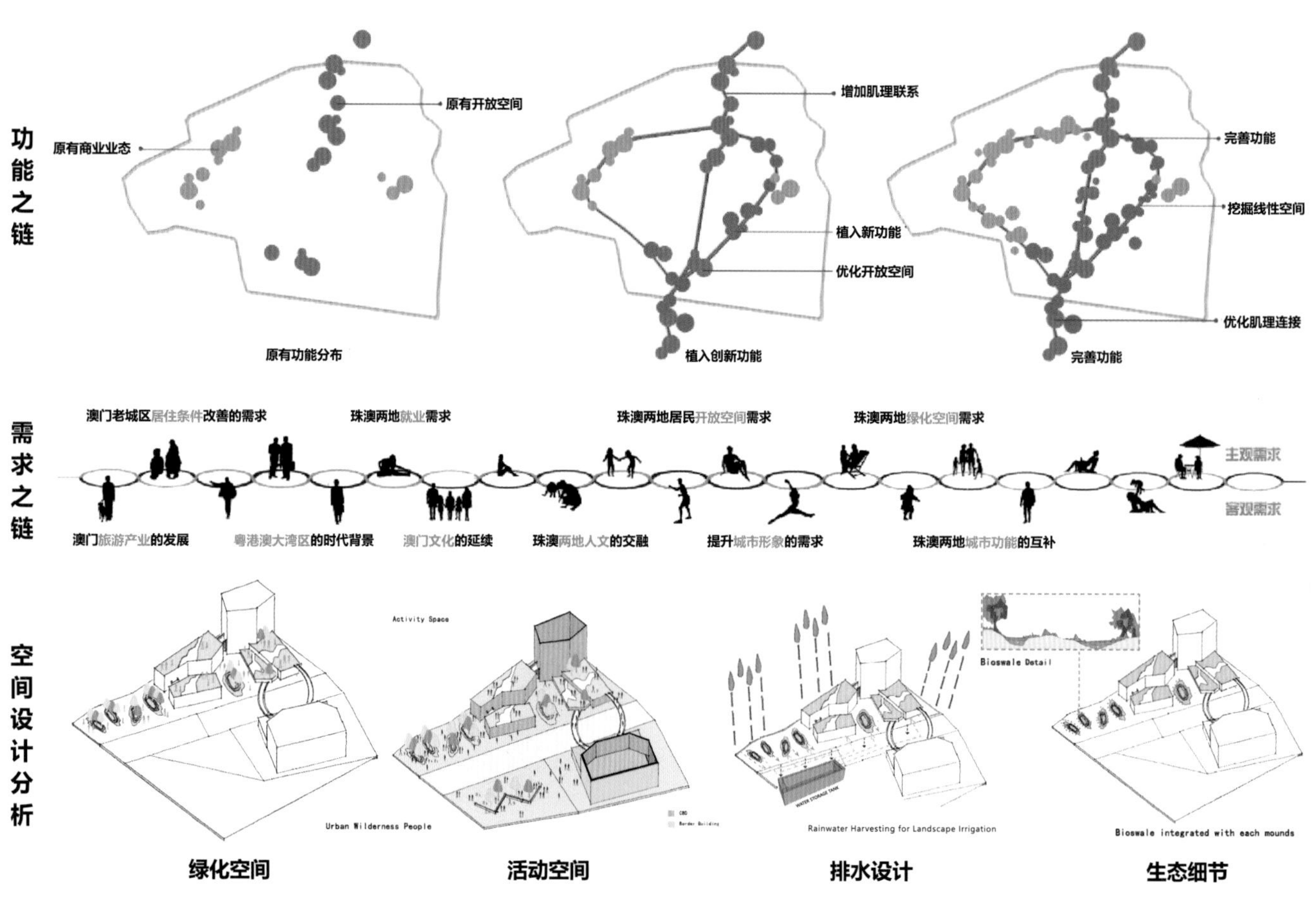

总平面图

图例

1. 珠海站
2. 孙中山公园
3. 停车场及小公园
4. CBD
5. 圆圈连廊
6. 边检大楼
7. 管理中心与电站
8. 滨水步道
9. 400 米新通道
10. 站旁广场
11. 停车场
12. 换乘中心
13. 入口广场
14. 休憩小亭
15. 休闲步道

功能分区分析

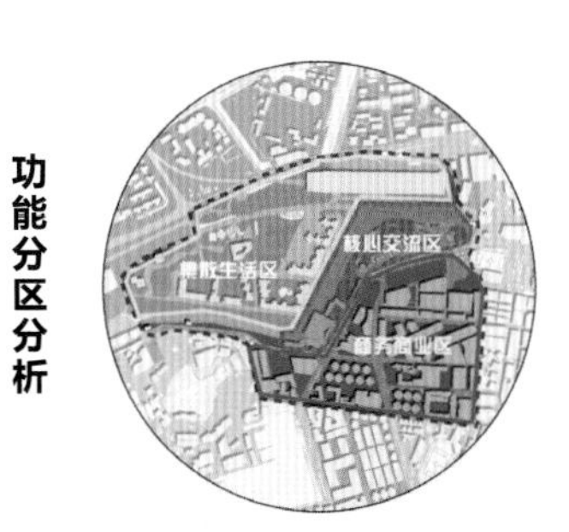

空间结构分析

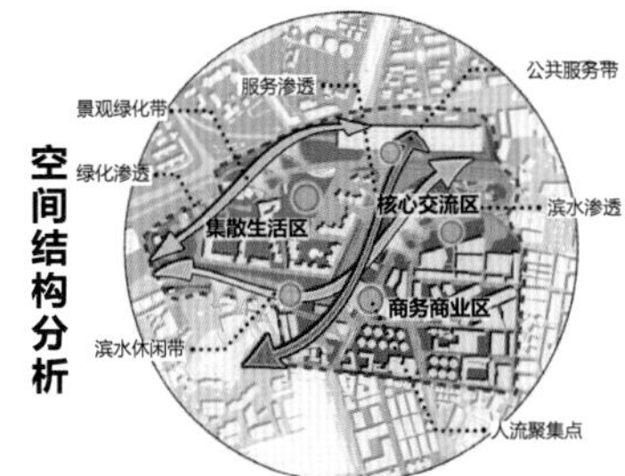

交通流线分析

景观轴线分析

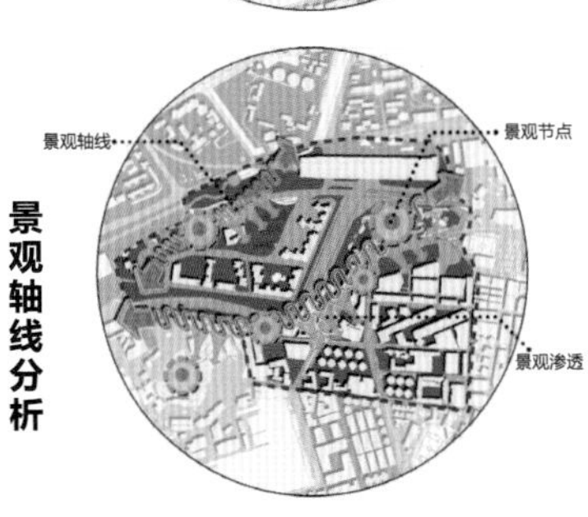

主要建筑设计分析

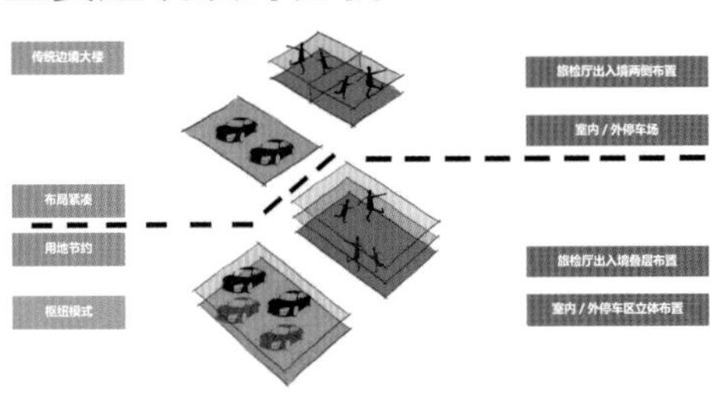

边检楼设计推导过程

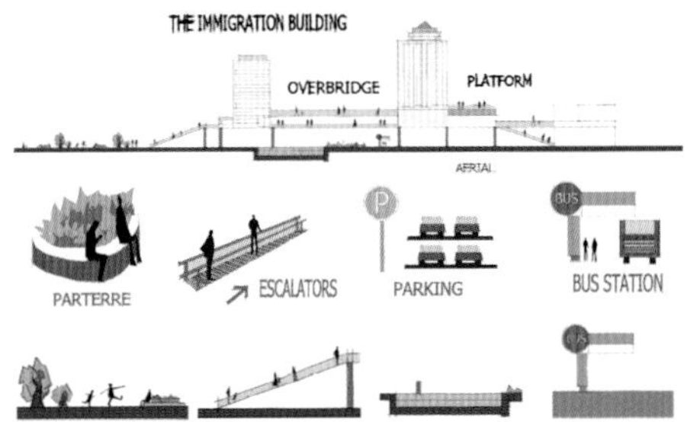

建筑及周边配套设计

整体鸟瞰图

绿·城——澳门氹仔口岸机场的更新设计

澳门城市大学 / 陈以乐 朱慧 梁然

主题的定义

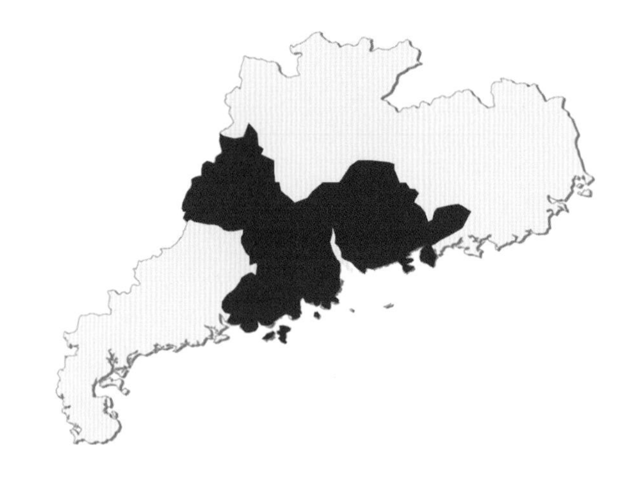

本次设计的主题“green · city”分为“green”和“city”两部分。“green”不仅是澳门区旗的主色调，更是生态环保的象征。

大潭山郊野公园毗邻澳门国际机场，是一个多功能的郊野公园，是人们亲近自然、强身健体、与家人和朋友野餐的场所。如今游客稀少，公园正在成为一个驾驶训练区。因此，氹仔口岸机场的设计遵循“绿色生态”的主题，引入“疗养花园”的概念，充分利用澳门国际机场周边大潭山的自然条件。

本次设计将重新规划绿道（大氹仔徒步径），建立科学园区和疗养院基地。友谊大桥到氹仔客运码头的航段区域也将重新规划，作为澳门半岛和港珠澳大桥的海岸线生态走廊和观测平台。这个空间将为澳门居民提供更多的公共绿地和更舒适、更人性化的公共区域。

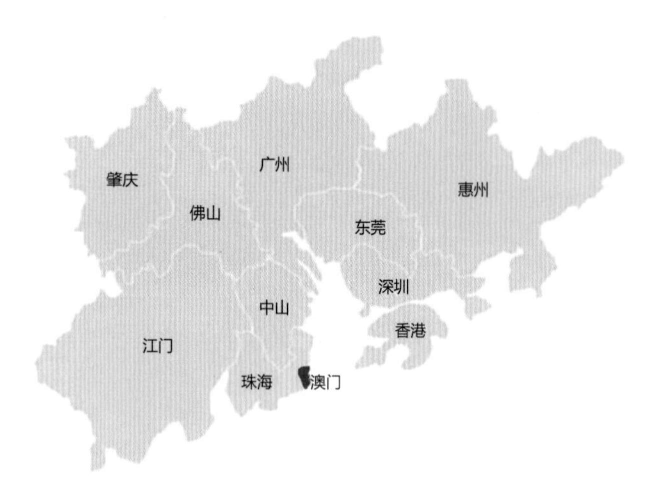

此外，随着澳门旅游业的快速发展，食物浪费的现象日趋严重，食物垃圾对澳门的生态环境构成一定威胁，但是如果能把其分成不同的元素，这些垃圾将非常有用。北安工业区的规划也需要优化。本设计结合商业，将澳门垃圾焚烧置换厂建成包含绿色垃圾厂、文化创意园、艺术手工作坊、观光工厂、纪念品商店的综合设施，以打造澳门新地标。

“城市形象”对城市来说至关重要。对游客来说，机场是获取城市第一印象的场所。澳门作为国际旅游城市，树立良好的城市形象至关重要。一直以来，澳门被国际社会贴上“赌城”“旅游城”“人口稠密”“城市空间拥挤”和“不宜居住”等标签。北安工业区与澳门国际机场的距离非常近，本次设计希望对其进行重新设计，使其成为一个集工业、商业、旅游和交通于一体的综合体。这些产业将合作共荣，使氹仔机场港口焕然一新，塑造中国澳门在国际上的新印象，即生态绿色之城、传统与时尚交融之城。

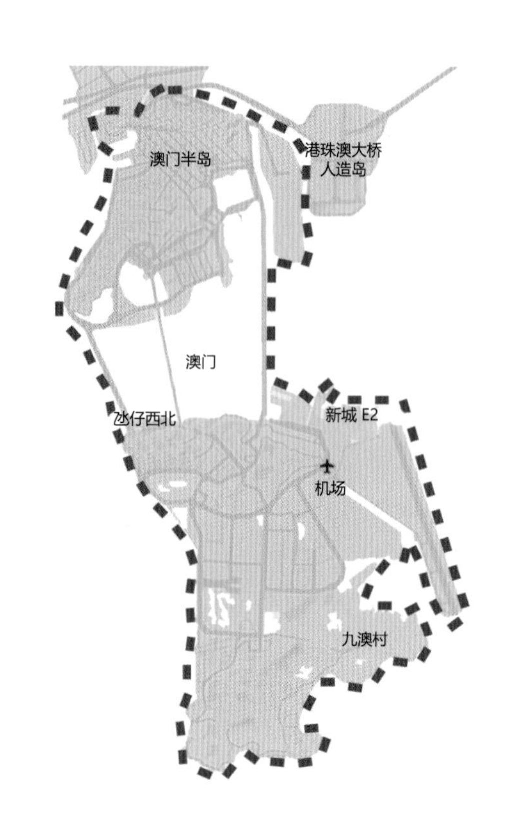

设计范围

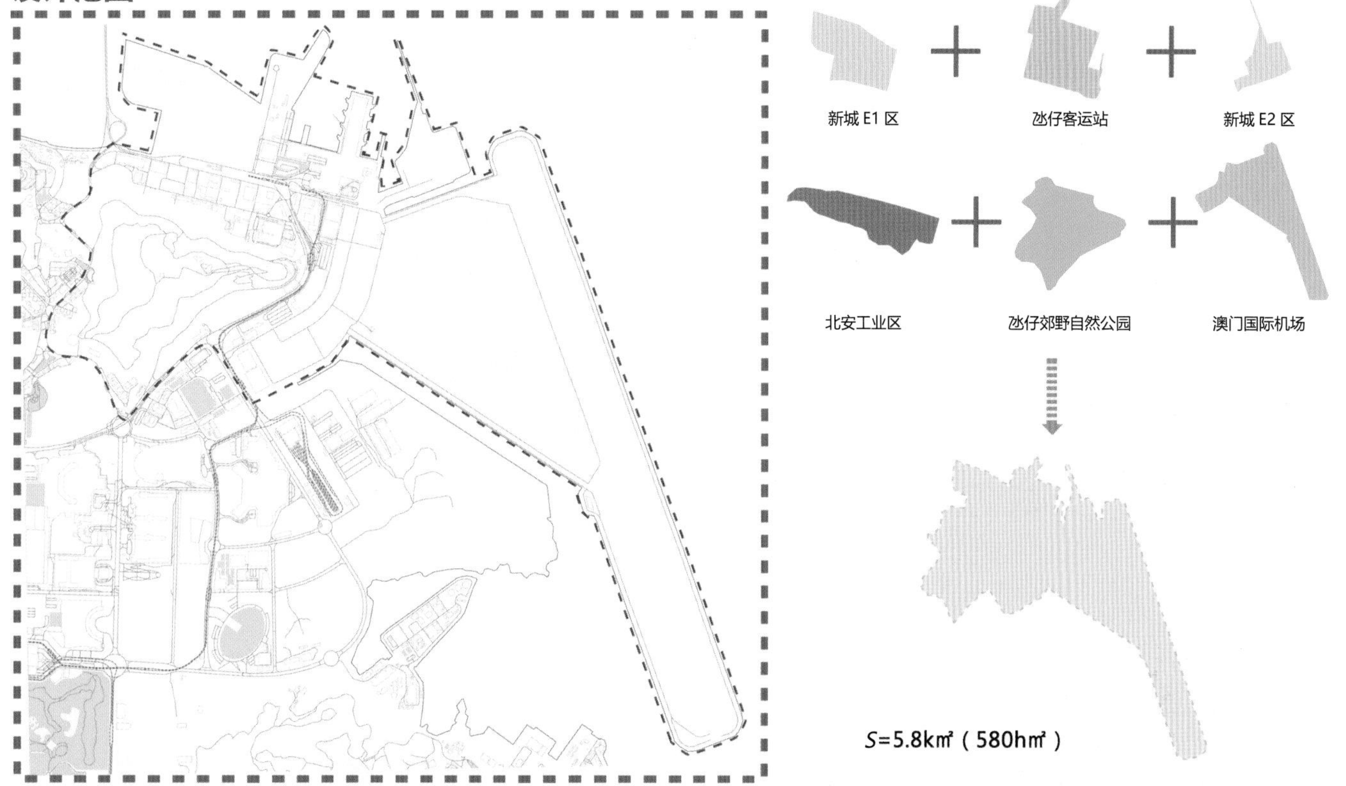

本规划的主要设计范围包括澳门国际机场、氹仔渡轮码头、北安工业区、北安工业区西南部的大潭山郊野公园和三个墓地。场地主要位于澳门特别行政区氹仔的东南部。

当前问题分析

工业区外道路绿化较差，几乎无人看管，杂草丛生。

氹仔码头轻轨站人行天桥只有一面，但道路交会于此。地面斑马线稀疏分布，容易造成行人交通不便。

有出入口的道路上没有斑马线，也没有相应的标志。路过的司机意识不到，不会慢行，容易发生交通事故。

斑马线与引导行人过马路的通道不对应，存在一定的安全隐患。

工业区水域较浅，卫生环境较差。

轻轨轨道末端护栏安全系数不够，有待提高，轻轨下绿化稀疏，厂房配置单一。

澳门机场轻轨站缺乏降噪墙，高架桥段距离机场对面的中国酒店太近。

北安工业区内的垃圾堆放在车流通道上，形成交通阻碍。

工厂外观陈旧。

工业区有旧的防灾设施和碎玻璃门。

工业区以外的沿海地区缺乏规划和建设。

墓园内墓碑密布，墓葬空间逐渐充盈，空间利用亟待解决。

平面草图

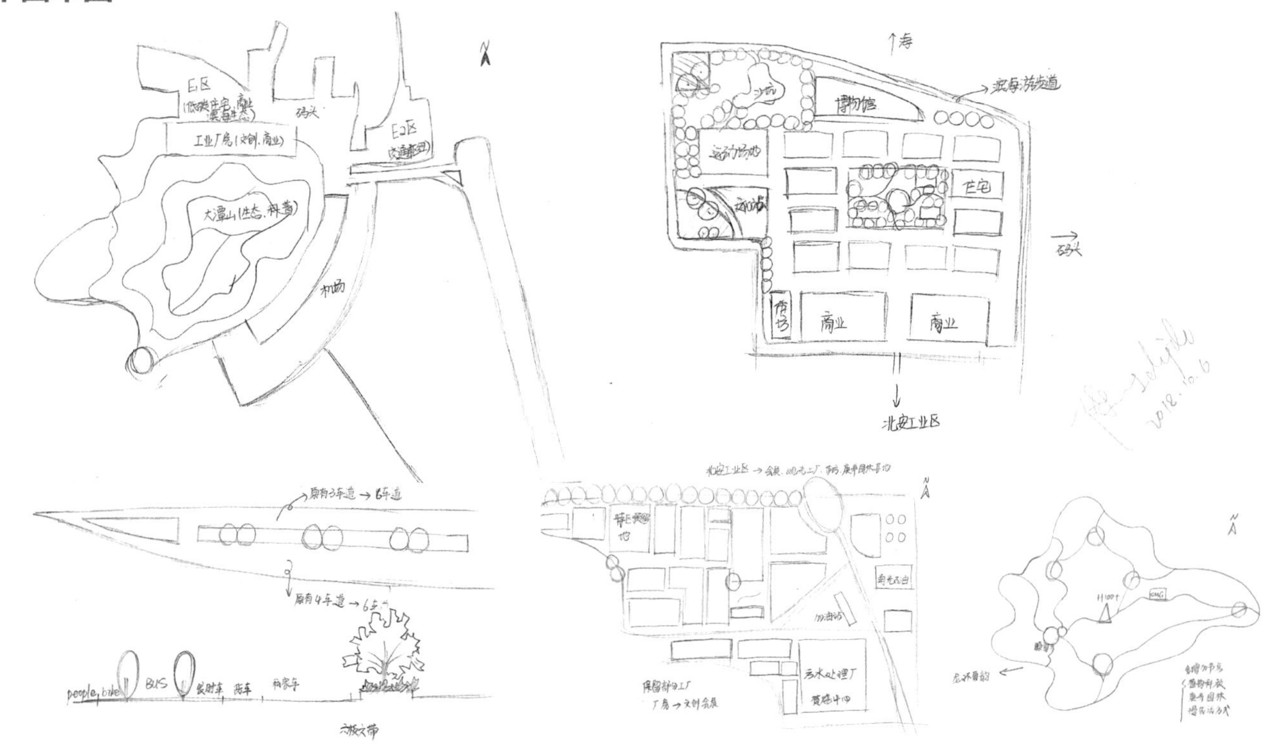

土地利用分析（设计前与设计后）

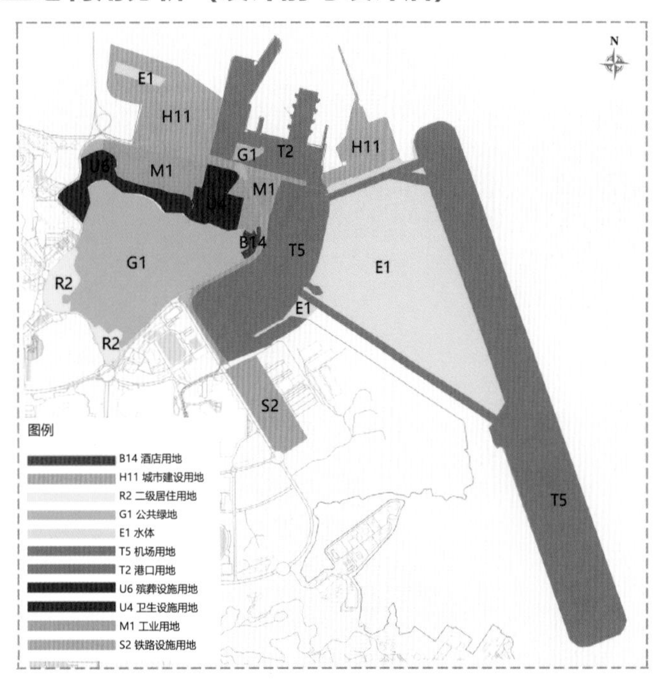

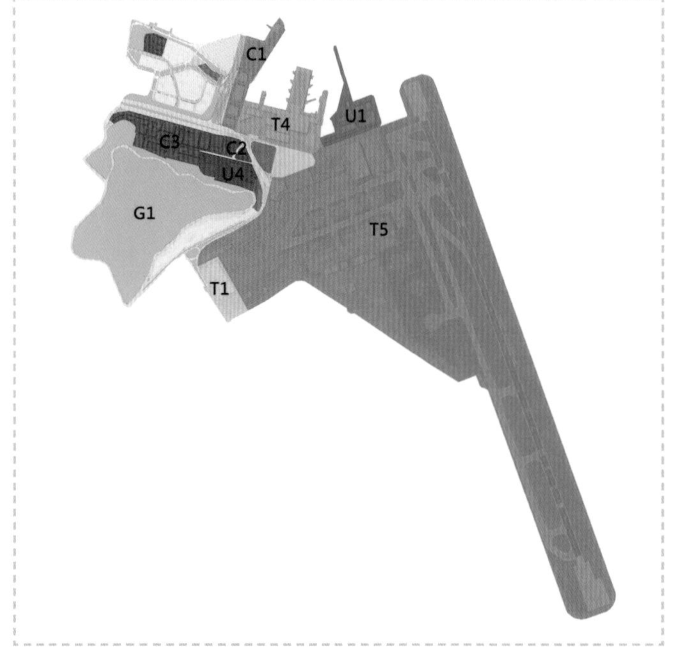

T1 轨道交通用地：澳门轻轨北安码头站、澳门国际机场站、威龙路（科技大学体育馆）站、轻轨维修站。

T4 港口用地：氹仔码头。

T5 机场用地：澳门国际机场。

U1 供电设施用地： 新城填海 E2 区（新建 220kV 变电站）及南广供油设施。

U4 卫生设施用地：污水处理厂、垃圾焚烧中心等。

G1 公共绿地：大潭山郊野公园及陵园。

C1 行政办公用地：海关、澳门海事水务局、出入境大厅等。

C2 商业金融用地：中国大酒店、澳门会展中心。

C3 文化娱乐用地：北安工业区创意园。

资料来源：澳门新城市总体规划咨询文本。

总平面图

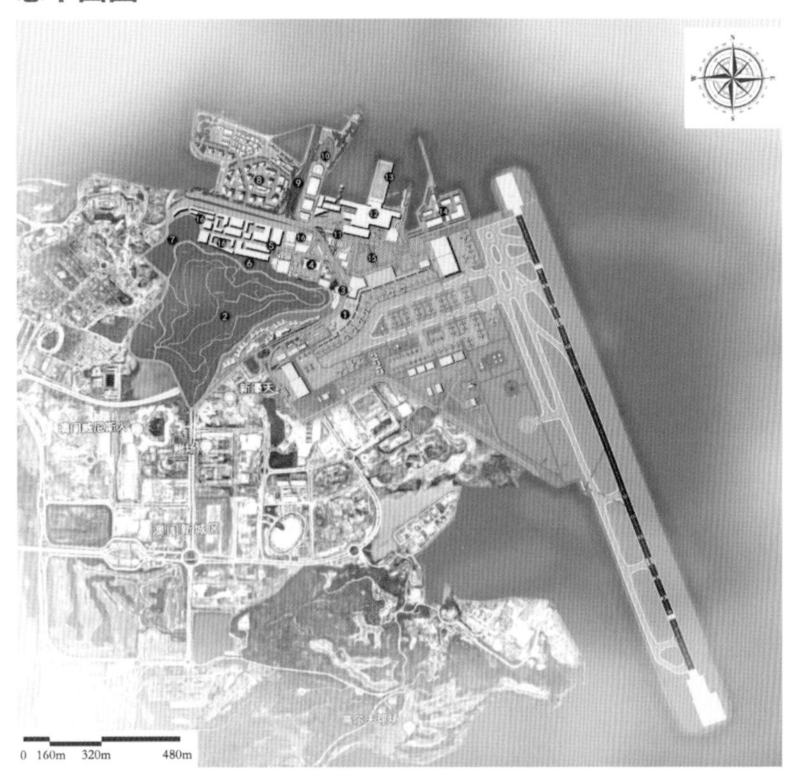

*技术经济指标：
①规划用地总面积：580hm²。
②实际用地总面积：580hm²。
③建筑密度：12.1%。
④绿化面积：189.08hm²。
⑤绿地率：32.6%。

❶澳门国际机场
❷大潭山郊野公园
❸澳门机场轻轨站（待通车）
❹污水处理厂
❺北安工业创意园区
❻华人陵园区域
❼氹仔市政陵园区域
❽新城填海E1区
❾第四通道（通往本岛）
❿水务局及海关、北安出入境厅
⓫氹仔客运码头轻轨站（待通车）
⓬氹仔客运码头
⓭直升飞机停机坪
⓮新城填海E2区
⓯社会停车场
⓰文创展览园区内停车场

空间结构分析

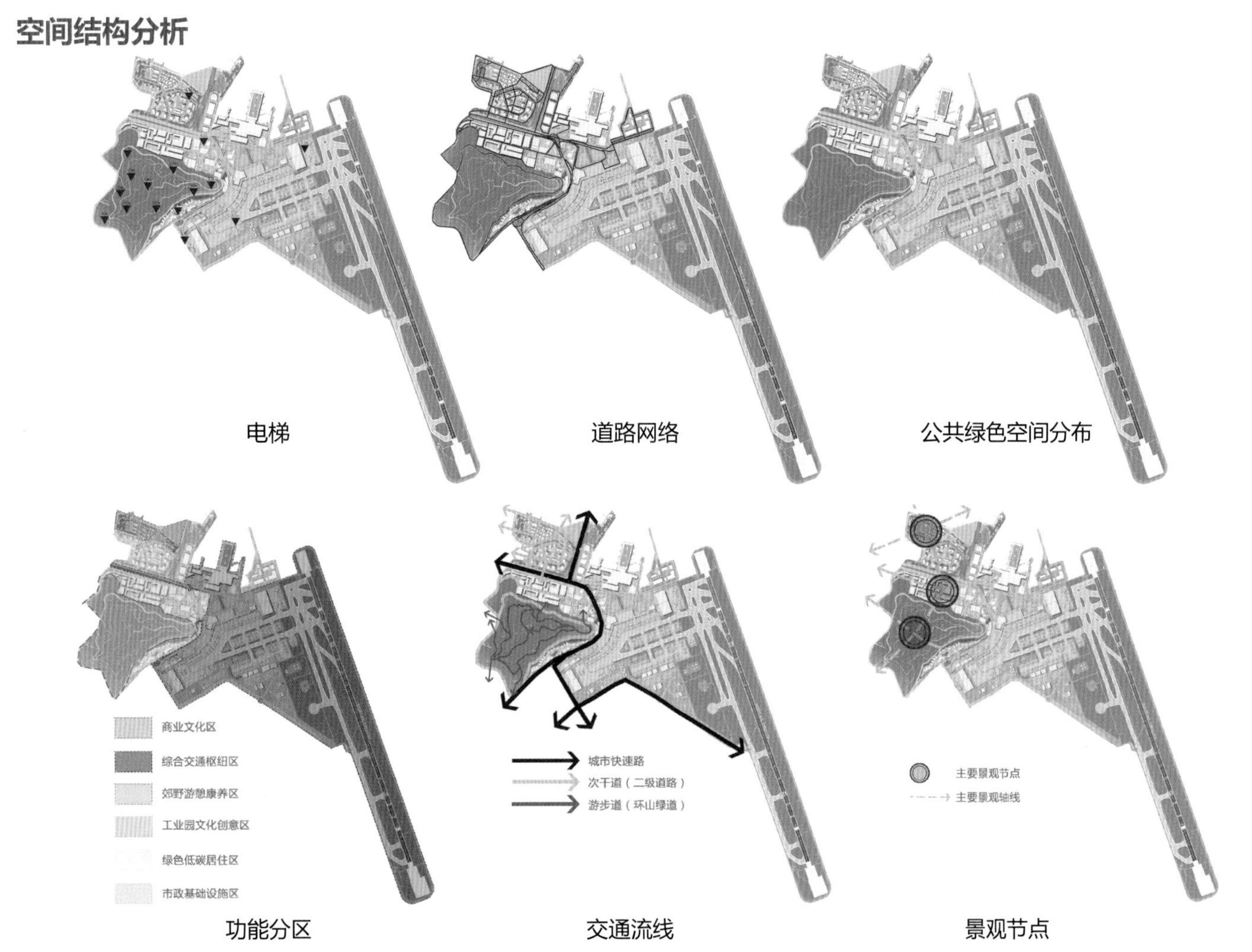

交通枢纽

澳门机场客运大楼状况 **澳门机场客运大楼扩建后**

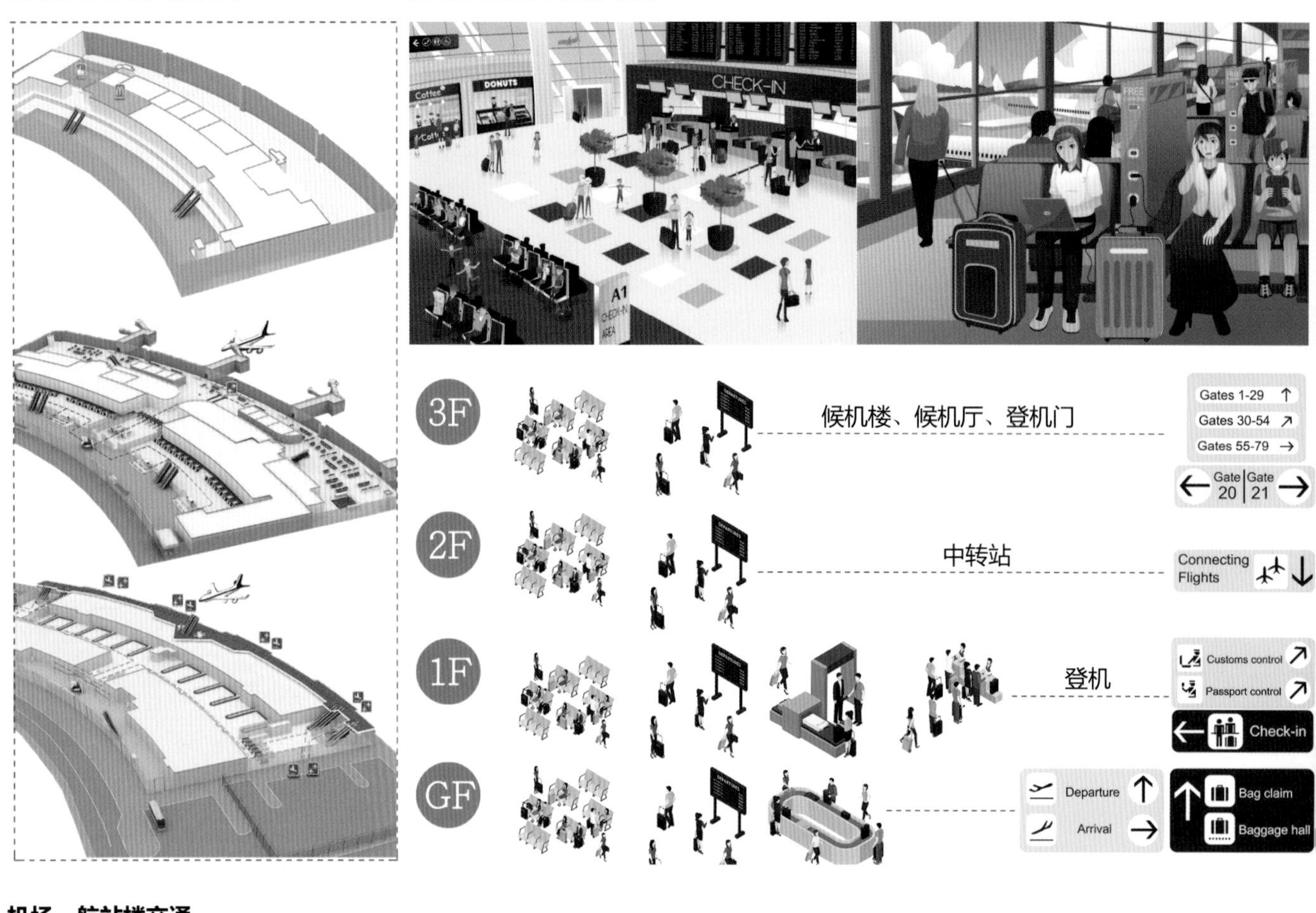

机场—航站楼交通

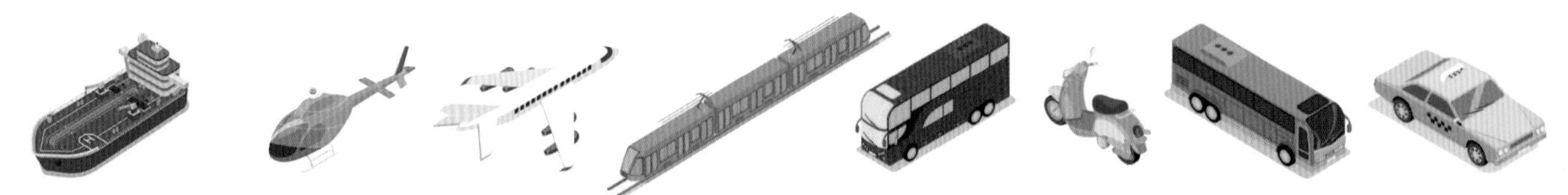

轮船 | 直升机 | 客机 | 轻轨 | 穿梭巴士 | 摩托车 | 公共汽车 | 出租车

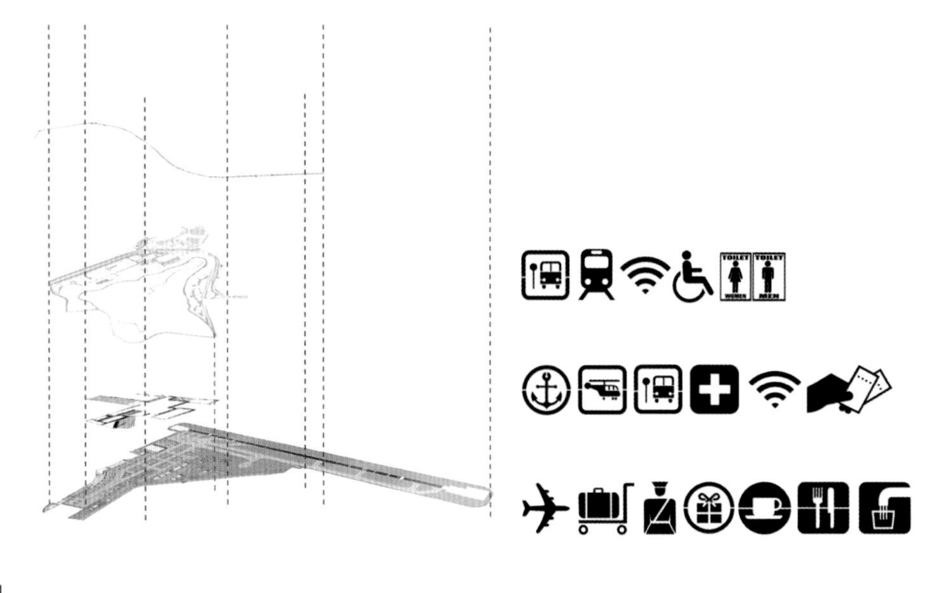

澳门轻轨：北安终点站、澳门机场站。

城市道路：友谊大桥到北安工业区段（六车道）、客运站和机场交叉口段。分流并划分车道：划分赌场班车和公交专用道，划分人行道、非机动车道与机动车道。

航站楼：开通新的航站楼，未来航班的增加将带来一定的客流。

机场：扩建中，航班将增加，填海造地规模将扩大，通航量将继续上升。

华侨大学

指导老师

龙元

边经卫

肖铭

林翔

郭志坚

江博

奚望

袁斌

设计感言

联合毕业设计整个历程，对我们来说是一次深度探索的过程：珠澳文化差异与认同，珠澳民间交流与互动，边界地区发展的多种可能性等。从提出问题到解决问题，从未知到已知，都是一次又一次的挑战。很庆幸，我们小组能够时刻保持好奇心与求知欲，对每次探索都充满着期待。这是完全不同于以往课程设计的一次体验，多个院校之间的思想的碰撞使我们对于同一个问题有了更多的思考，从宏观到微观，从物质空间到社会经济文化，不同切入点，不同表达方式，都使我们收获颇多。在此非常感谢主办方华南理工大学的招待！

曾玲坤

陈培佳

邹颖琦

杨铠

设计感言

我们衷心感谢能有这样一个机会参加九校联合毕业设计。对于同样的主题，各高校规划小组有着不同的切入点、思路、方法、方案，可谓精彩纷呈、百花齐放。通过调研，我们体验了珠澳两地特色的风土人情。更重要的是，通过联合毕业设计的平台，我们能与其他高校的老师、同学及业界的专家深入交流，互相学习，收获颇丰。

我们也很期待下一次的联合毕业设计能带来不一样的火花！

珠澳缝合概念下的拱北片区更新研究

华侨大学 / 奚望 江博 袁斌 郭志坚

研究思路

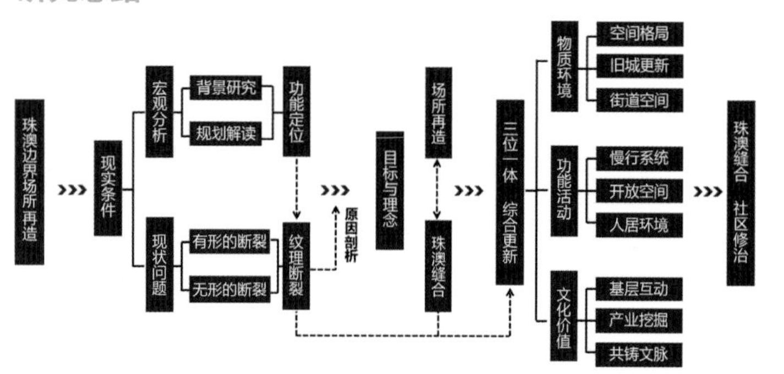

规划背景研究

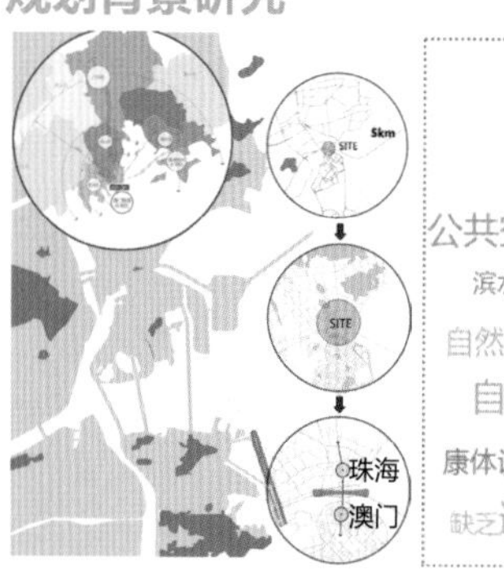

珠海	澳门
岭南文化	中葡文化
公共空间系统不完善	生态资源 稀缺
滨水空间活力不足	缺乏运动康体设施
自然山体资源丰富	步行空间联系薄弱
自行车使用率高	建设用地有限
康体设施类型多样	城市绿地空间不足
缺乏连续慢行系统	物价水平高

设计范围概况

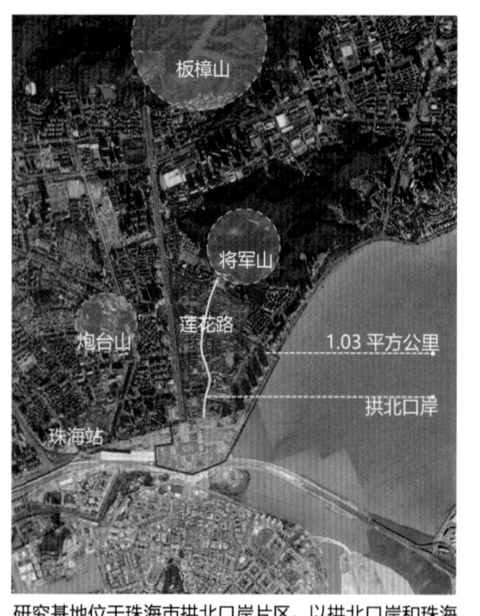

研究基地位于珠海市拱北口岸片区，以拱北口岸和珠海站为核心，东临拱北湾，西达迎宾南路，北至联安路，南抵昌盛路，面积约 1.03 平方公里。

人群分析

1. 劳工群体

在澳劳工大部分来自非珠海地区，难以负担澳门消费，选择在拱北口岸的城中村居住，形成“在澳工作，在珠生活”的现象。

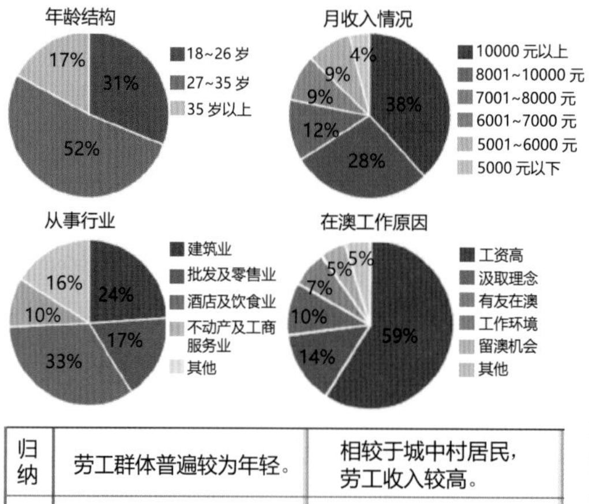

归纳	劳工群体普遍较为年轻。	相较于城中村居民，劳工收入较高。
演绎	易于沟通，有活动需求，需考虑子女问题。	经济基础较好，有提升生活环境的意愿。

2. 主妇群体

产生原因

通关便捷化

珠澳物价差异

主要活动

买菜

取快递

吃早茶

养生保健

归纳	从事职业相对集中。	主要因为工资高，在澳社会关系简单。
演绎	易于产生以行业为纽带的社交群体。	主要社交在珠海，心理层面归属感缺失。

片区纹理断裂分析

注重粤港澳三地合作交流与差异性

合作交流：“一国两制”，坚守“一国”之本，善用“两制”之利，谋求两种制度下的三地协调合作。

差异性：珠海不应与广深港澳比数据，而应加强与澳门的民生合作，加强对外开放，推动公共服务合作共享。

协同发展是珠澳的选择

珠澳同门、文化同源、民俗相近、优势互补，珠澳协同有利于经济发展，为澳门同胞到内地提供工作和生活的机会，也帮助澳门融入国家发展大局，促进地区长治久安。

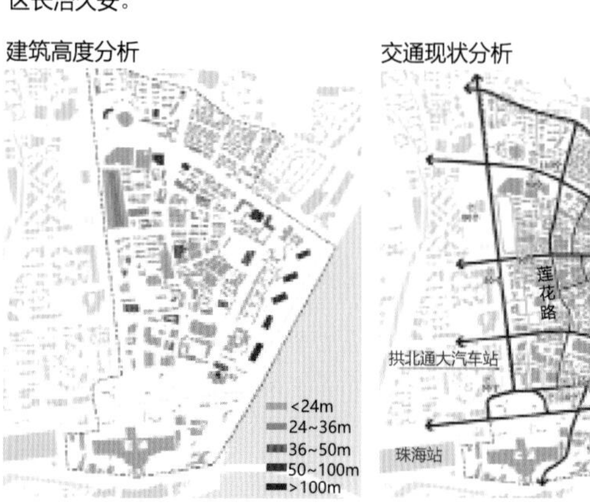

缝合总策略

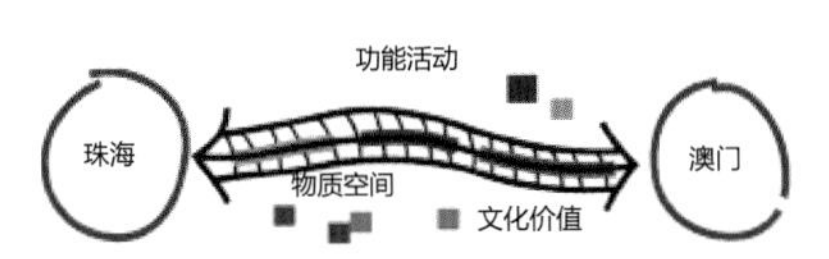

加强拱北片区空间纹理连续，加强珠澳功能纹理混合，文脉纹理共铸，达到有形与无形边界的消解。

策略一:加强珠澳联系

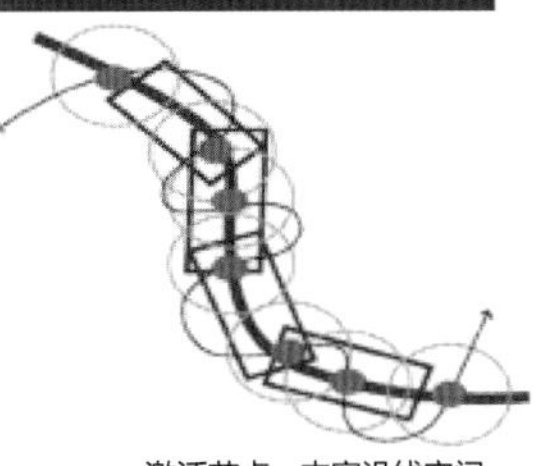

寻找珠澳关系纽带（劳工与主妇）

策略二:塑造珠澳交流空间载体

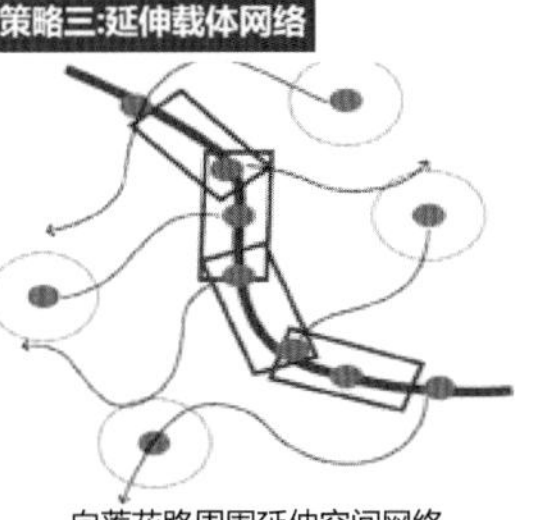

激活节点，丰富沿线空间

策略三:延伸载体网络

向莲花路周围延伸空间网络

绿环畅想

规划结构分析：
一轴：莲花路
四区：文体生活区
创智工作区
公园商业区
市场文创区
慢行系统分析：
慢行系统从莲花路到滨海，沟通拱北与滨海，弥补公共空间缺失，打造珠澳共享活力绿环。

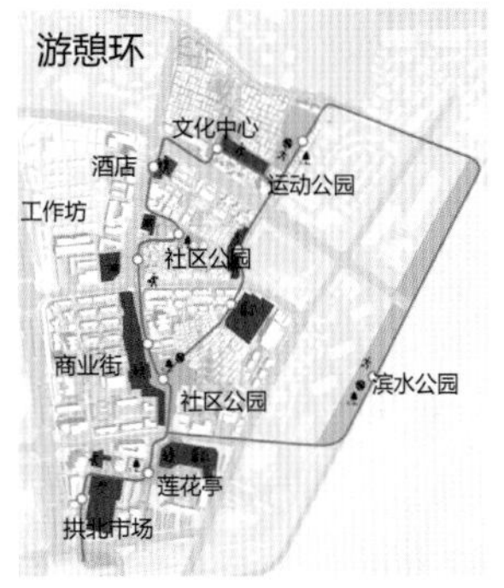

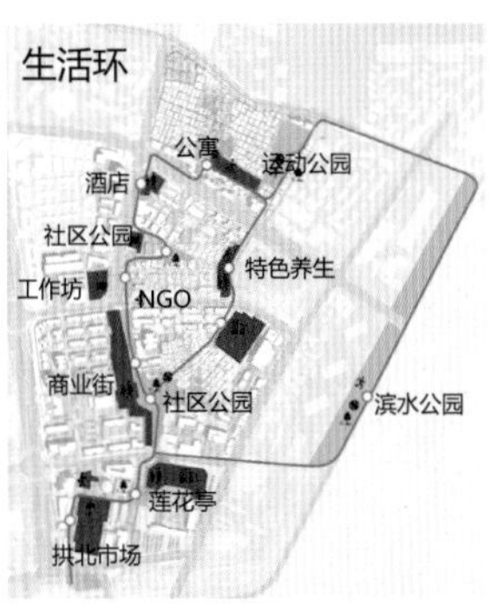

“续”纹理

“混”功能

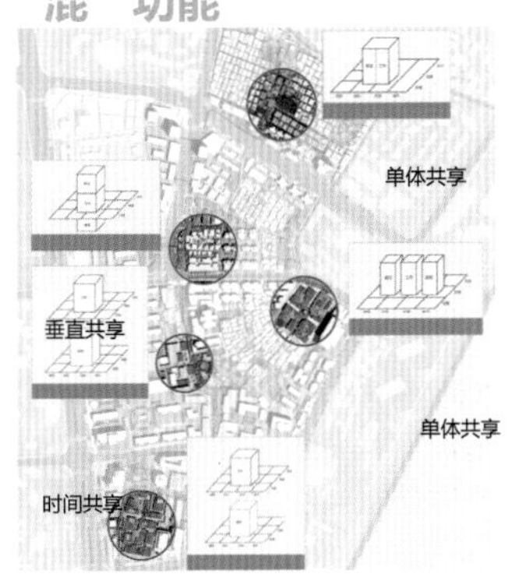

“铸”文脉

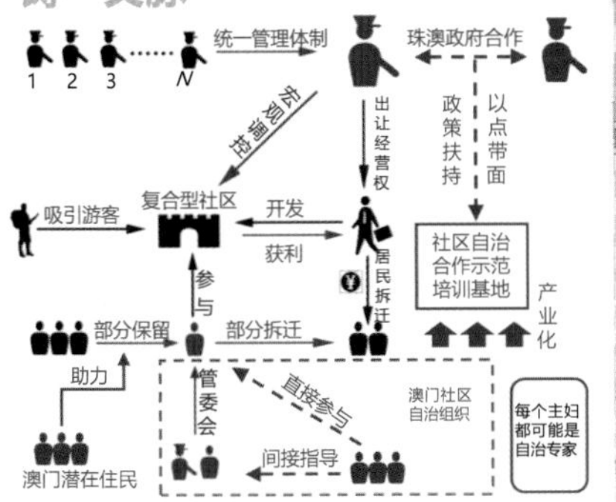

总平面图

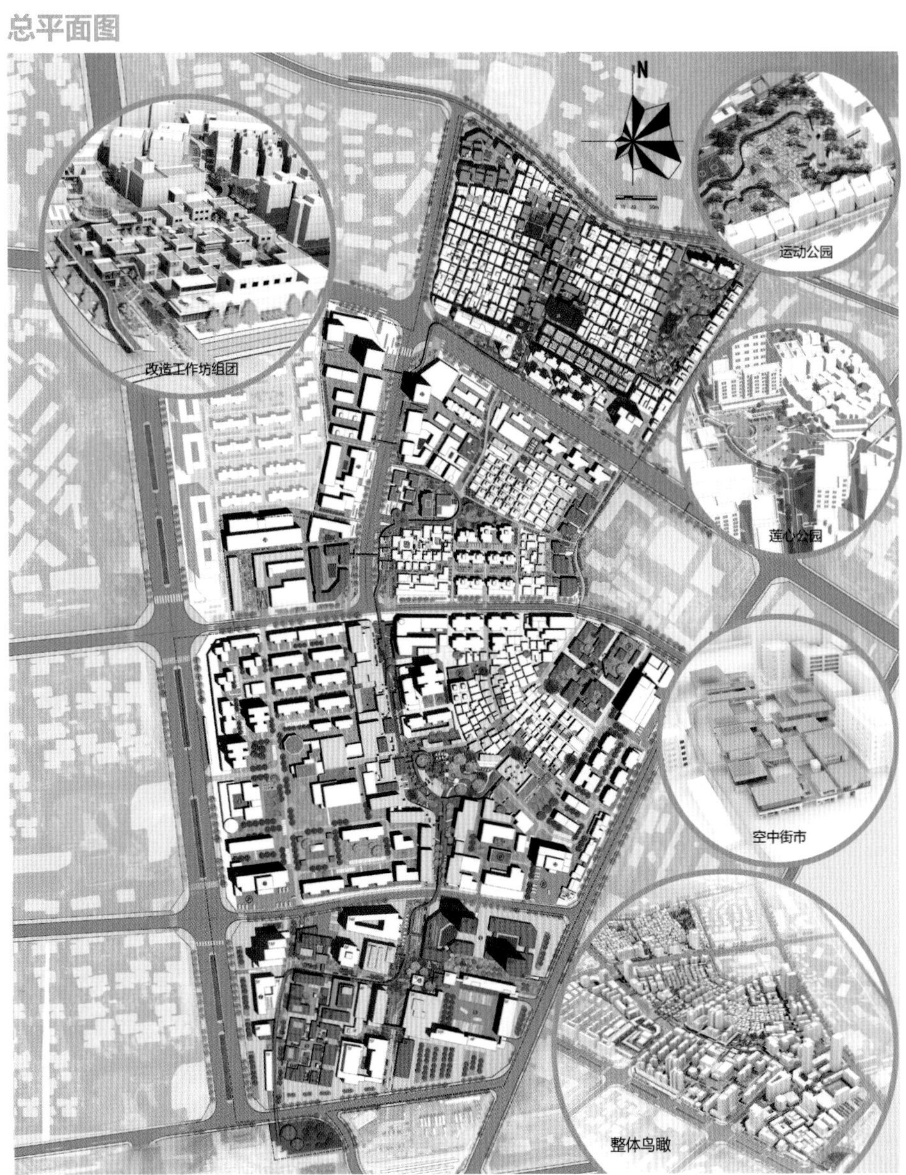

总平面图

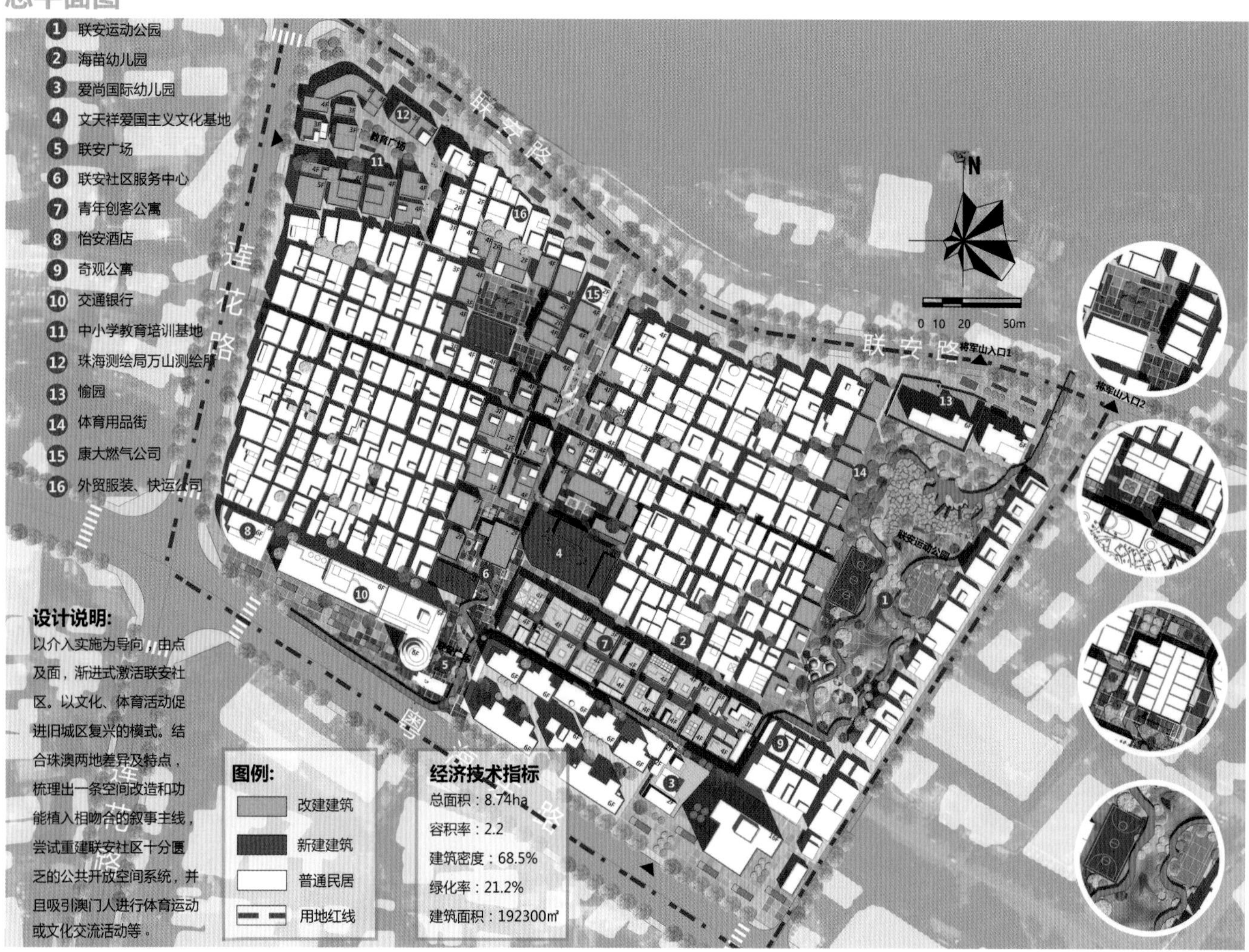

空间策略

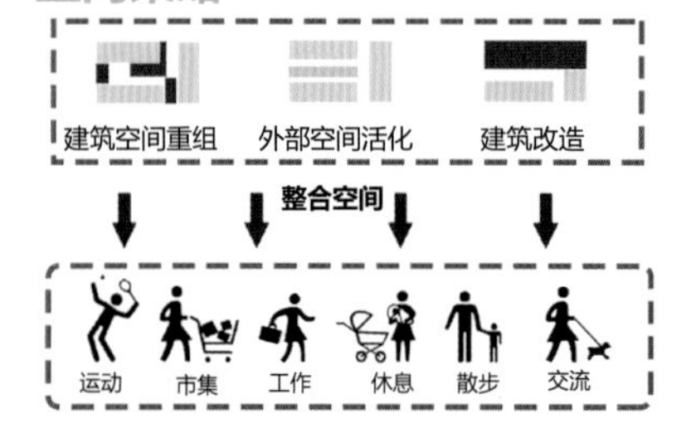

缝合策略

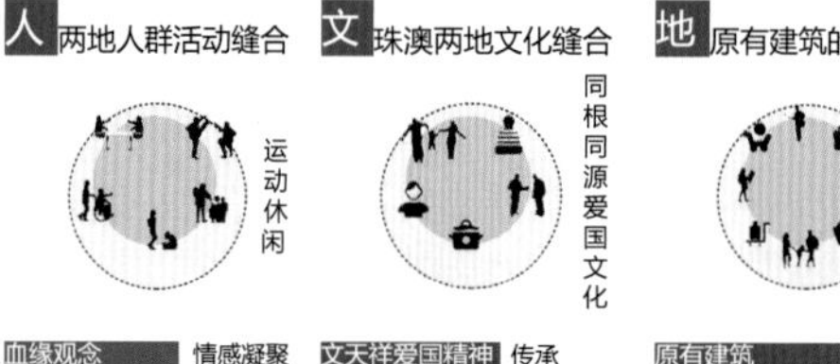

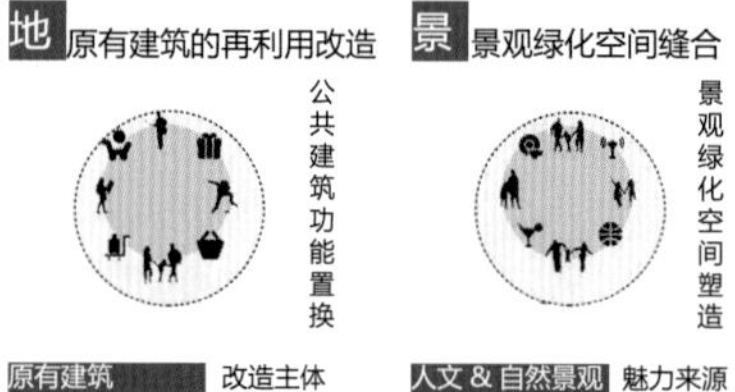

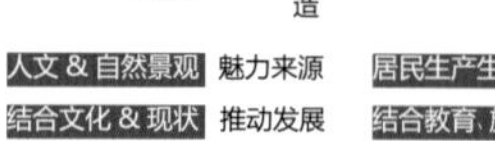

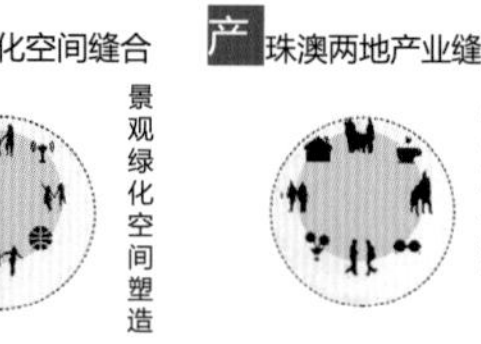

活动流线分析

本地居民活动

休息（公园、将军山、广场）
餐饮（饭馆、家庭）
购物（商业集市）
办公（展览）

外来租户活动

休息（街道楼顶空间）
餐饮（饭馆、家庭）
购物（商业集市）
办公学习（教育中心、集市）

游客活动

休息（民宿公寓、公园、社区中心）
餐饮（餐厅、摊贩）
购物（特色纪念品）
游览（公园、将军山、文化展厅）

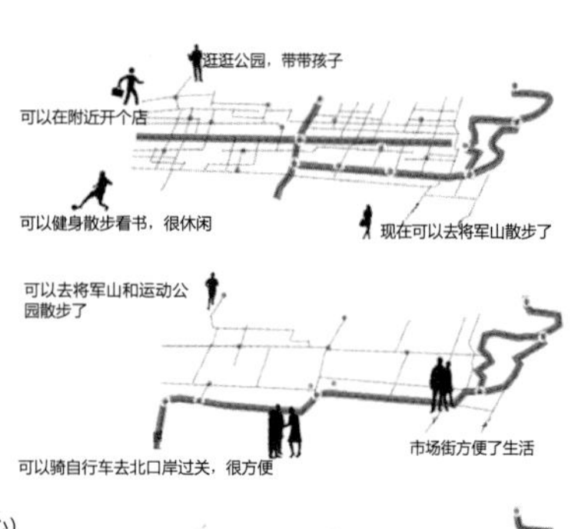

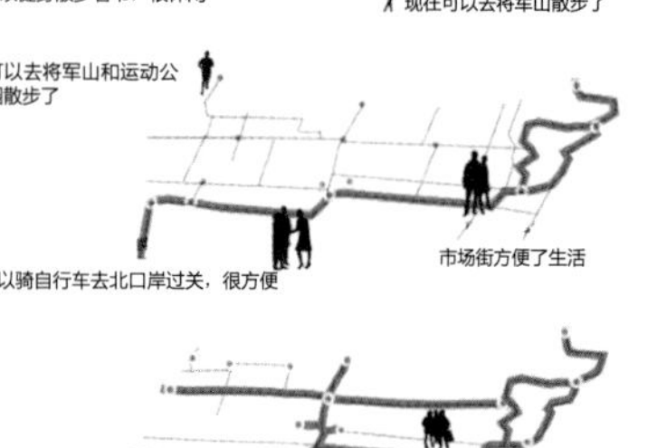

重要节点分析

设计策略

双向交流机制下的社区营造模式

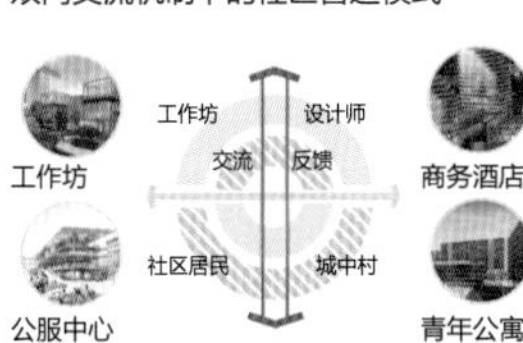

较多澳门人在此开设设计公司。社区内多样化的建筑肌理为这些公司提供了良好的设计应用场所，通过这些设计应用促进城中村的改造。而城中村居民作为直接体验者，将意见反馈到设计公司，促进其完善设计，形成一种双向交流机制，达到社区营造的目的。这既是澳门与珠海间的缝合，也是社区内部的融合。

空间更新模式

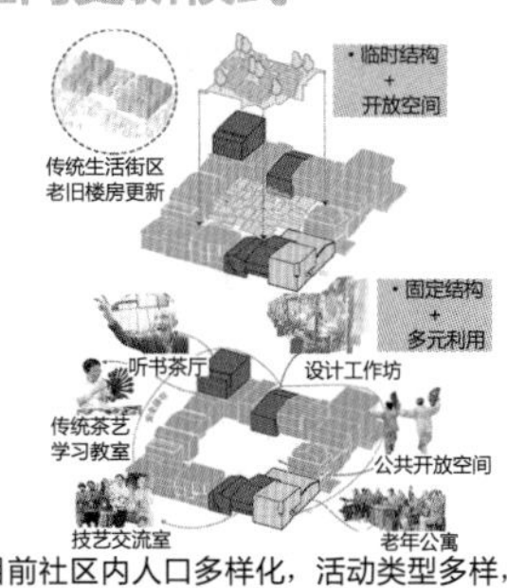

目前社区内人口多样化，活动类型多样，现有空间无法满足这些活动，应设计更加多样的空间承载社区内活动，城中村应做减法，采用“临时结构＋开放空间”的空间更新模式。

意向分析

设计坊：入口设置广场

青年公寓：模块化满足不同需求

增加庭院绿化空间

增设空间连廊，促进交流

中医养生街：延续坡屋顶风貌

拱北市场：将内侧商铺移至广场

三栋废弃坡屋顶厂房改造

商铺二层增加屋顶花园，供游憩

街道意向

总平面图

经济技术指标（规划后）	
总用地面积	15.21ha
总建筑面积	50.19ha
建筑密度	65%
容积率	3.1
绿地率	28%
停车位	510 个

活动流线分析

创客活动

- 休息（庭院、公园）
- 餐饮（社区、食堂）
- 购物（商业街、便利店）
- 办公（设计坊、展览交易）

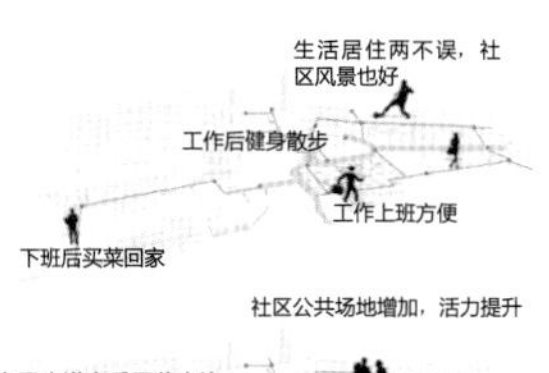

居民活动

- 休息（公园、巷道）
- 餐饮（家庭、社区食堂）
- 购物（商业街、集市）
- 办公（社区服务中心）

游客活动

- 休息（公园、茶餐厅）
- 餐饮（饭馆、社区食堂）
- 购物（商业街、便利店）

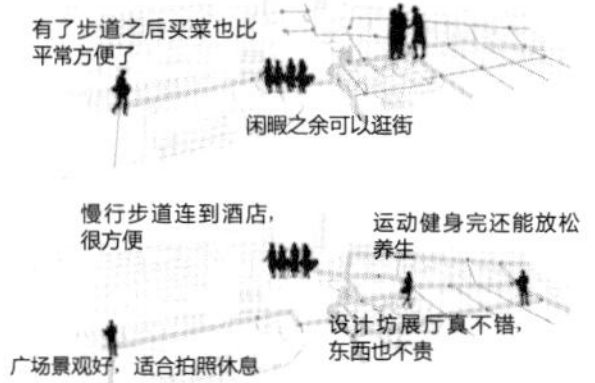

鸟瞰图

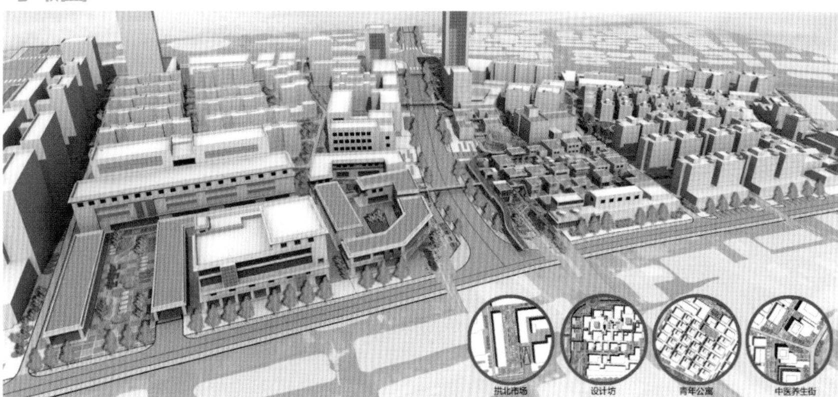

总平面图

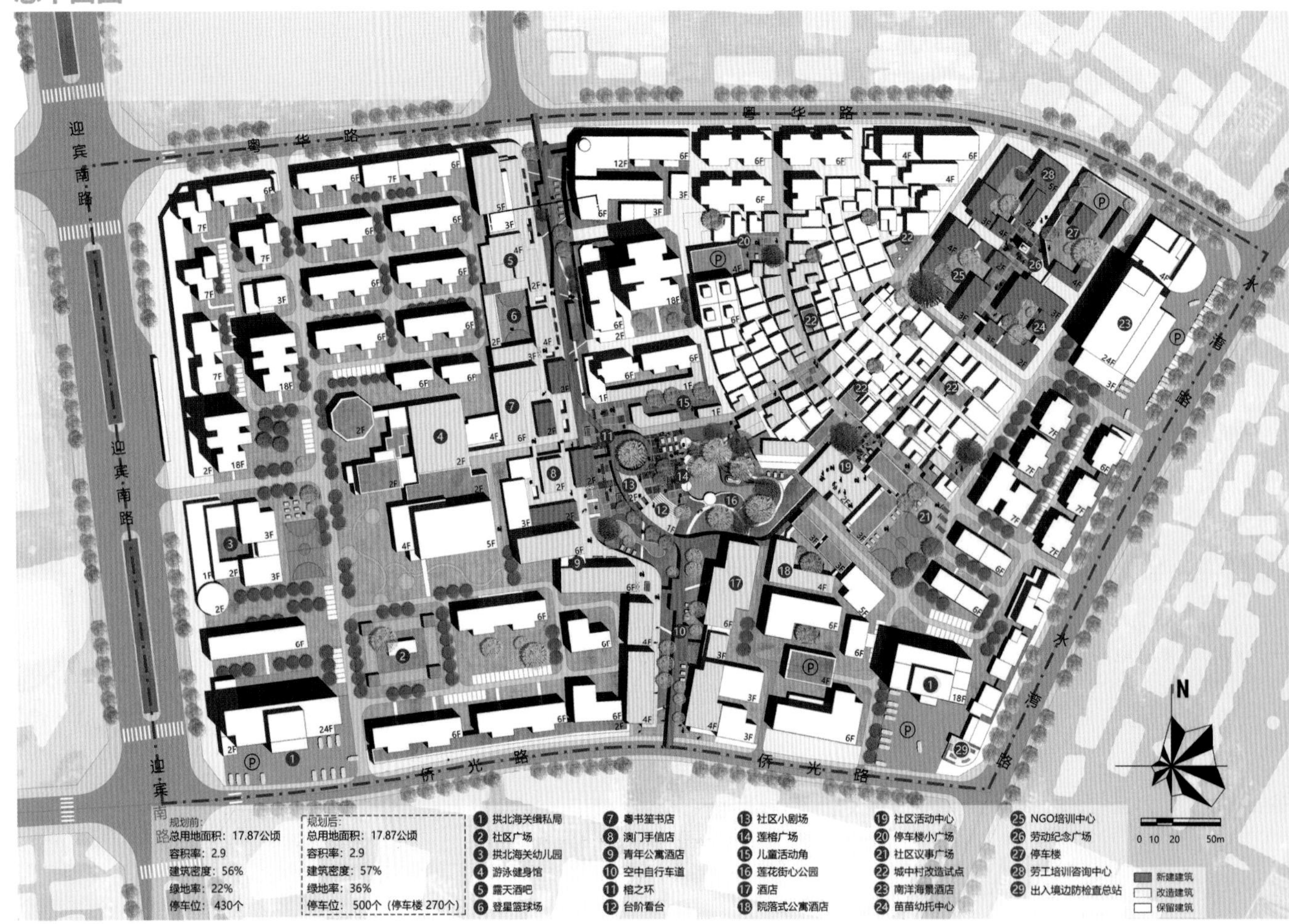

莲花路策略

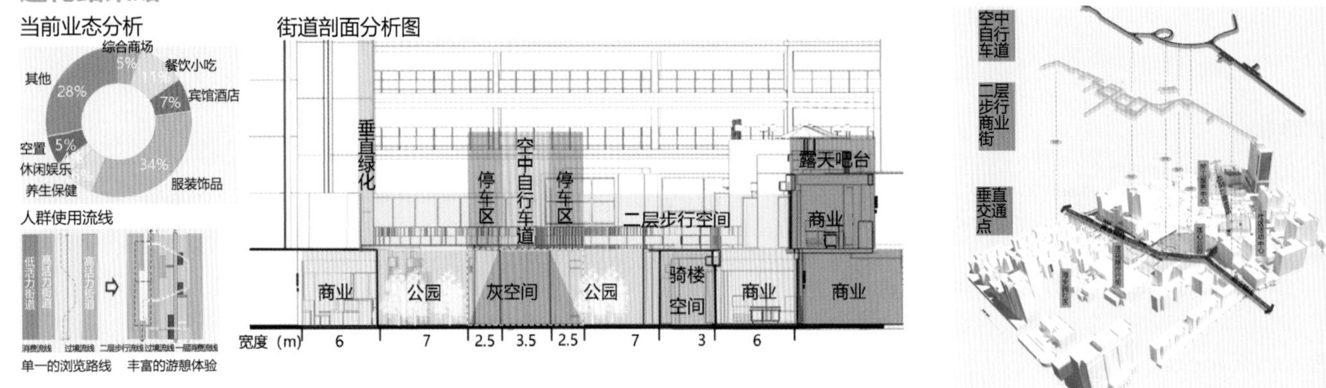

城中村策略

1. 梳理现状　原有肌理

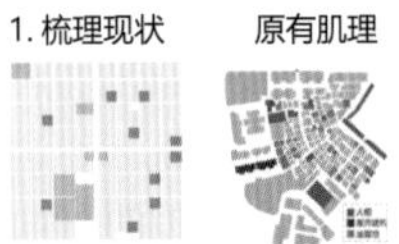

城中村建筑密度高，公共空间不足

2. 寻找生长点　改造后

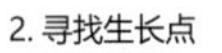

绿化及公共空间竖向发展，横向生长

3. 蔓生成网　远期展望

扩散形成网状屋顶活动空间

鸟瞰图

总平面图

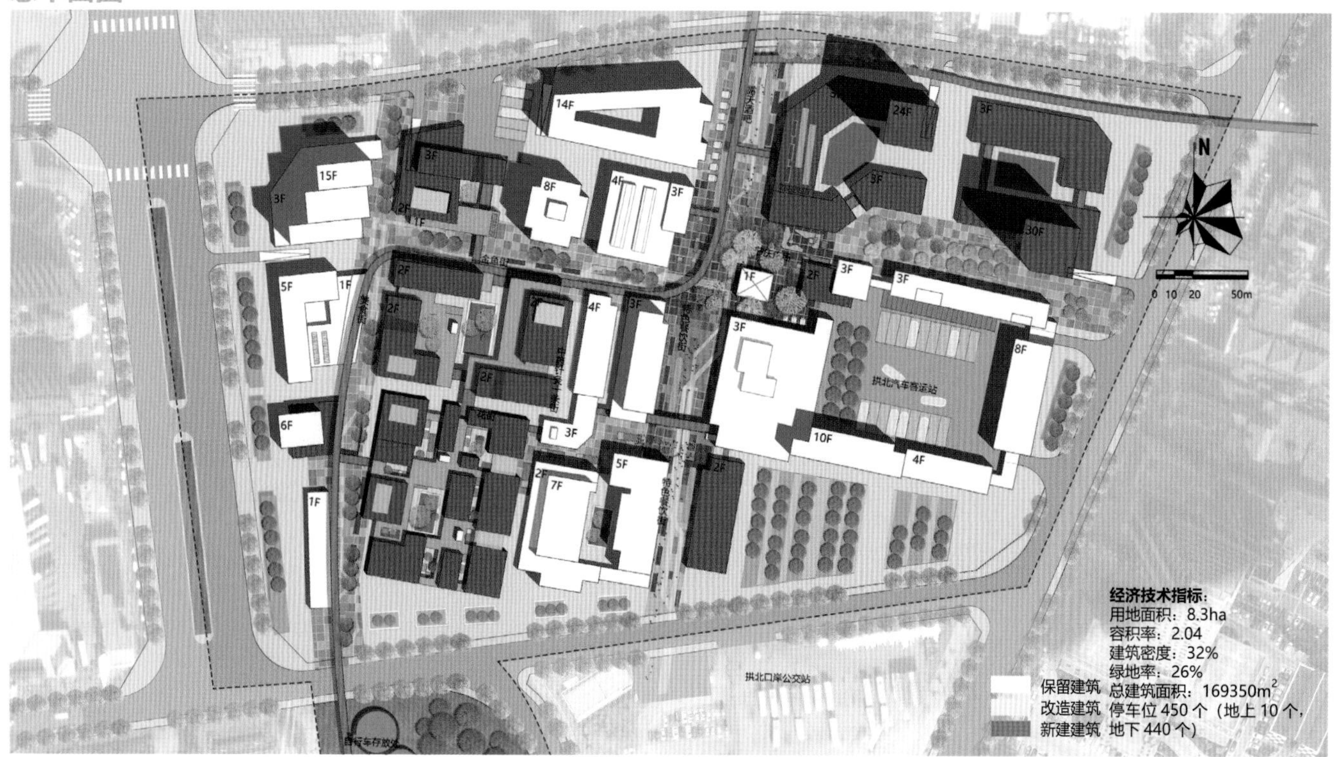

菜市场活化策略

体量消解

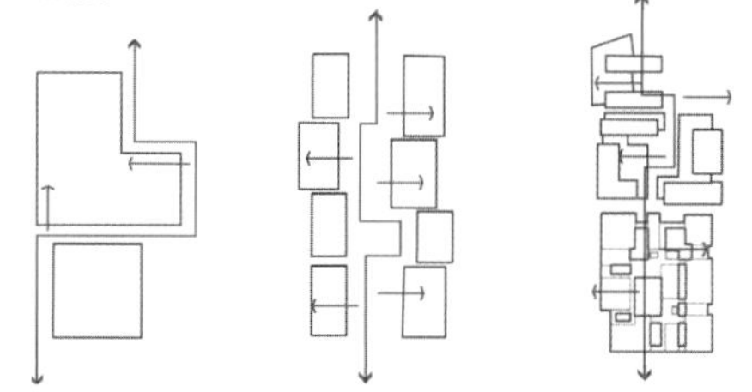

功能混合

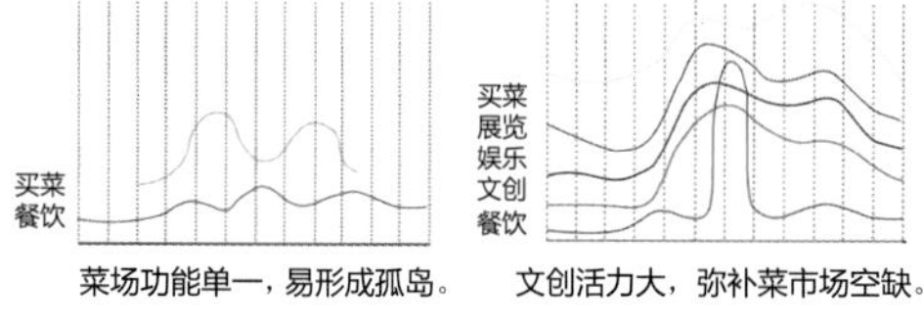

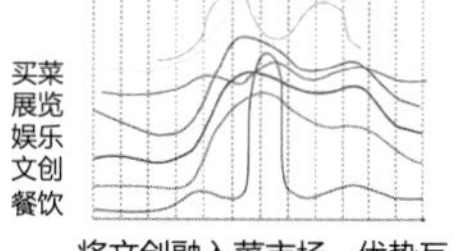

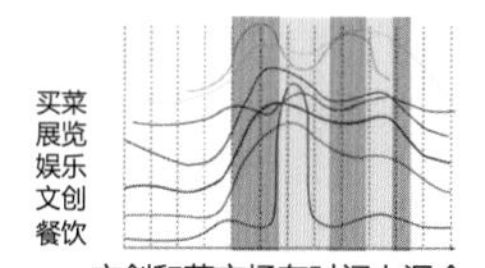

将文创融入菜市场，优势互补，提升菜市场活力。

文创和菜市场在时间上混合，形成三个小高峰。

活动空间塑造

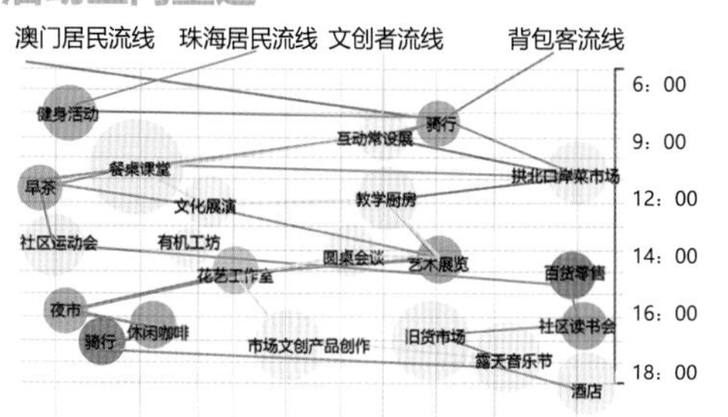

莲花路活化策略

策略一：平衡空间，形成缓冲区

与自行车道和空中廊道相邻的商家让出更多的区域作为公共空间，在自行车道与商业街中形成缓冲区，提供良好的空中步行体验。

策略二：鼓励更多的公共停留空间

减缓人群流动，积聚人气，为商家带来更多的客源与空间，使街道多样化，空间更具节奏感。

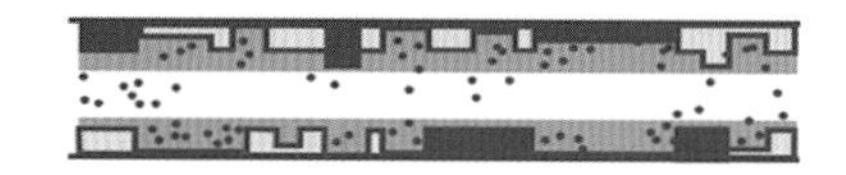

策略三：鼓励更多的参与者

通过置换活力低的业态，腾出空间，引入活力高的业态。市场不仅为食材的聚集地，更强化其知识平台功能，使片区内创意流动。

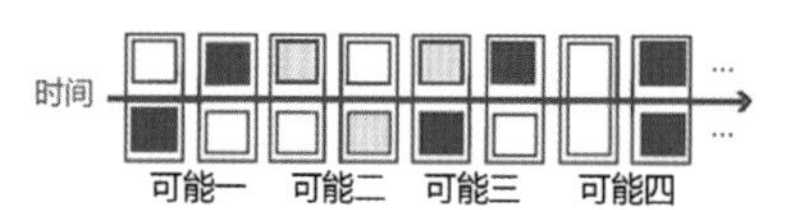

用户A设计A 用户A设计B 用户A设计C 用户A设计D
创意 分享 获得 流动
用户1创意1 用户2创意2 用户3创意3 用户4创意4

策略四：鼓励临时性空间

临时性建筑通过时间与空间的流动性影响商业活动空间，多样的空间形式提供变化的可能。

时间 …
可能一 可能二 可能三 可能四

鸟瞰图

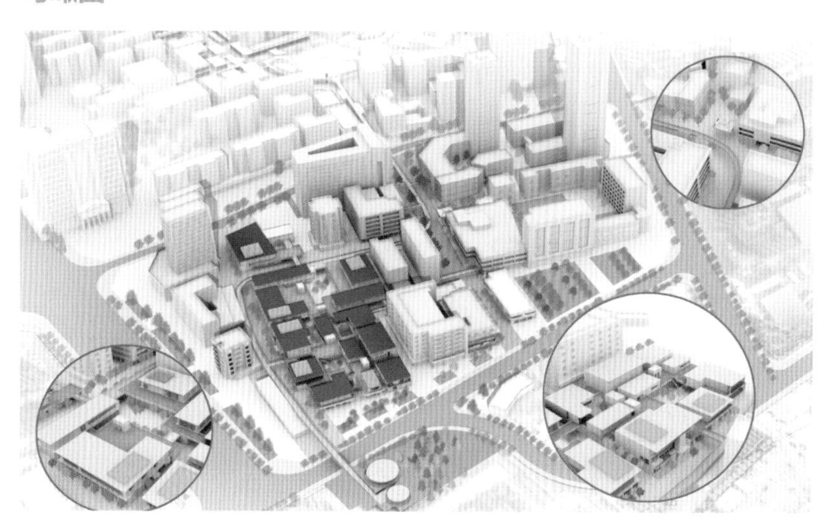

大湾区背景下珠海湾仔与澳门内港片区规划设计研究

华侨大学 / 陈培佳 曾玲坤 邹颖琦 杨铠

设计构思

珠澳边界是珠澳合作的重要区域。通过对珠澳边界演变、口岸使用与周边规划情况进行调查研究，发现与澳门一水之隔的湾仔片区被忽视。同时对比珠澳边界上其他区域，湾仔目前仍存在较多可改造提升的用地，因此明确湾仔—内港片区为研究范围。

澳门内港以码头为主，大多处于利用率不高的状态，同时建筑间都较独立与封闭。珠海湾仔生态资源相对较好，建筑以城中村和新建楼盘为主，整体空间呈现新建楼盘向西侧侵蚀传统肌理的趋势，其中湾仔口岸因维修暂停通行，湾仔码头仅限花农与渔民出入。两岸间的前山水道因水深较浅，仅允许中小型船只通航。

经过一系列对鲜花和渔业贸易交流活动的深入研究，发现两岸贸易合作雏形初具，但交流合作模式仍较为简单。

设计分整体发展计划与分区设计两个层面，在整体发展目标的框架下，分四个主题片区进行更有针对性的精细化设计。

研究框架

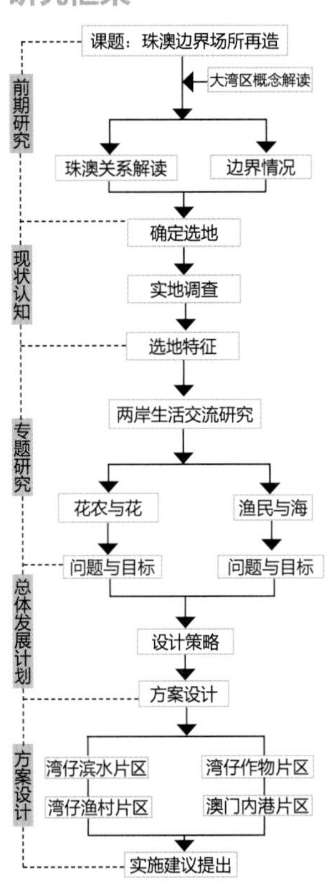

上位规划解读

《粤港澳大湾区发展规划纲要》

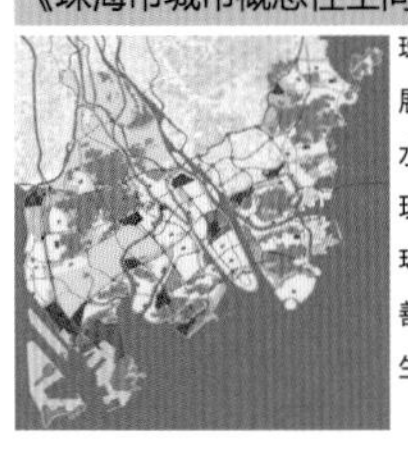

目标之一是把粤港澳大湾区建设成为宜居宜业宜游的优质生活圈，其中关键是居民生活更加便利、资源流动更加高效、文化交流更加活跃。

《广东省沿海经济带综合发展规划》

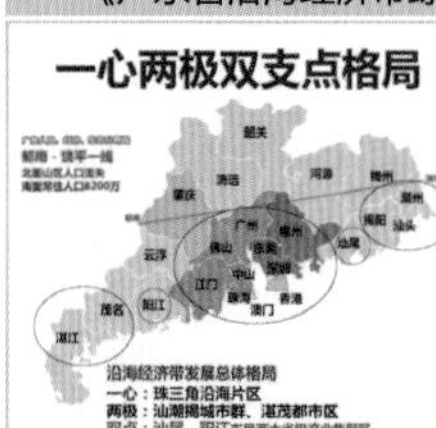

环珠江口湾区：具有国际影响力的世界级城市群和宜居优质生活圈，我国南方海洋科技中心和国际航运中心，粤港澳大湾区核心区域。

《珠海市城市概念性空间发展规划》

珠海市的远景发展目标为：国际山水田园旅游胜地；现代服务业中心；环境宜居、功能完善、发展可持续的生态城市。

《珠海市城市总体规划》

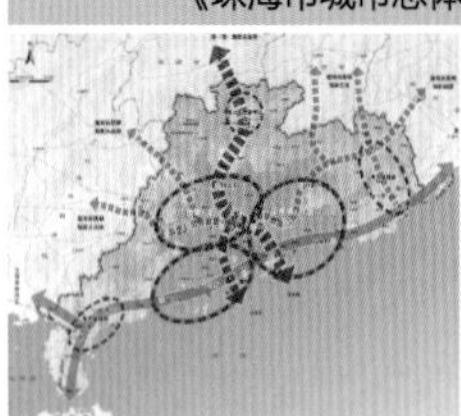

城市发展总目标：按照生态文明新特区、科学发展示范市的定位和国际宜居城市标准，与港澳共建国际都会区，打造美丽中国城市样板。

珠澳关系分析

珠澳边界情况

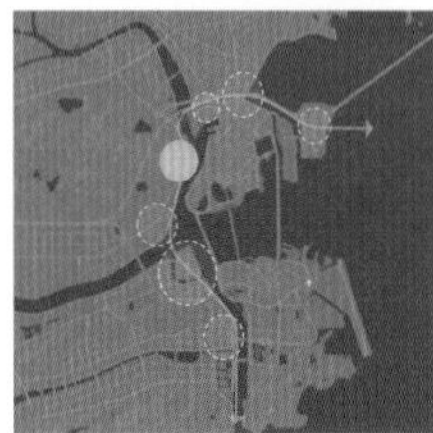

珠澳边界的澳门内港片区一水之隔的湾仔被忽视。对比珠澳边界其他区域，湾仔目前仍存在较多可改造提升的用地。

湾仔—内港片区现状认知

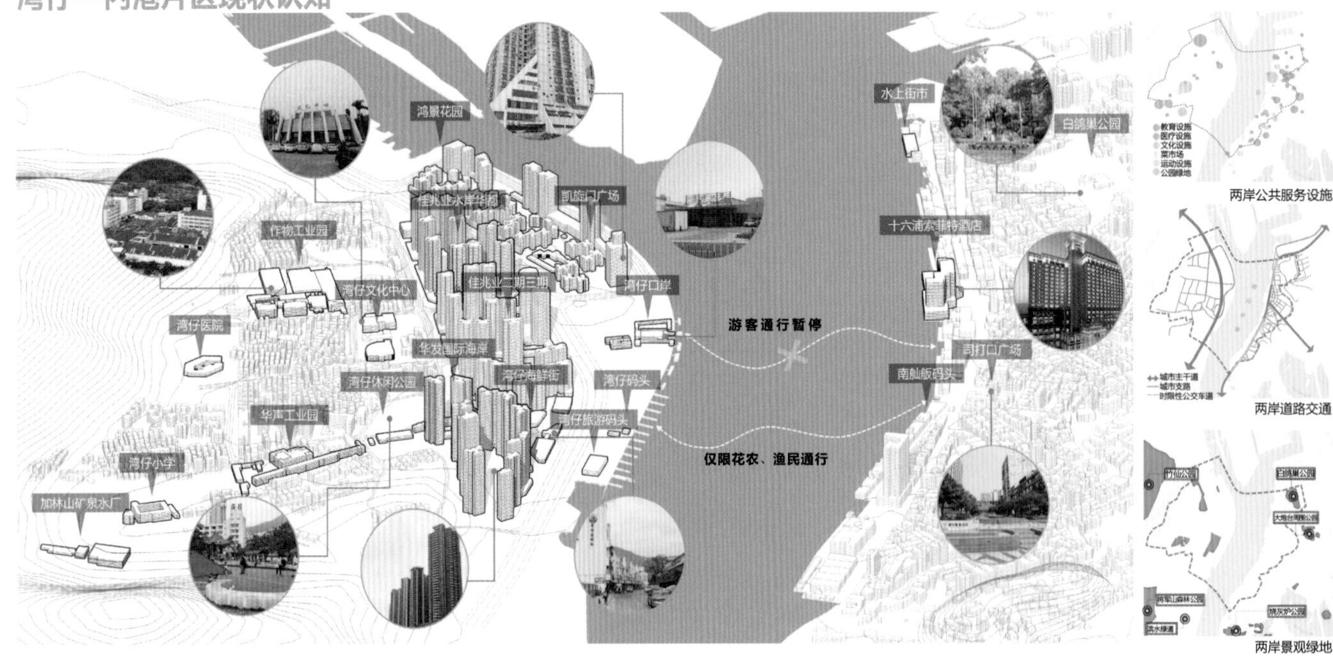

两岸历史往来

100年前，澳门还是小阜，渔民、花农可以自由撑船到对岸进行贸易。

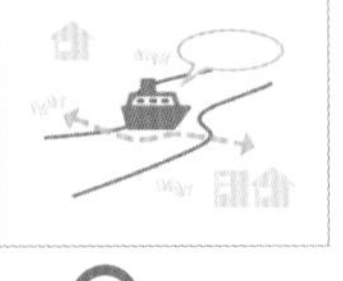

后来设置了边防，在1979年准许小额贸易的进行，但需办证并走特定通道。

1984年开设湾仔口岸，1987年开设湾仔货运码头，两岸小额贸易联系再增强。

2016年湾仔口岸因安全问题关闭，待重启，仅剩小额贸易的往来。

条件限制　交流增加　逐渐减弱　自由方便

跨境鲜花交易

花田位置

本次研究范围内，现存花田位于加林山山脚与桂园片区中间地带。受自建房影响，范围内花田数量仅剩两处。

种植情况

1. 湾仔依山面海，气候潮湿温润，水土肥沃，拥有花种 280 多个，适合种植剑兰、百合、菊花、姜花、芍药等中低档鲜花。
2. 主要种植剑兰、菊花、姜花等鲜花。
3. 澳门人大多喜欢菊花、剑兰、百合、玫瑰、康乃馨等。

花农工作现况

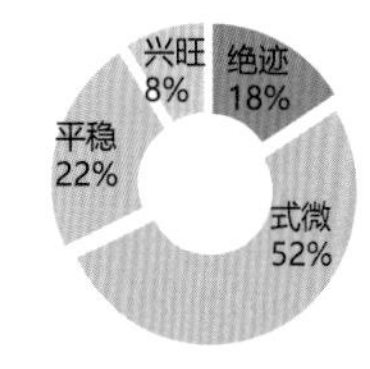

花农对本地花卉业未来发展情况的预期

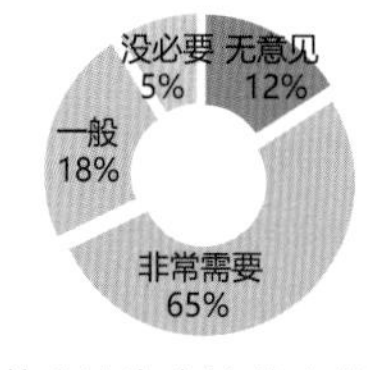

花农认为本地花卉业是否需要转型

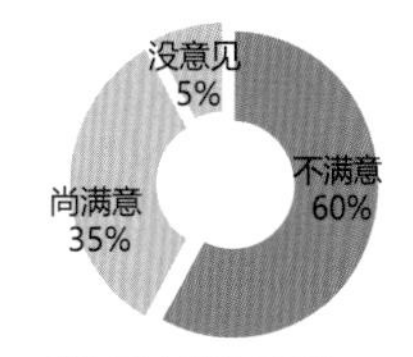

花农对从事卖花所获收入满意度

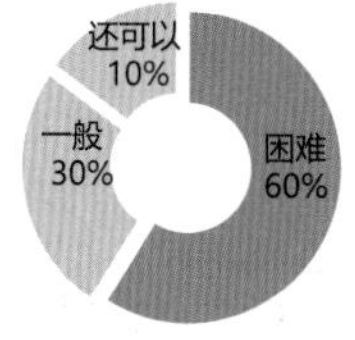

花农认为现今从事花卉业困难吗

跨境渔业交易

渔业活动条件——获取出海船民证

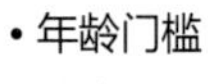

- 年龄门槛
- 技术培训与考核

渔业市场情况

- 供给：主要来源于本地附近水域及内地沿海
- 需求：六成出口内地，三成在澳门出售，剩余一成在香港或其他地方出售

澳门渔船上的中国内地渔工数量

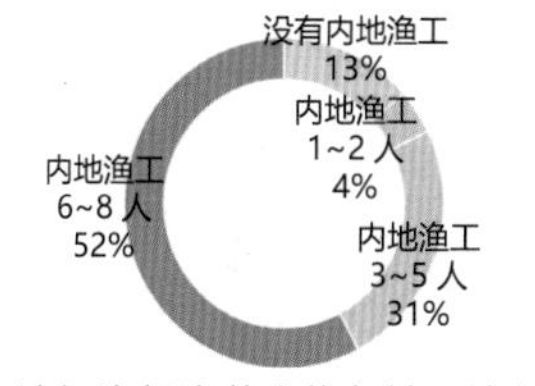

渔业生产链构成

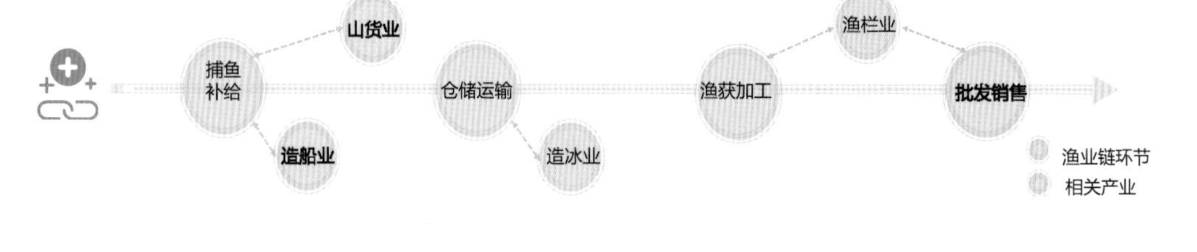

澳门渔船渔获出售各地区比例

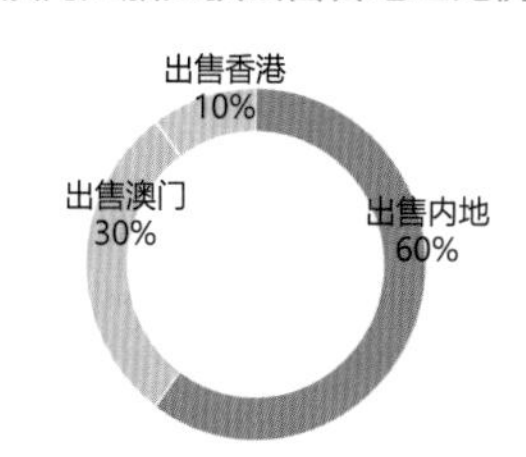

渔民从业者捕渔期现况：

主要在深洋远海及沿海作业，出海天数有较大的差异，近七成在 1~20 天内波动。渔船较少在澳门补给，只占一成多，主要在香港及内地补给。

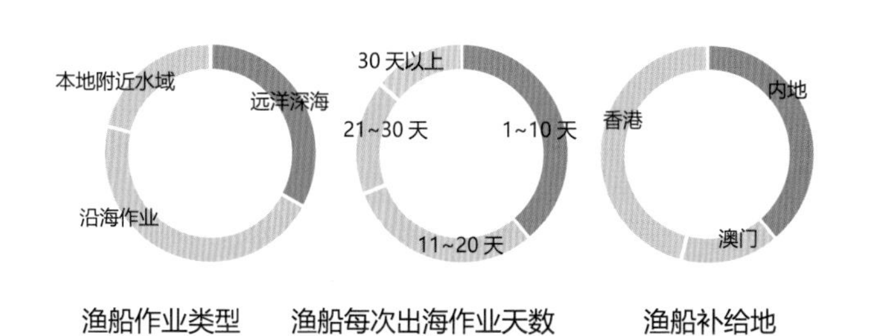

渔船作业类型　渔船每次出海作业天数　渔船补给地

渔民从业者休渔期现况：

澳门渔民在休渔期主要参与渔家乐的活动

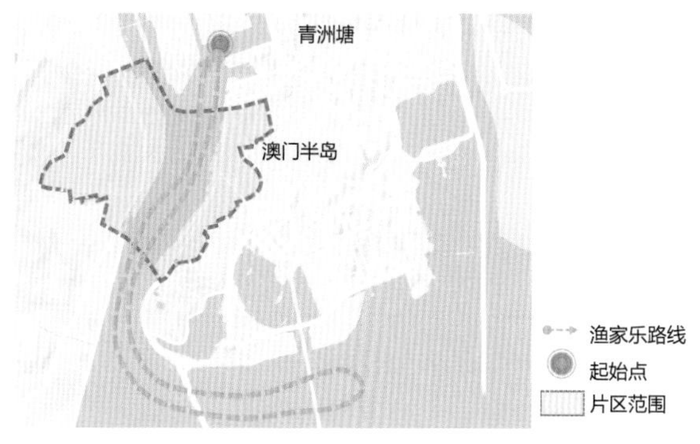

问题总结			
传统城市肌理遭受新建楼盘挤压，如何守住花田等生态资源？	鲜花产业效益低下，如何提高花农工作效率与灵活性，提高产品附加值？	渔业式微，大量渔民如何实现转型？	
面临式微，如何传承传统渔文化？	如何合理安排与重启湾仔口岸？	内港大量空置码头如何活化再利用？	……

聚焦

如何满足两岸特定人群交流活动的需求？

如何延伸两岸合作产业链价值？

花农、渔民活动轨迹跟踪

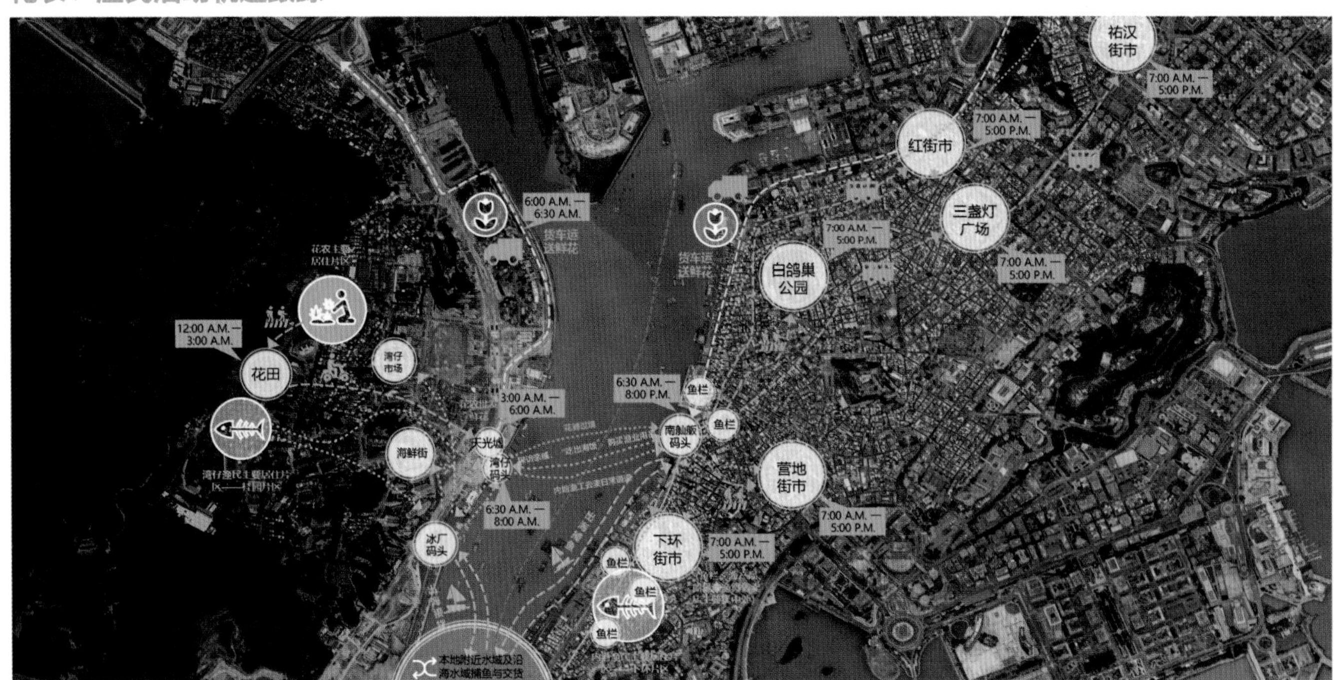

策略总述

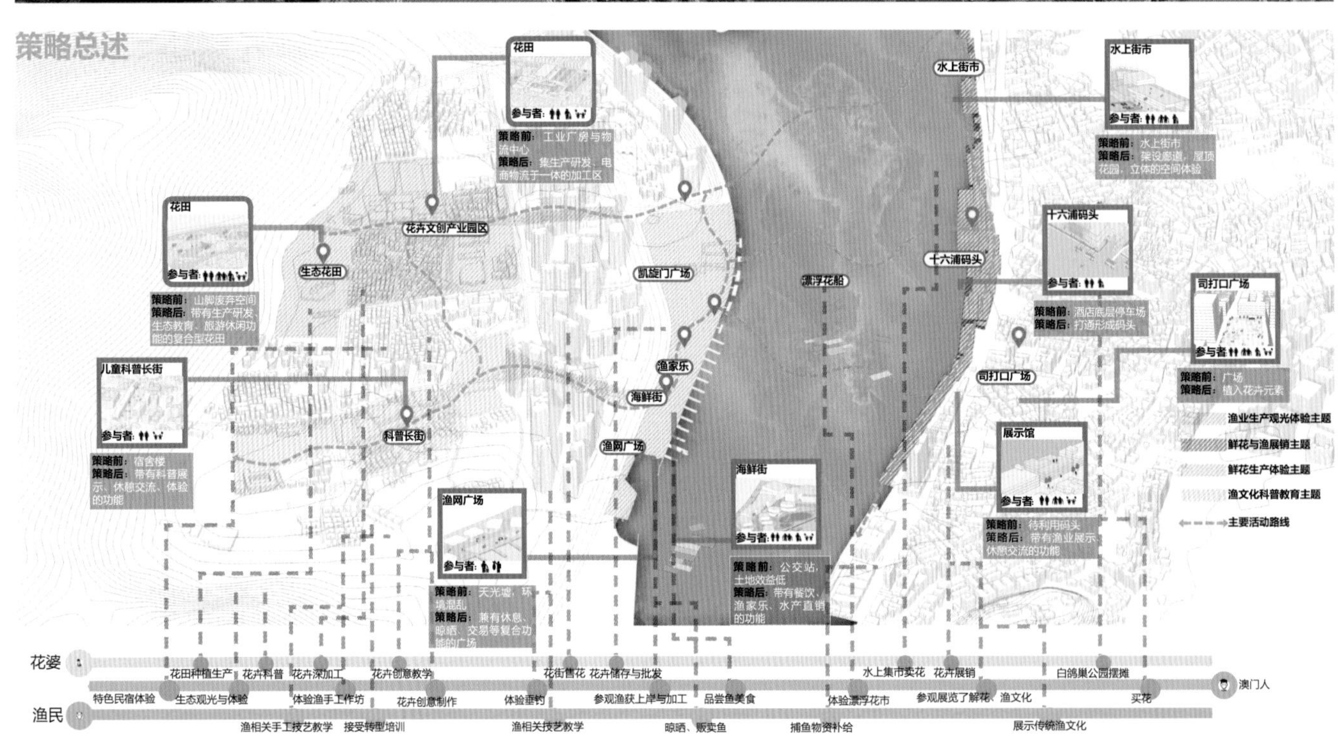

规划策略

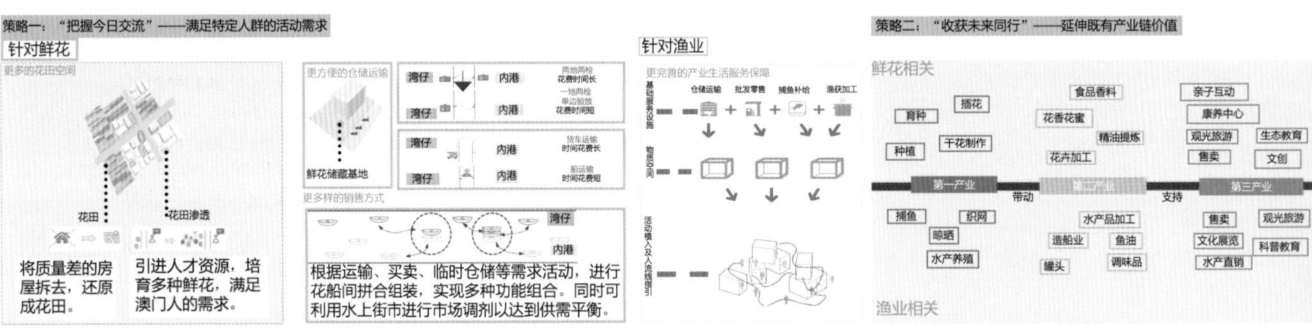

总平面图

经济技术指标

用地面积：2.660 平方千米
容积率：2.2
建筑密度：45%
绿地率：38%

设计说明

设计基于满足湾仔花农渔民日常活动需求，旨在通过提升特定人群生活品质、生活体验，带动空间提升，进而加大缝合两岸的力度。

规划结构图

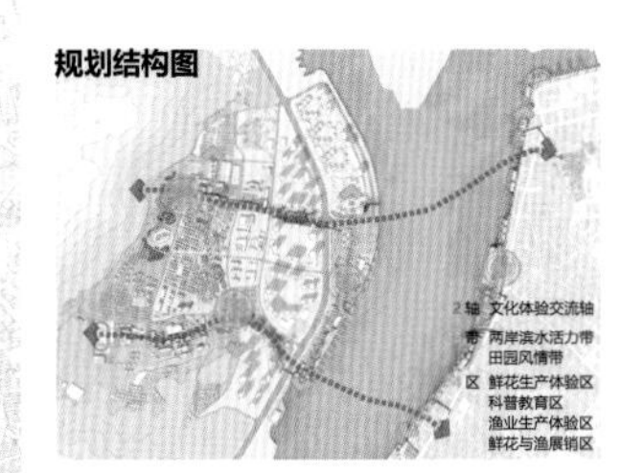

道路规划图

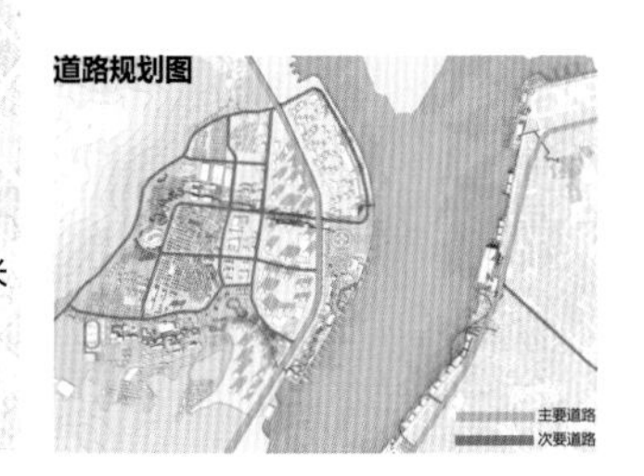

未来远景

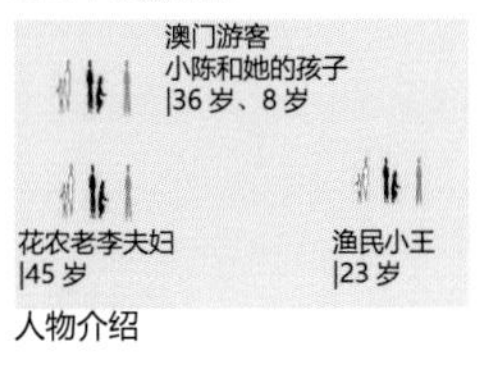

人物介绍

6:00A.M. 李阿婆在种植园摘花。

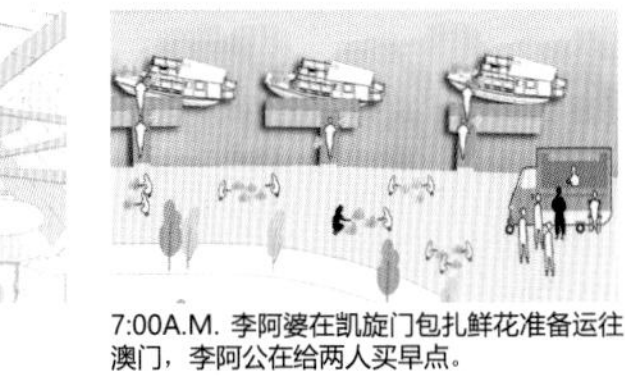

7:00A.M. 李阿婆在凯旋门包扎鲜花准备运往澳门，李阿公在给两人买早点。

7:10A.M. 老李夫妇坐着满载鲜花的船到了澳门，开始在水上集市摆摊，向澳门居民售卖鲜花。

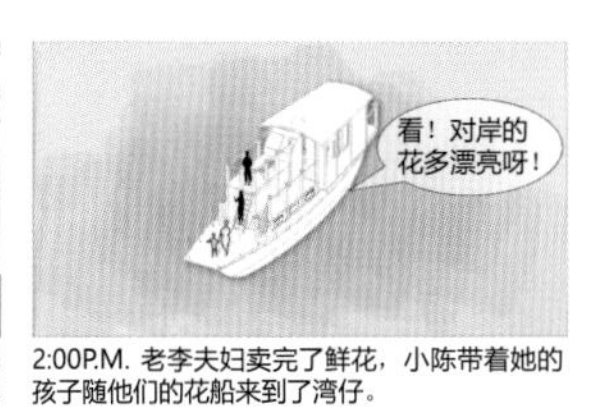

2:00P.M. 老李夫妇卖完了鲜花，小陈带着她的孩子随他们的花船来到了湾仔。

2:15P.M. 老李带着小陈母子漫步在特色花街。

4:00P.M. 沿着花道，来到了花田。小小陈在这里种植了花苗，参观了温室种植技术、花卉展览。

5:20P.M. 正好碰上了渔民小王，向他们普及渔文化。

5:45P.M. 在湾仔公园，体验了一把垂钓。

7:00P.M. 到了海鲜街，品尝现场制作的海鲜，度过了丰富的一天。

鸟瞰图

总平面图

规划策略

策略一：融其田——回归健康生态

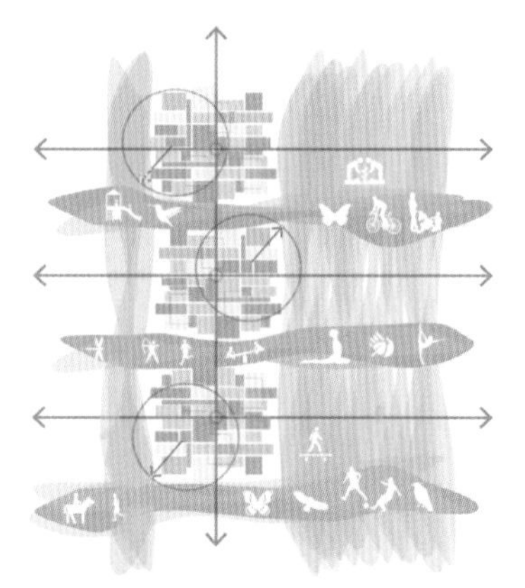

提取人工建筑与自然基底元素

将花田渗透到基地内部空间，融田于居

划分花田类型，并赋予不同活动

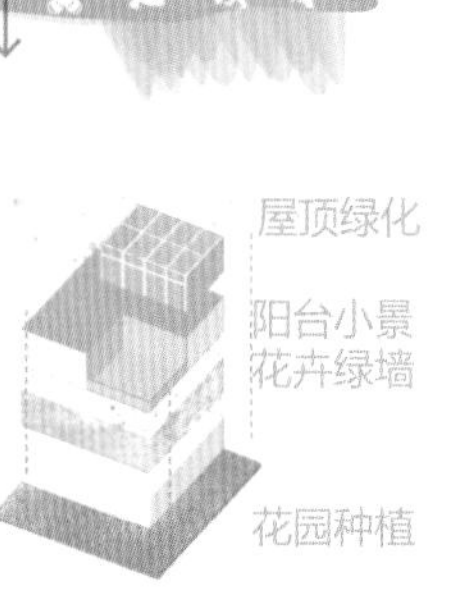

策略二：安其居——丰富社区生活

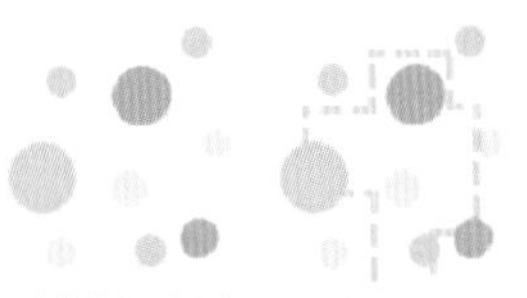

1. 功能体相对独立 2. 线路激发活力

3. 创造新空间 4. 整体活力迸发

1. 平行功能 2. 引入业态

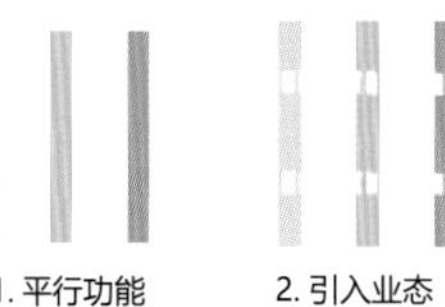

3. 功能边界混合 4. 空间复合发展

策略三：乐其业——创造多样生产

围绕花卉产业，延长花卉产业链，赋予本地花农以更多的身份，提高生活、工作的满足感，并进一步引入创新研发等，打造特色品牌。

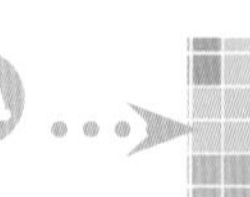

梳理现有花卉产业并进行整合，进而引入花卉产业的其他环节，延长并衍生花卉产业链。

赋予花农多样化的身份，激活原本单调同一的工作内容，增加本地花农的成就感，提高其经济效益。

「智造」

HACKATHON
创想48小时

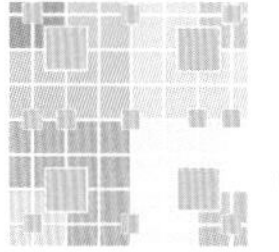

植入创客空间，吸引外来人口、年轻群体创业，增加其归属感，激发更多活力。

依托社区空间，建立互联信息平台，建立互联统筹，以扩大影响。

总平面图

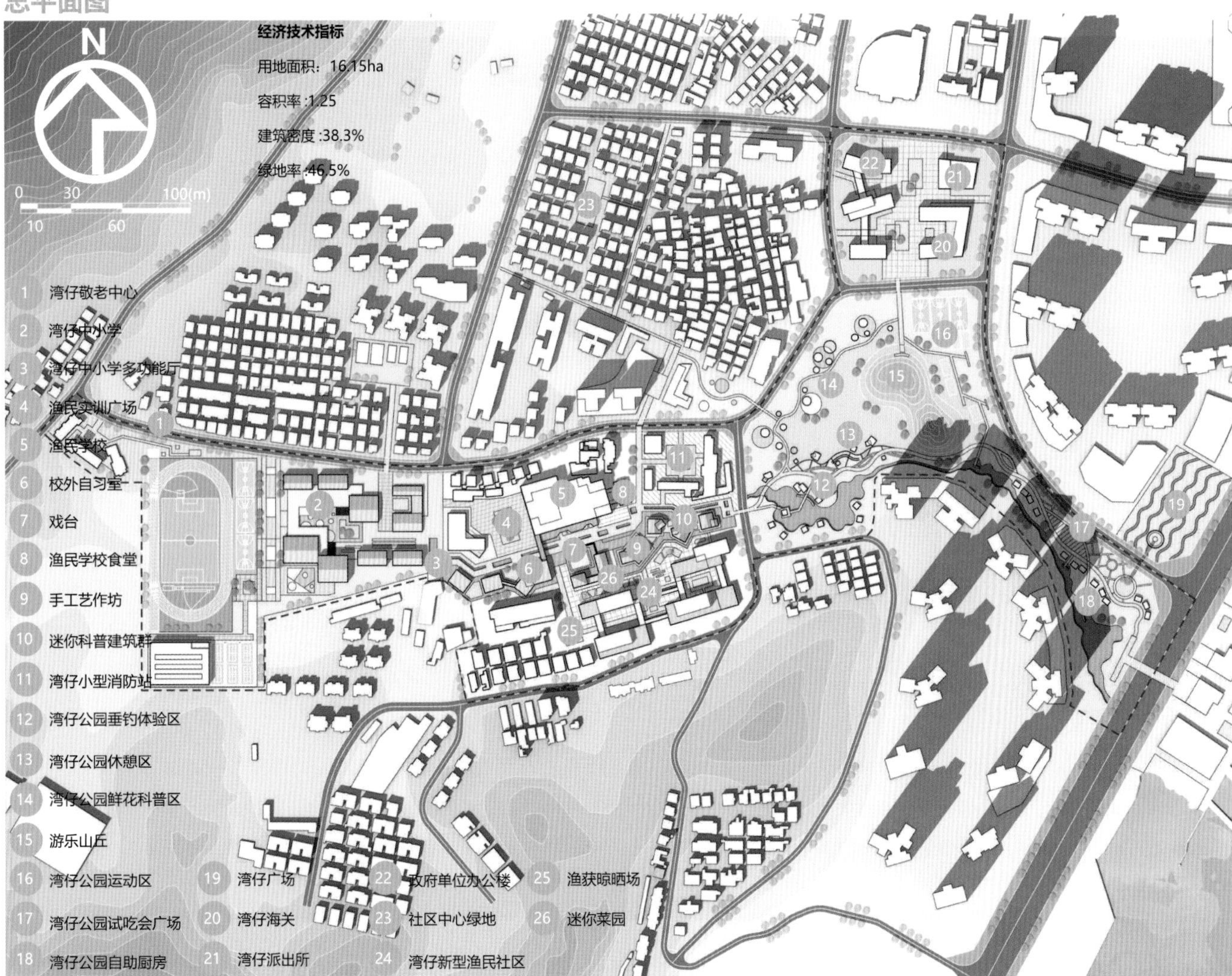

设计策略

策略一：存乐——保存承载记忆的传统之乐

策略二：生乐——衍生与时俱进的新式之乐

策略三：蔓乐——蔓延两岸教育与生活的乐趣

• 保留并活化传统文化场所

• 实现渔民身份多重化，透过新载体传承传统文化

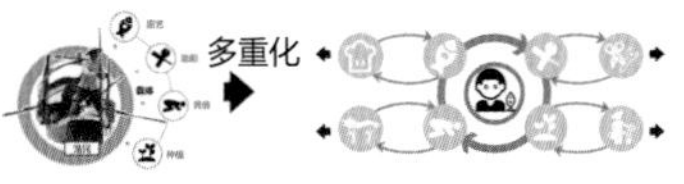

• 通过合作与分享使两岸教育优势互补

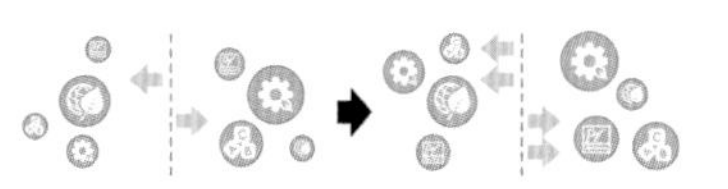

• 复原记忆中的文化场所

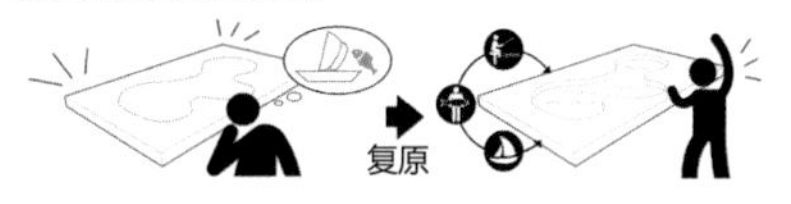

• 打破传统封闭式教育，与外界交流产生多种乐趣

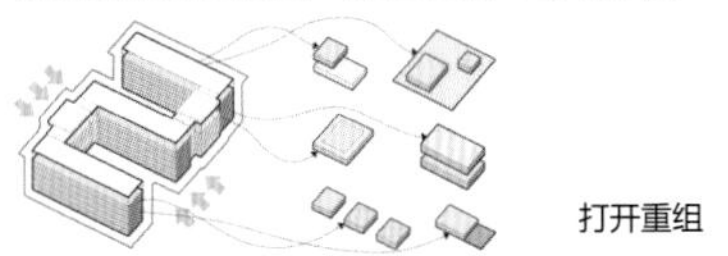

• 共同文化活动合作加强两岸交流联系

衍生多样乐趣

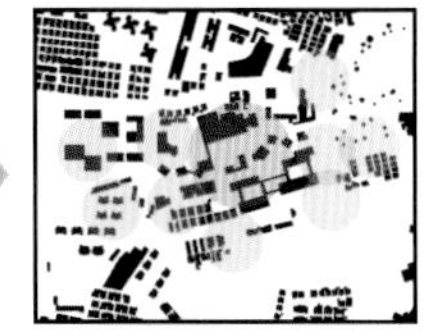

交织多样乐趣

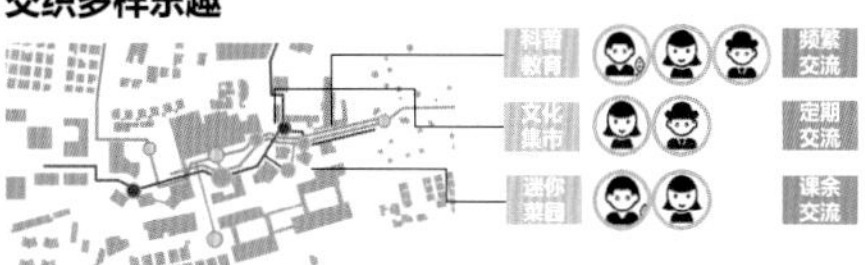

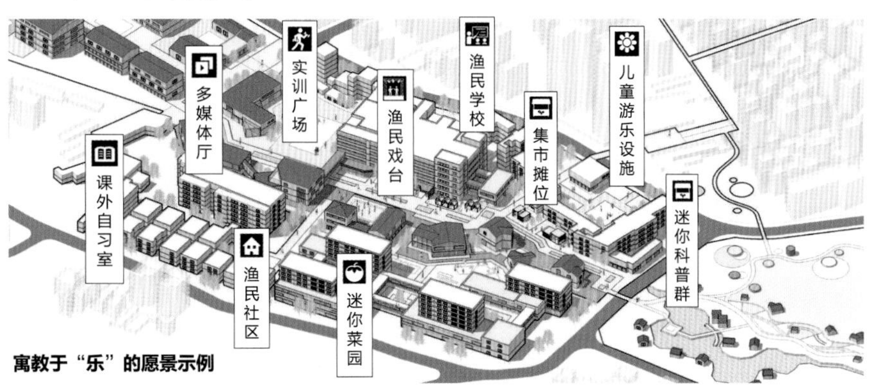

寓教于"乐"的愿景示例

设计框架

背景分析
区位条件　上位规划　历史价值
场地解读
场地现状　访谈分析
现状问题
鱼市场不成规模　海鲜街缺乏特色　渔业产业链单一　渔文化记忆淡化
设计思路
市说新语　落叶归根　授人以渔

以滨海渔港为特色，打造具有多元化吸引力的渔港综合功能区。

规划策略

策略一：市说新语

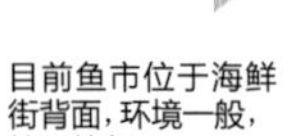

目前鱼市位于海鲜街背面，环境一般，较无特色

海鲜街与水相结合，更生动有趣

鱼市可与花田以及廊道相结合，形成景观

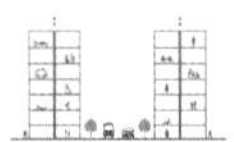
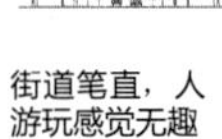

街道笔直，人游玩感觉无趣

街道空间单调，人驻足时间短

大尺度的公共空间，无法形成人群聚集区

建筑立面单调，缺失活力

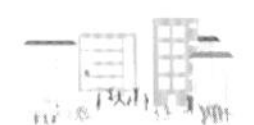

街道空间尺度小，空间穿插以及平台的运用给人驻足的空间

街道空间错落有致，交流空间丰富有趣

建筑围合成小尺度空间，使人有更好的体验感

建筑立面色彩活泼

策略二：落叶归根

产业功能融合

渔业生产

旅游观光

渔业生产

旅游观光

通过对产业功能进行融合的方式，在基地进行合理的产业功能分区，体现区内功能的多样性，也改变原有的渔业生产与观光旅游分离的情形。

策略三：授人以渔

总平面图图例

01 湾仔口岸
02 出海渔家乐
03 特色海鲜街
04 休闲水街
05 亲水平台
06 水产直销中心
07 水产交易中心
08 功能码头
09 渔民休息区
10 晾晒广场
11 渔文化展馆
12 花田
13 渔市长廊
14 水产加工园区
15 冰厂
16 回归广场
17 地铁建设中

经济技术指标

总用地面积：10.0ha
总建筑面积：26130m^2
容积率：0.26
绿地率：25.2%
建筑密度：17.38%

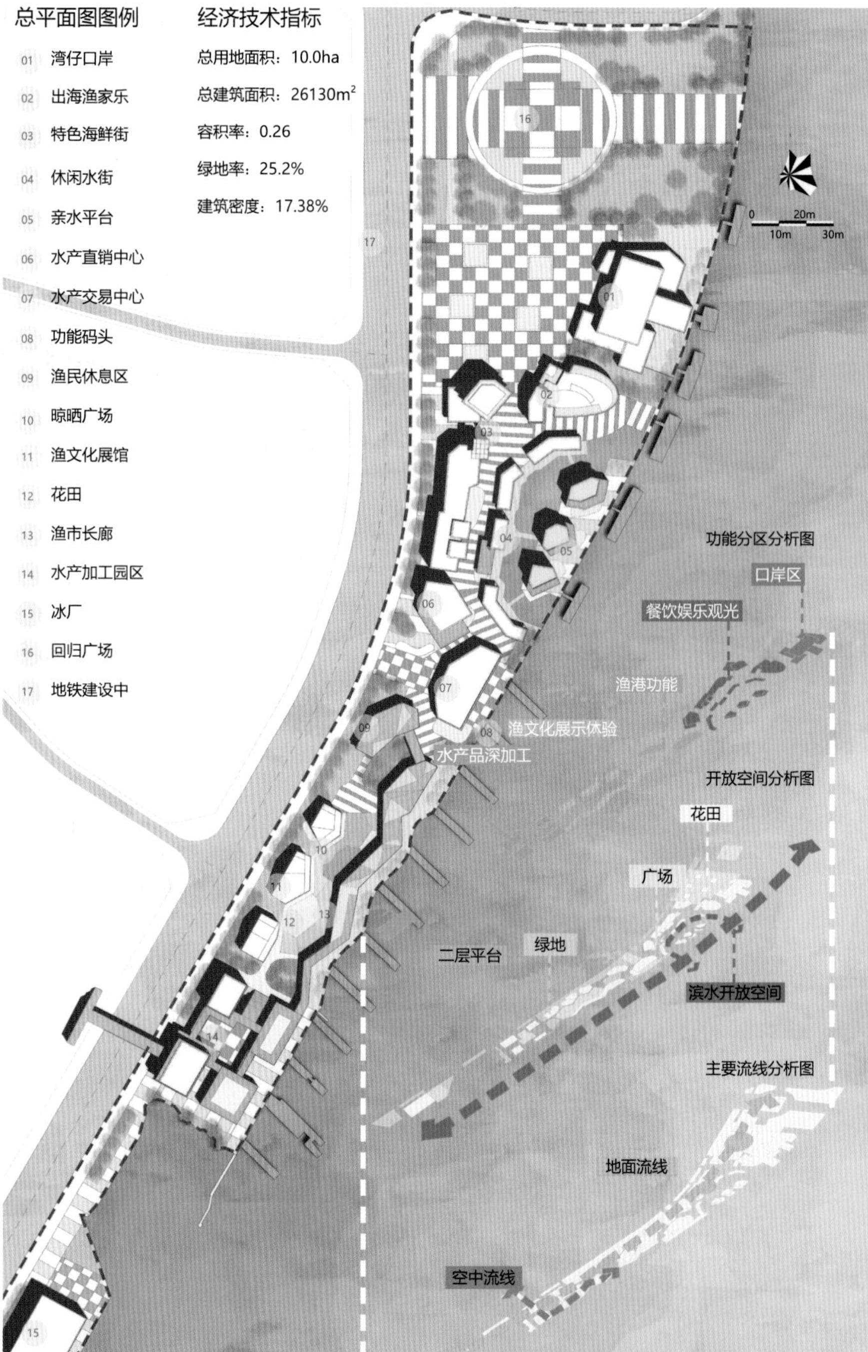

湾仔滨水片区总平面图

总体鸟瞰图

中山大学

指导老师

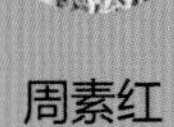

周素红

文萍

郑晴晴

设计感言

非常荣幸能够成为联合毕业设计工作坊的一员，感谢工作坊为我提供了一个颇有价值的选题以及搭建了一个广泛交流学习的平台。作为空间一体化过程的载体，“边界”的场所再造需要制度的支撑与理论的指导，也需要规划设计在其中扮演更积极的角色。在周素红老师和文萍老师的指导下，我的研究能力与素养得到了一定的提升；在与不同地域的学校师生的交流中，我看到了“边界”更多的可能性。于我而言，这是收获颇丰的一次实践，期待未来工作坊能越办越好！

粤港澳大湾区建设背景下居民跨珠澳边界社会联系特征与机制分析

中山大学 / 郑晴晴

研究背景

研究缘起

①湾区 11 个城市的协同发展涉及“一国两制三区”，即一个国家、两种制度、三个单独关税区。边界的存在，像一堵无形的高墙，对人流、资金流、物流、信息流等要素跨区域的高效流动产生影响。

②随着港珠澳大桥的开通，珠澳的地理区位被重新定义，西线的崛起、东西联系的加强成为未来的发展趋势以及湾区协同发展的重要突破点。

③边界一方面具有政治性，另一方面也是社会实践的产物，被行为主体所建构。如何突破珠澳边界障碍构建优质生活圈，推动澳门与湾区各城市的双向交流交往，成为湾区发展的核心议题。

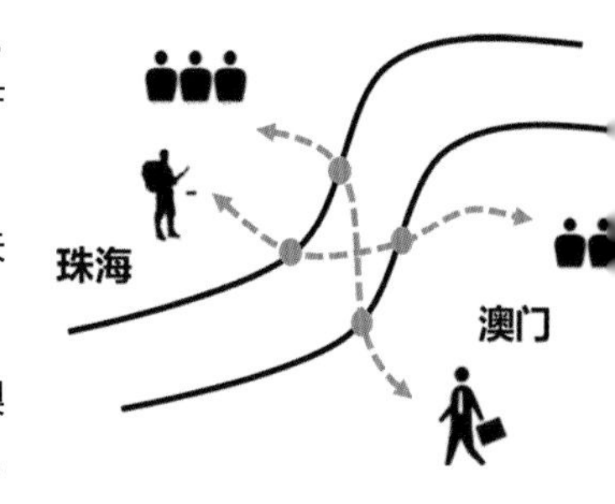

研究意义

现有研究大多停留在对要素区域空间关系格局的揭示上，对于行动主体“人”在其中的作用过程及机制研究不足，对要素流动背后的社会内涵研究也有待加强。

本研究从社会成员自下而上的活动实践出发，以跨珠澳边界流动的湾区居民作为研究对象，探究在边界效应作用下的行动主体“人”的跨边界活动的时空特征、社会交往特征以及跨边界活动的影响因素，以洞悉澳门与湾区其他城市间跨边界人流要素的内涵。

研究综述

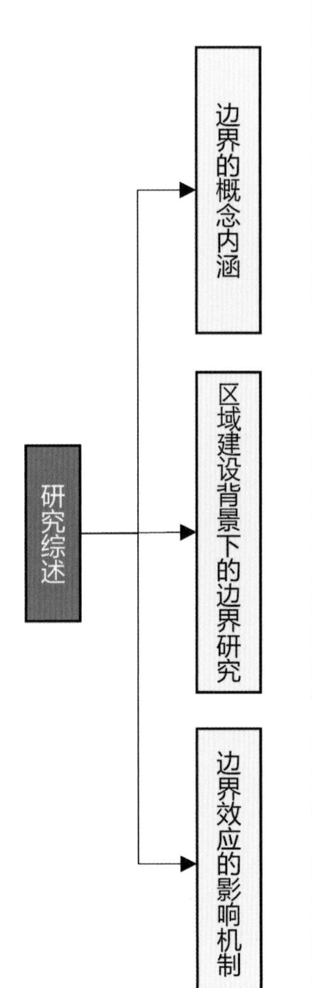

边界的概念内涵：

- 从地理上来看，边界是划分不同政治实体及其管辖地域的政治地理界线
- 边界研究关注边界与边境、国家与主权、领土等；但近年来讨论地缘政治秩序对于日常生活实践的形塑，逐步成为政治和社会文化地理学的交叉研究
- 从正式的、地理的、有形的边界转向非正式的、社会的、无形的边界

区域建设背景下的边界研究：

- 区域建设理论研究多以经济联系为基础，区域经济一体化成为区域建设的主要内容
- 忽视了边界或边界地区的政治、社会、文化等其他方面属性的研究
- 从社会成员自下而上的日常空间实践出发，探讨不同的行动者在实践中对边界的重构和解构是区域建设研究的一个重要发展方向

边界效应的影响机制：

- 当边界效应的测度主体发生变化时，影响要素也产生变化
- 西方边界效应研究的影响机制与我国存在较大的差异
- 总的来说，可以从制度、文化、自然、经济、地理等方面来理解

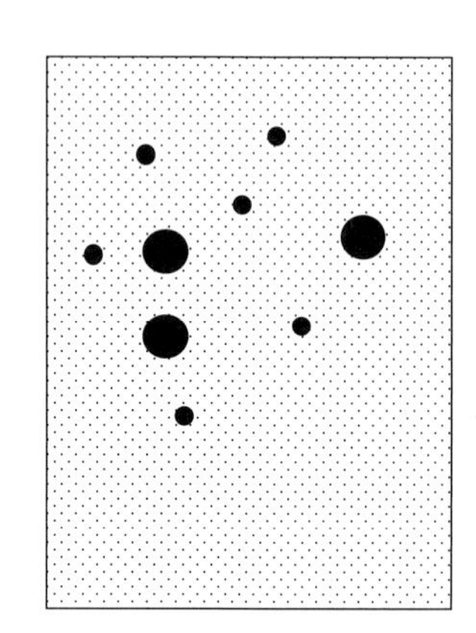

(a) 无边界

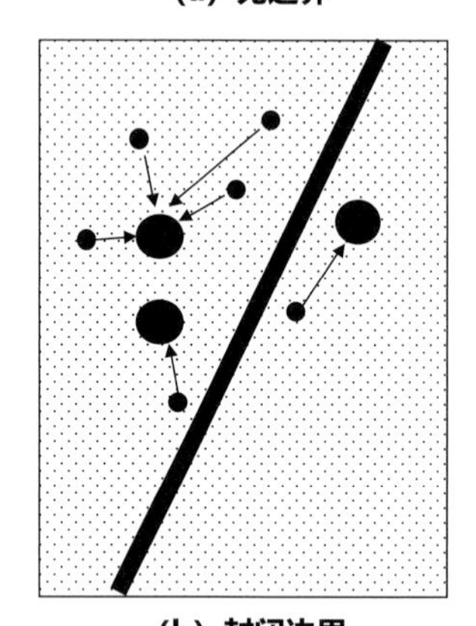

(b) 封闭边界

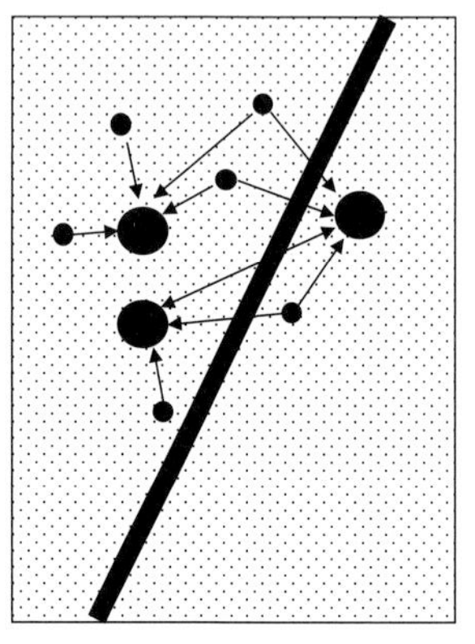

(c) 开放边界

不同边界条件下空间相互作用示意图

研究设计

研究区域

拱北口岸周边分布有一个城轨站、三大客运站以及 26 条公交线路，前往澳门的湾区其他城市居民多以拱北口岸周边的交通站场作为中转站。2018 年，拱北口岸是珠海出入境人流最大的口岸，远超其他口岸；珠海与澳门之间更是 90% 的通关量集中在拱北口岸。因此，本研究以拱北口岸作为出入境人流的考察区域。

2018 年澳门对外联系通道信息表

对外通道名称	出境人次	占比	入境人次	占比	基本信息
关闸/拱北口岸	68736530	76.64%	66265795	73.85%	最主要的陆路联系通道，开放时间为早上6点至凌晨1点
港珠澳大桥	941296	1.05%	1272918	1.42%	粤港与港澳两地车牌车辆、港籍单牌车辆(拥有澳门配额)可24小时通关；通过公共交通工具到达珠海口岸出入境的旅客，需要换乘穿梭巴士，珠澳出入境大厅8:00—22:00开放
路氹城/莲花或横琴口岸	4728147	5.27%	4906179	5.47%	通过莲花大桥连接路氹城和珠海市的横琴岛，适于所有人士24小时通关
珠澳跨境工业区	1165594	1.30%	1182283	1.32%	每日0时至7时将允许内地劳务人员、学生及澳门居民通关，24小时允许持有园区通行证人士通关
机场	3831614	4.27%	3965309	4.42%	大湾区与世界各地之间的重要桥梁，全日24小时运作
外港码头	6564191	7.32%	7451979	8.30%	提供往返香港上环、尖沙咀、屯门、香港国际机场、中国广州南沙港、深圳福永及蛇口客运航线
内港码头	115	0	210	0	自2016年1月17日起暂停运作，开放时间为早上8:00至下午16:30
氹仔码头	3716549	4.14%	4689222	5.23%	位于澳门氹仔新填海区，原只属辅助性质，现提升为对外口岸
合计	89684036	100%	89733895	100%	—

研究对象

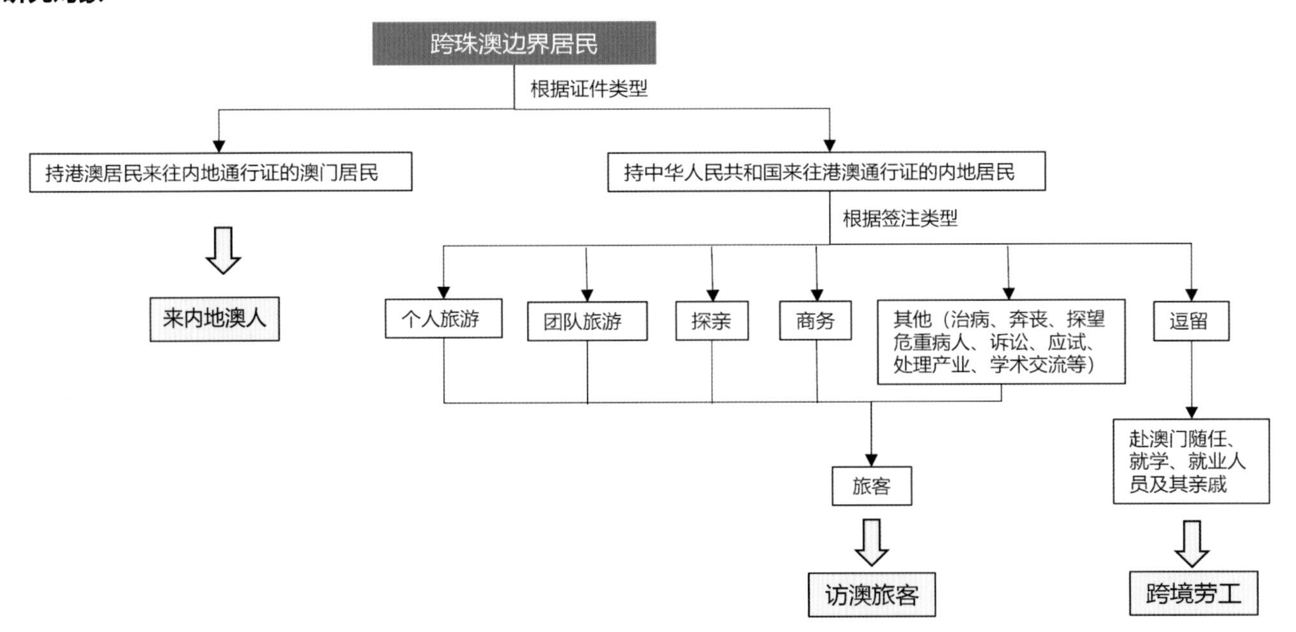

跨珠澳边界居民结构

- 港澳居民来往内地通行证又称回乡证，有效期内不限次数往返。
- 个人旅游、团队旅游、商务签注逗留不超过 7 天；探亲以及其他签注逗留不超过 14 天；逗留签注有效期内不限次数往返。
- 旅客是指任何到访惯常活动地区以外地方，且逗留时间少于一年的人士，其到访目的并非在该地参与任何有偿活动，统计数据不包括外地雇员及学生。

研究方法与数据来源

统计及空间分析法

- 利用“百度指数”，定义“期望联系”为“借助移动互联网的某城市用户对于另一城市的搜索量”。
- 利用“腾讯位置大数据”，定义“实际联系”为“澳门与大湾区其他城市之间的汽车出行人口热度”。
- 在地理上揭示澳门与湾区其他城市居民跨边界社会联系的空间格局。
- 对比分析期望与实际联系得到与各城市之间联系阻力的大小。

社会调查法

- 问卷抽样采用随机抽样与配额抽样相结合的方法。首先，在拱北口岸附近对抽样人群进行第一轮筛选，选取跨珠澳边界的湾区常住居民作为抽样调查对象；其次，根据来内地澳人、访澳旅客及跨境劳工的人流进行配额抽样，使其尽可能符合拱北口岸跨境人流的比例关系。
- 选取对应不同身份及过境目的的受访者进行深度访谈，其中有效访谈 12 个，包括来内地澳人、访澳旅客、跨境劳工，以及常年活动在拱北口岸的执勤保安、志愿者等。

问卷调查样本基本属性表

指标	样本数量		社会联系数量		性别（%）		年龄（%）					文化程度（%）					税前个人年收入（%）				过境频率（%）				
	（人）	（%）	（次）	人均联系次数	男	女	18岁以下	18~24岁	25~40岁	41~60岁	60岁以上	小学及以下	初中	高中	大专/中专	本科及以上	少于5万元	5~10万元	10~20万元	20万元以上	一周多次	一周一次	几周一次	半年一次	一年一次或更少
来内地澳人	24	20.69	28	1.17	41.67	58.33	4.17	8.33	20.83	20.83	45.83	25	29.17	33.33	8.33	4.17	58.33	25	12.5	4.17	45.83	29.17	20.83	4.17	0
访澳旅客	36	31.03	42	1.17	44.44	55.56	2.78	33.33	44.44	13.89	5.56	5.56	5.56	19.44	30.56	38.89	47.23	27.78	19.44	5.56	0	0	8.33	36.11	55.56
跨境劳工	56	48.28	113	2.02	73.21	26.79	0	28.57	46.43	23.21	1.79	7.14	23.21	32.14	17.86	19.64	44.64	48.21	7.14	0	85.71	10.71	3.57	0	0

- 根据澳门治安警察局统计数据，2018 年粤港澳大湾区日均来澳旅客人数达 4.21 万人。
- 根据手机信令信息（赵文燕等，2016），2016 年在拱北口岸的跨边界活动人流中，澳门本地居民人数为 2.58 万人，珠海澳门两地通勤人员约为 7 万人，近年该人流来有一定的增长。

模社会网络分析法

a. 利用 2- 模社会网络分析方法以及借助社会网络分析工具 UCINET，构建三类行动者与目标交往对象（商服人员、朋友、老乡、亲属、同事、客户）的社会交往联系。

b. 根据行动者所交往的对象，对活动中社会网络联系的属性（情感性、混合性、工具性）进行分类，从而对网络性质进行判断。

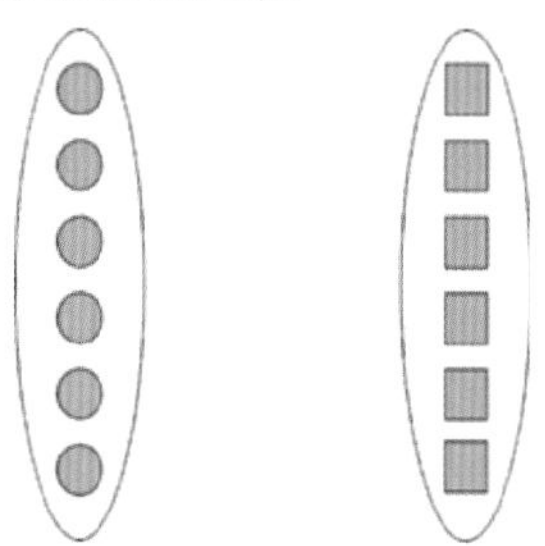

边界阻隔社会网络图

两个集合尚未构建联系，集合间边界阻隔效应显著，只有集合内部存在自组织状态。

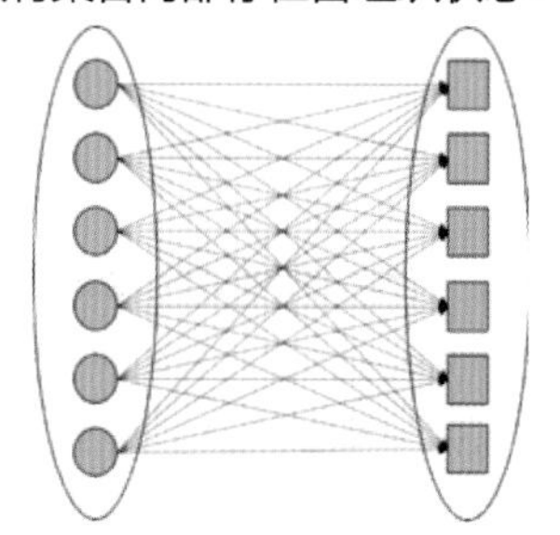

边界融合社会网络图

两个集合充分构建联系，集合间边界阻隔效应荡然无存，两个集合融为相互联系的一个整体。

技术路线

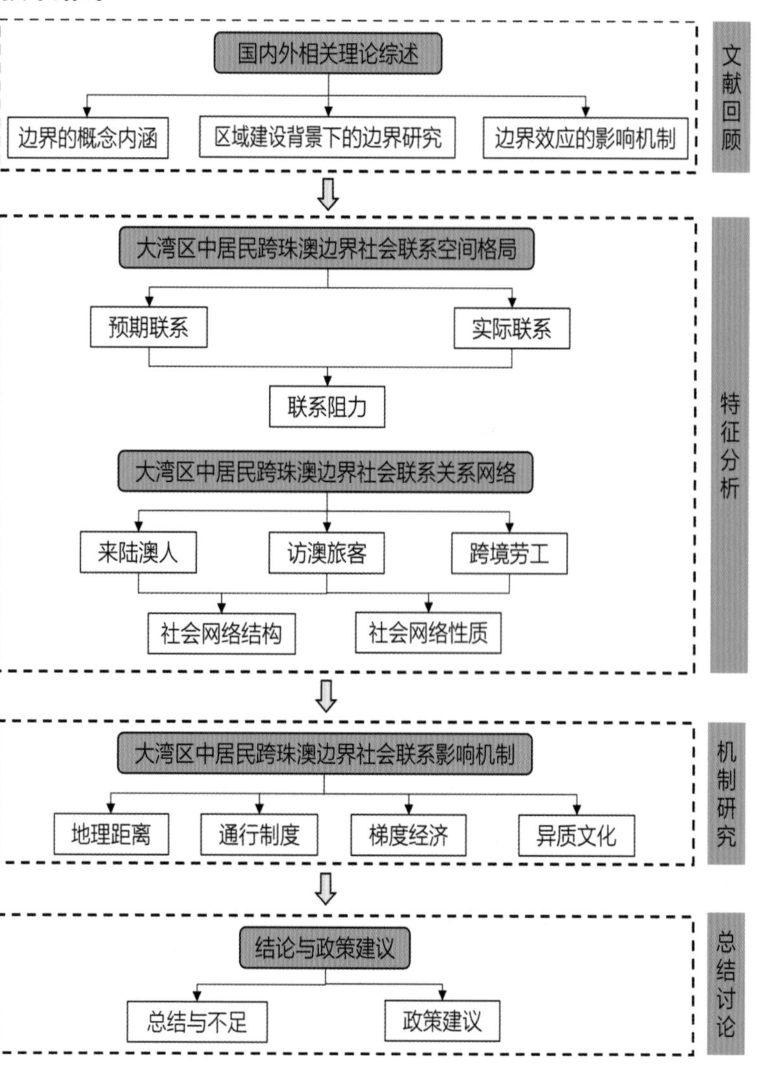

特征分析

社会联系空间格局特征

期望联系：澳门居民倾向于邻近性联系，湾区居民联系具有等级性

基于“百度指数”的澳门移动用户对大湾区其他城市的期望联系强度

城市	广州	佛山	肇庆	深圳	东莞	惠州	珠海	中山	江门	香港
日均搜索量	66	55	40	64	44	52	109	47	32	72

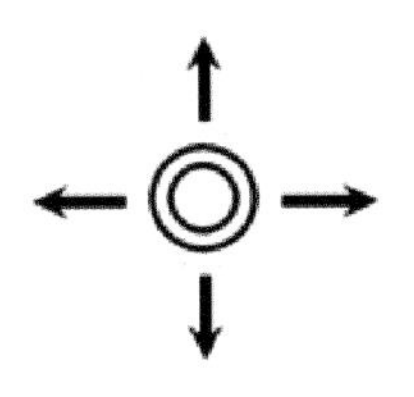

澳门居民的邻近性联系模式

澳门至珠海、香港联系强度最高，距离是影响澳门居民跨边界联系的重要因素，澳门居民至大湾区其他城市的期望联系具有明显的地理性，其期望联系模式呈邻近性。

基于“百度指数”的大湾区其他城市移动用户对澳门的期望联系强度

城市	广州	佛山	肇庆	深圳	东莞	惠州	珠海	中山	江门	香港
日均搜索量	483	222	70	435	206	102	250	167	105	183

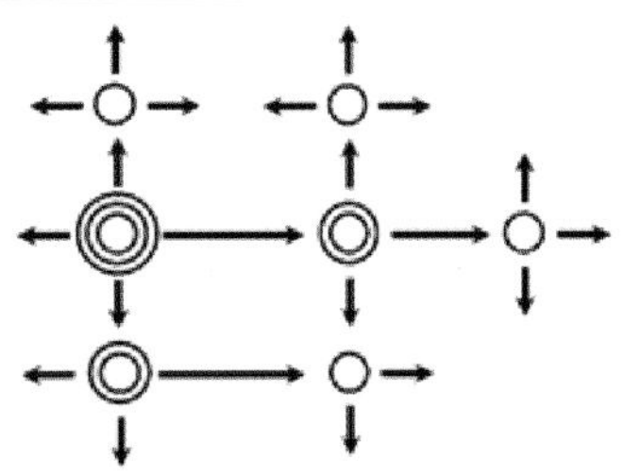

大湾区其他城市居民的等级性联系模式

广州、深圳至澳门联系强度最高，经济发展水平越高与人口越多的城市越倾向于向澳门流动，即大湾区其他城市居民至澳门的期望联系具有明显的等级性，呈等级性联系模式。

实际联系：呈圈层结构，珠澳联系具有独特性

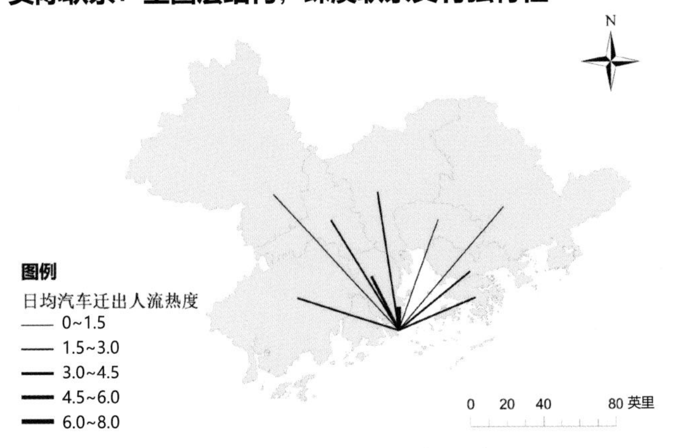

澳门至大湾区其他城市实际联系强度图

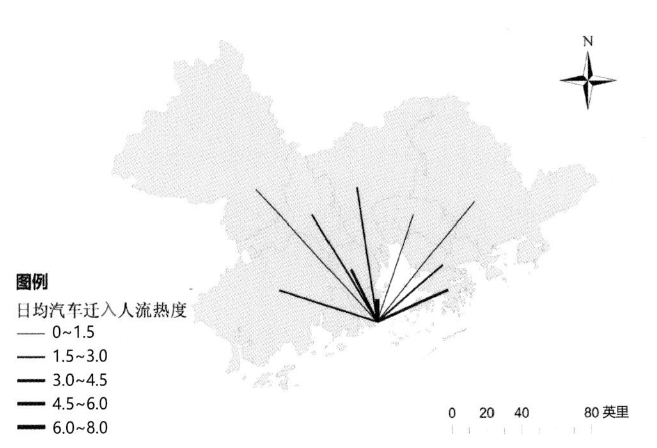

大湾区其他城市至澳门实际联系强度图

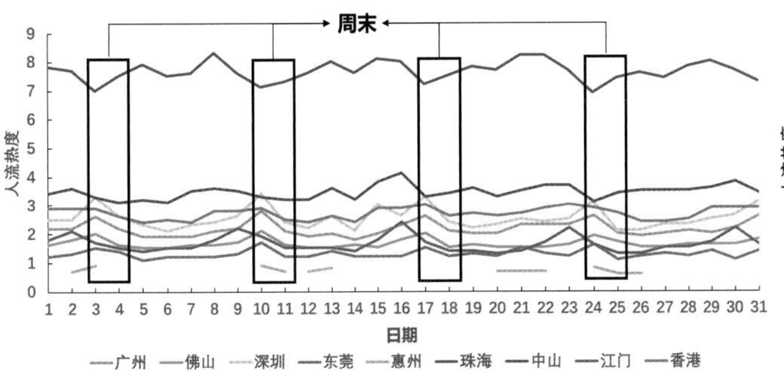

2019 年 3 月澳门至大湾区其他城市的人口流动热度变化图

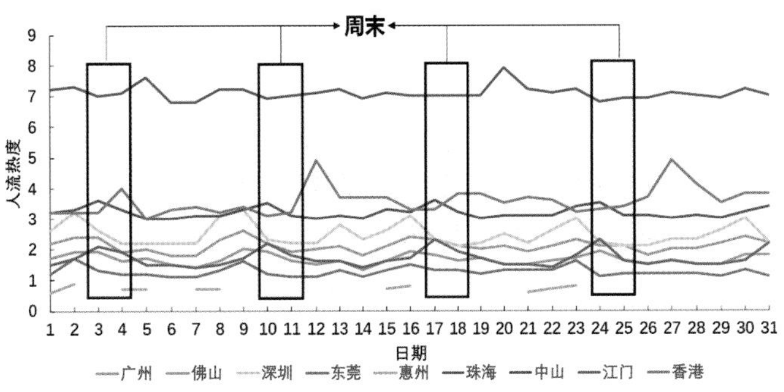

2019 年 3 月大湾区其他城市至澳门的人口流动热度变化图

从空间格局来看，实际联系受距离因素影响更显著，实际联系强度位序与期望联系具有一定的差别。湾区多数城市与澳门之间的居民跨边界联系具有双向对称性，城市之间的交往联系具有平等性；对珠海而言，由澳门流出的人口强度大于流向澳门的人口强度，澳门对珠海发展具有一定的支撑作用。

从时间上看，实际联系呈一周节律性。澳门至珠海、中山的人流热度在周末最低，而至湾区其他城市的人流热度在周末攀升。可见，在周末假日中，其他城市对人流的吸引力增加。大湾区其他城市至澳门的人流热度在周末最高，而珠海至澳门的人流热度变化不大，在周末还略有下降。可见，大湾区其他城市至澳门活动以休闲娱乐为主，而珠海至澳门的通勤流占有一定比重。

基于期望与实际联系的对比分析：跨边界联系具有地理性

由于期望联系与实际联系的评价指标的性质不同，具有不同的量纲，指标间的水平存在一定的差异。因此，为了便于对比分析，将期望联系与实际联系进行归一化处理。对数据 x_i 进行变换，归一化公式为 $y_i=\frac{x_i}{\sum_{i=1}^{n}x_i}$ ，则得到的新数据 $y_i\in(0,1)$ 且无量纲，同时显然有新数据之和为 1。

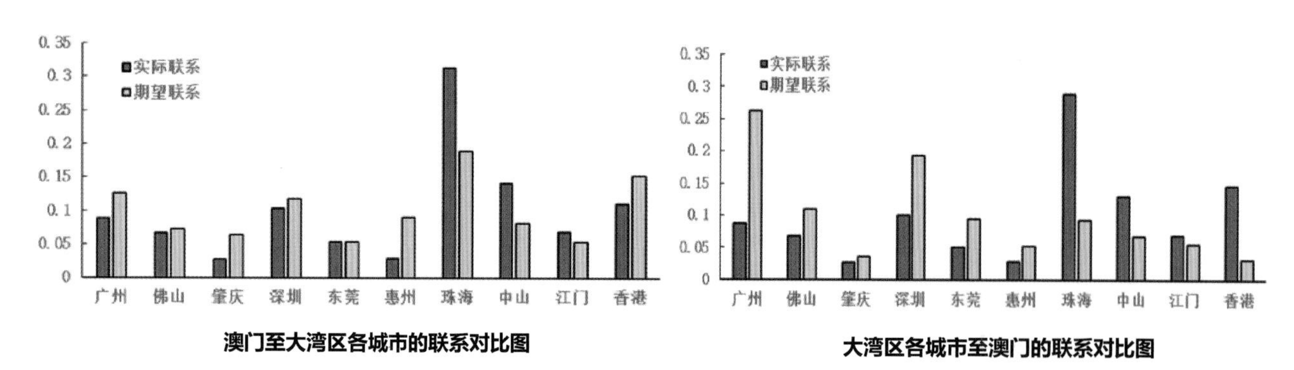

澳门至大湾区各城市的联系对比图

大湾区各城市至澳门的联系对比图

珠海、中山、江门与澳门的实际联系，高于期望联系，而其他城市（不包括香港）与澳门的实际联系低于期望联系。这说明珠海、中山、江门与澳门的联系阻力较低，而其他城市与澳门的联系阻力较高。在湾区一体化发展的今天，地理因素不可消亡，地理距离成为阻碍居民跨边界联系发生的重要影响因素。

社会联系关系网络特征

在居民跨边界社会联系空间格局分析基础上，为了进一步挖掘澳门与湾区各城市居民跨边界联系格局背后的社会属性， 将研究视角从城市间的群体联系转向个体联系，重点分析澳门与湾区各城市行动者的跨边界社会联系关系网络。

社会联系结构

三大行动者跨边界活动社会网络

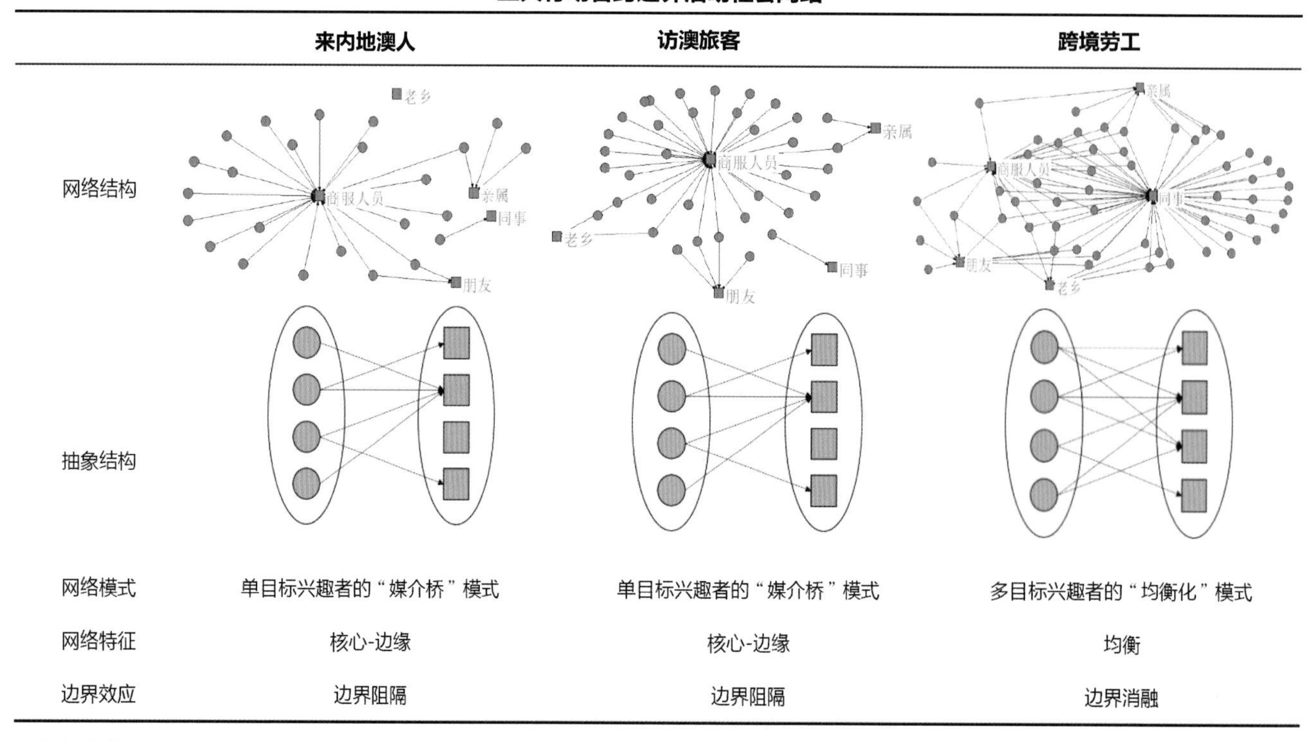

	来内地澳人	访澳旅客	跨境劳工
网络结构			
抽象结构			
网络模式	单目标兴趣者的“媒介桥”模式	单目标兴趣者的“媒介桥”模式	多目标兴趣者的“均衡化”模式
网络特征	核心-边缘	核心-边缘	均衡
边界效应	边界阻隔	边界阻隔	边界消融

- 来内地澳人、访澳旅客：商服人员在社会网络中扮演核心角色，其他社会关系被边缘化，边界对活动交往对象的阻隔作用较强，活动主体的跨边界社会融合程度不足。
- 跨境劳工：各目标兴趣者在网络中均有一定的连接度，边界对活动交往对象的阻隔作用较弱，该活动主体的跨边界社会交互程度更高。

社会联系性质

通过对社会网络中人际联系构成的分析，可以对社会网络性质以及社会联系深度进行判断。

三大行动者跨边界活动社会网络

联系性质	主要交往对象	来内地澳人(%)	访澳旅客（%）	跨境劳工（%）
工具性联系	商服人员	75.00	71.43	21.24
混合性联系	同事、客户	7.14	9.52	57.52
情感性联系	朋友、老乡、亲属	17.86	19.05	21.24

• 来内地澳人以及访澳旅客的跨边界社会联系仍处于初始阶段，是一种短暂、不稳定的工具性关系。双方践行类似市场定价模式的“公平交往法则”，基本没有信息与情感的传递，类似业务往来、情感交流等的互动相对较少，交往的主动性较弱，文化边界的隔绝作用显著。

• 跨境劳工的跨边界活动交往兼具情感性、混合性和工具性关系，他们从所联系的空间环境中获取信息的可能性以及多样性更大，与当地社会的交互程度更高。

“他们一般是通过认识的人介绍来澳门的，部分劳工把妻儿也带到这边来工作。”
——拱北口岸志愿者

“我的家人都在珠海，所以我也就没有住在澳门，每天都会回家。”
——跨境劳工

“我在等我老乡，他去买东西了，我们住在附近，每天都约着一起回家。”
——跨境劳工

劳工的跨边界劳务行为动机往往由血缘、友缘及地缘关系所触发，已形成一系列的关系链条；同时关系链条也影响着劳工的现有、潜在社会交往对象以及活动行为。

有相当一部分劳工在澳门的社会网络是由“强关系”创造的人情网，与澳门本土居民的纽带关系较弱，两大群体的心理与文化边界依旧有待进一步突破。

影响机制

跨边界联系过程

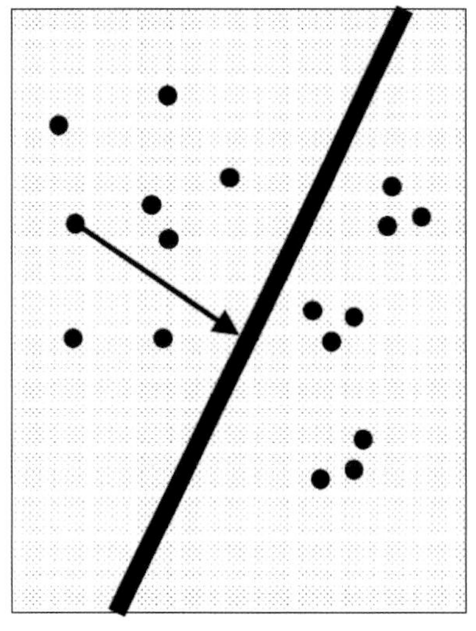

地理接触

基于地理距离衰减定律，近距离居民接触边界的成本相对较低，联系动机更容易诱发，期望联系也更容易转化成为实际联系。

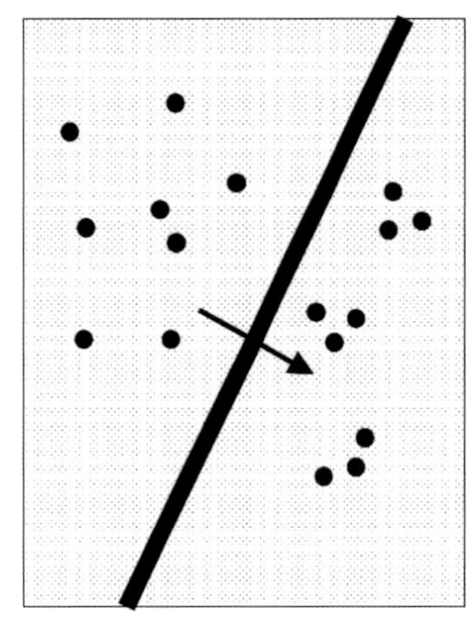

跨越地理边界

通行制度的推力与梯度经济的拉力共同作用，使得不同身份与通行目的的人群被划分出来，不同人群拥有不同的权力关系。

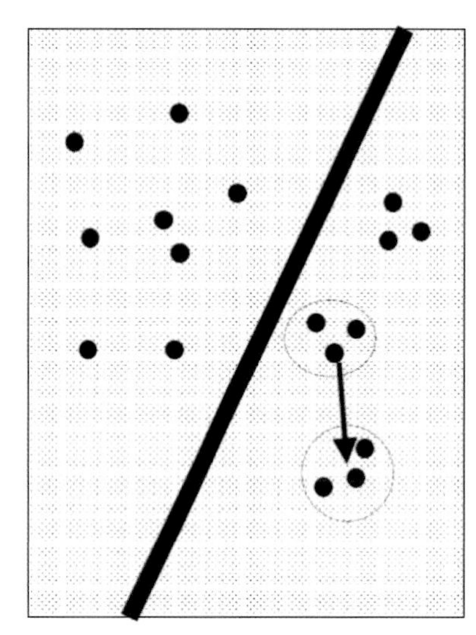

跨越文化边界

社会交往具有族群性，而每一族群都有自身的社会文化边界，更深层次的跨边界联系则是与当地居民之间联系的构建。

跨边界影响因素

地理距离的制约：联系阻力与地理距离呈正比例关系，地理距离依旧成为阻碍居民跨社会边界联系发生的重要影响因素。跨边界地理距离的增加也将在一定程度上增加行动者与接触者的经济与社会文化异质性，从而对跨边界联系造成影响。

通行制度的阻隔：基于边界两侧的经济与社会文化的梯度性，防止梯度人流的超负荷涌入， 澳门对于内地居民的跨边界通行一直都存在制度上的制约。两地居民差异性的通行制度使得跨边界社会联系发生条件存在不同，从而影响社会交往的深度与广度。

梯度经济的推动：社会中的行动者在作出行为决策时，总是追求个人利益的最大化。澳门与珠海在价格水平、工资水平与居住成本等方面具有一定的梯度性。区域的行动者能够通过边界地区的资金、机会，以及边界两边工资、价格等方面的差异获利。

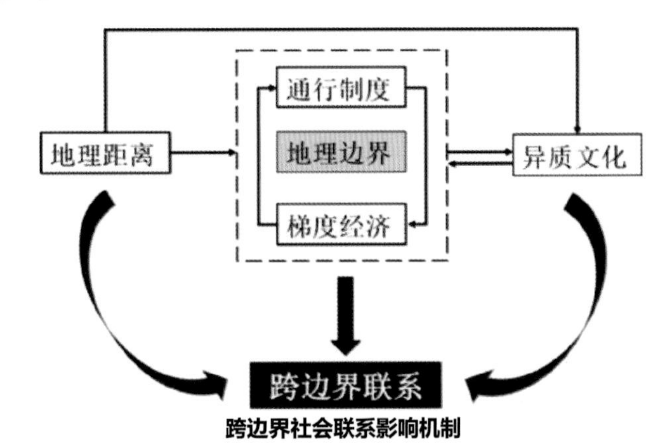

跨边界社会联系影响机制

文化背景的异质：边界两侧区域在经济体制、经济发展水平、政治体制以及意识形态等方面的差异使得“我们”与“他们” 明显区别开来，并在情感上影响边界两侧经济行为主体的行为和交往。由于文化邻近性，跨边界行动者总是倾向于寻找具有共同或者相似文化背景的活动交往者，这使得活动交往具有一定的族群性。

结论与政策建议

研究结论

活动维度与特征对比表

活动维度	特征
空间联系格局	澳门与大湾区其他城市的居民跨边界联系具有一定的空间差异性与双向不对称性，澳门与大湾区其他城市的行动主体的联系组织意愿与能力存在一定的差异
活动社会网络结构	来内地澳人以及访澳旅客的社会网络模式表现为单目标兴趣交往者的“媒介桥”模式，边界对活动交往对象的阻隔作用较强； 跨境劳工表现为多目标兴趣交往者的“均衡化”模式，各目标兴趣者在网络中均有一定的连接度，边界对活动交往对象的阻隔作用较弱
活动社会网络性质	来内地澳人以及访澳旅客的跨边界活动交往以工具性联系为主，基本没有信息与情感的传递；跨境劳工的跨边界活动交往兼具情感性、混合性和工具性关系，但有相当一部分劳工在澳门的社会网络是由“强关系”创造的人情网，两大群体的心理与文化边界依旧有待进一步突破
活动影响因素	受到历史、政治、经济、社会、文化层面的吸引力与排斥力的共同作用

澳门与大湾区其他城市的跨边界联系及融合程度有待加强！

政策建议

完善大湾区内部交通设施，压缩时空距离

大湾区作为国家进一步强化对外开放的平台， 构建快速高效、互联互通的交通基础设施网络成为其内在发展诉求。如今，地理因素依旧成为影响跨边界联系强度的一个重要因素，交通设施仍难以高效适应新时代大湾区一体化发展。如各城市间交通设施缺乏协调，交通设施布局在地理空间上不均衡，交通设施与实际需求存在错配，交通设施老旧、退化等问题，均将是大湾区一体化发展过程中需要重点解决的。

推动澳门与大湾区其他城市合作共建，减少梯度差异

虽然珠海、澳门合作的历史悠久，但两地的联系并不够密切，横琴的开发进程也相对较慢，目前经济合作层次较低。也正是由于长期以来联系的不密切性，两地的梯度差异一直存在。未来，澳门与大湾区其他城市应当利用双方互补优势，自上而下、大力推动合作共建进程，使城市间的联系更密切，从而促进澳门与大湾区其他城市的经济共同发展，有效降低经济梯度。

促进文化交流，增强文化认同

澳门回归以来的本土意识主要表现为经济和文化层面上的自我保护和自我认同意识。因此，在跨边界联系的过程中，既要保持两地社会文化的独立性，又要增强社会文化的交流性。如举办加强不同群体交流的活动，提高外地劳工的思想素质、文化水平等。

广州大学

指导老师

戚路辉

户媛

吴骏锋

黄涛

李奕奕

丘嘉琪

设计感言

“珠澳边界场所再造”这个课题为我们提供了一个难得的调研交流和开创性探讨的机会，历时半年的调研、讨论、交流和设计，让我们放飞自己的想象力。同时，我们非常感谢这次华南理工大学主办的联合毕业设计工作坊。我们组的设计主题为“流动的边界——滨水社区文化活力的再塑造特征与机制”，意在寻找珠澳边界下两地居民之间的共同特征。基于对珠澳边界两地居民活动流线、活动需求等方面的调研分析，我们以“文化”为设计出发点，在“一国两制”的前提下，为两地创造更多趣味性的、有共同归属感的场所，让不同层次的行为边界产生融合、延伸和渗透，使空间在串联一系列文化活动的同时，变得更加积极与活跃，并实现两地归属感边界的拓展。

在此，感谢悉心指导我们的戚路辉老师、户媛老师，感谢联合毕业设计的指导老师和同学们！衷心祝愿它越办越好！

岑启燊

顾达智

赖冠欣

强竞

设计感言

来自广州大学的我们，有幸受邀参与湾区规划设计的相关课题研究，我们感到相当自豪。同时，我们感谢华南理工大学主办的此次联合毕业设计工作坊，也感恩能学习到各位同学在该平台上分享的丰富观点与见闻。

在我们的课题“魅力·多维汇——珠澳边界青洲地区的城市再生分析”中，我们基于“一国两制”的大前提，试图从物质和文化等方面将两地紧密联系，通过分类思路寻找湾区珠澳两城的发展趋势，以问题导向引出“如何加强流动以及带来的集聚效应”的设计主题并确定设计策略，包括加强边界的交通、公共服务、市政、产业等服务能力，前瞻性地探索两地在空间和制度上的紧密交流，提升边界功能。针对澳门的制度特色，提出更新改造尝试，自下而上地提出针灸式改造策略。最终，使珠澳两城发挥各自特长，共同参与大湾区建设。

在此，我们感谢同组的小伙伴，有缘同心协力、共度毕业季，也感谢戚路辉老师、户媛老师的悉心指导！我们再次感恩参与到珍贵的联合毕业设计中，遇见美丽的学术火花！衷心祝愿它越办越好！

流动的边界——滨水社区文化活力的再塑造特征与机制

广州大学 / 吴骏锋 黄涛 李奕奕 丘嘉琪

湾区四大增长极精细分工、紧密联系，珠澳发展潜力大

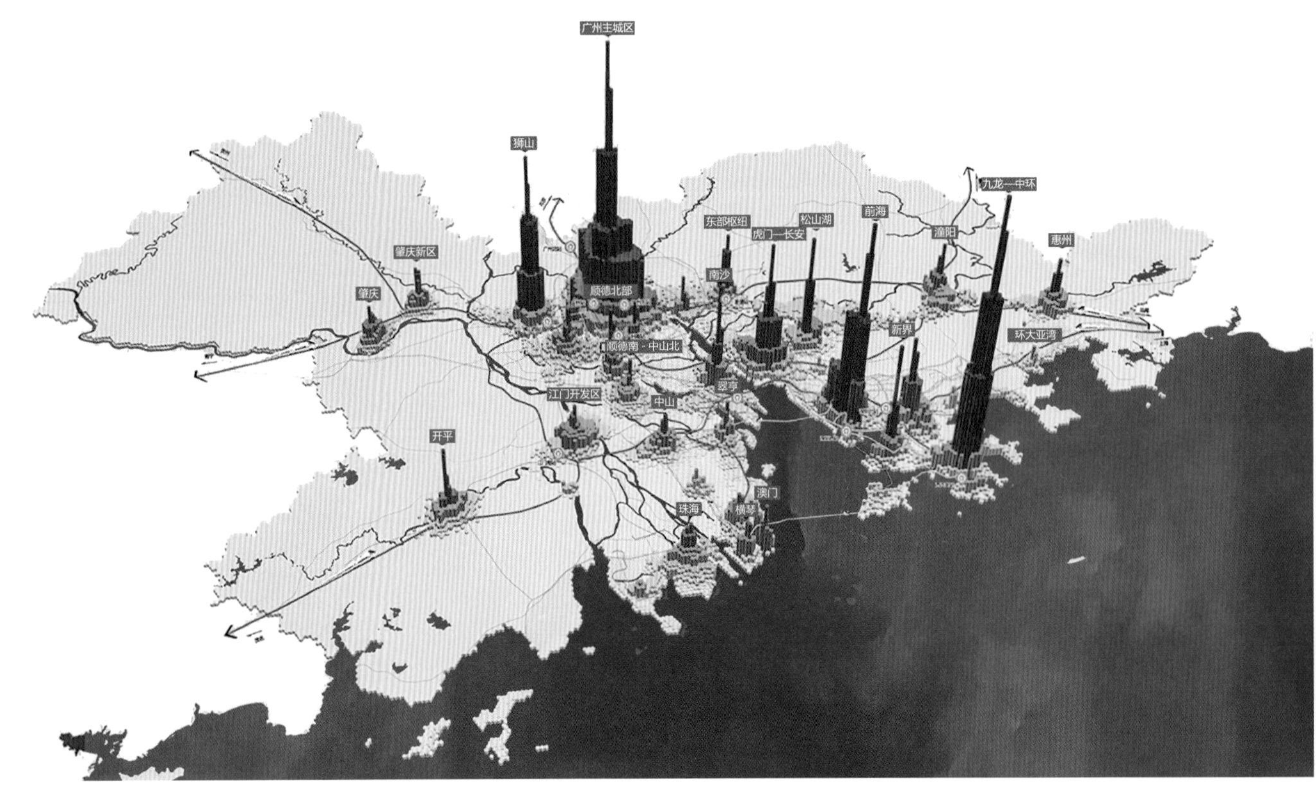

广深港澳四大都市，未来将根据自身特色与发展定位，对标国际三大先进湾区核心城市，政企合作推动湾区基础设施建设，城市间的联系将逐步加速。城市空间将围绕四大增长极，延绵为高效联系的都市圈。依托珠海经济特区发展优势、澳门特别行政区影响力，珠澳将成为湾区西岸的特色增长极。

珠澳同根生，由居民搭起文化交流的桥梁

两城共发展，产业与文化流动增强，呈现共同发展趋势

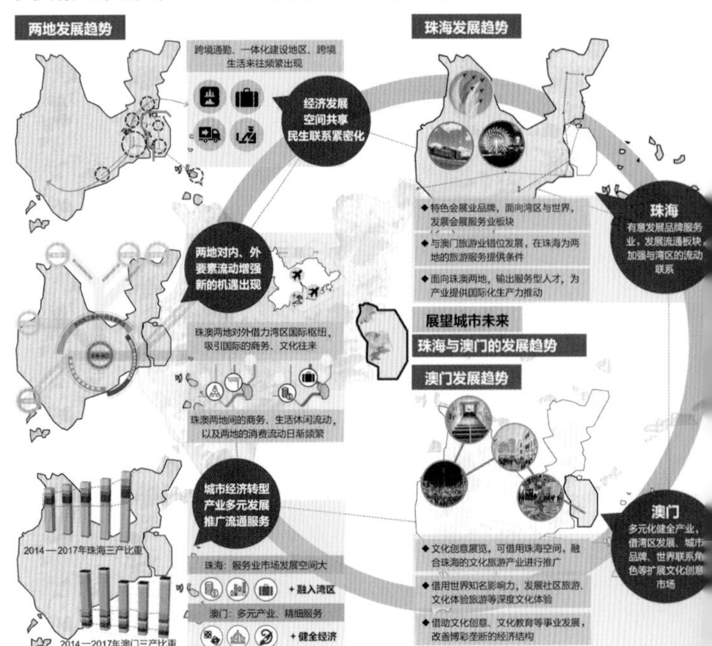

区位

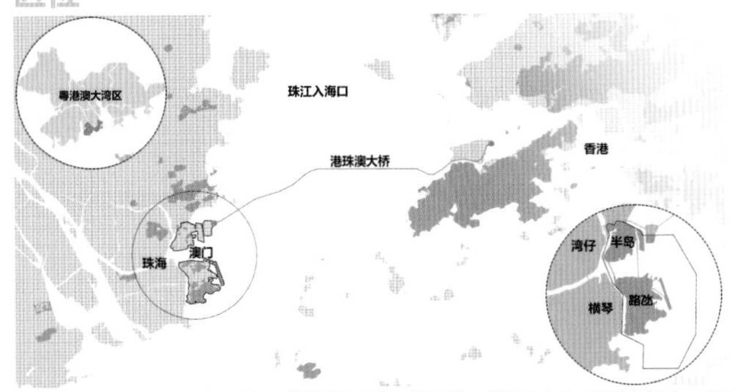

珠海和澳门位于大湾区南部，地处珠江入海口的西岸；北接中山市，西连江门市，东与深圳和香港隔海相望。澳门内港地处澳门半岛，与珠海湾仔一河之隔。港珠澳大桥的建立，将会使珠江两岸的联系更加紧密，也将为珠澳地区带来更多的发展机遇。

跨境人群信息

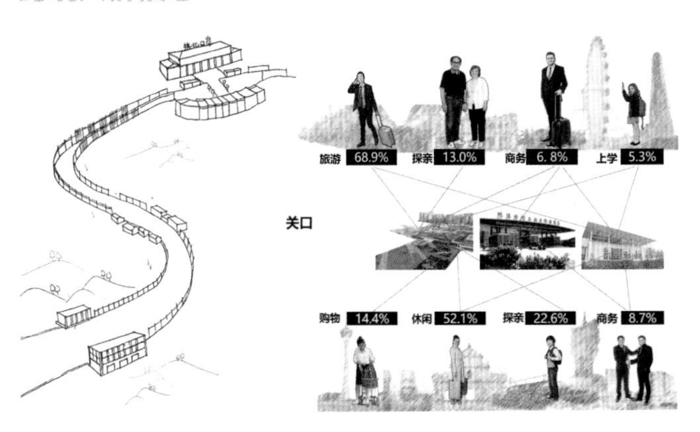

历史分析

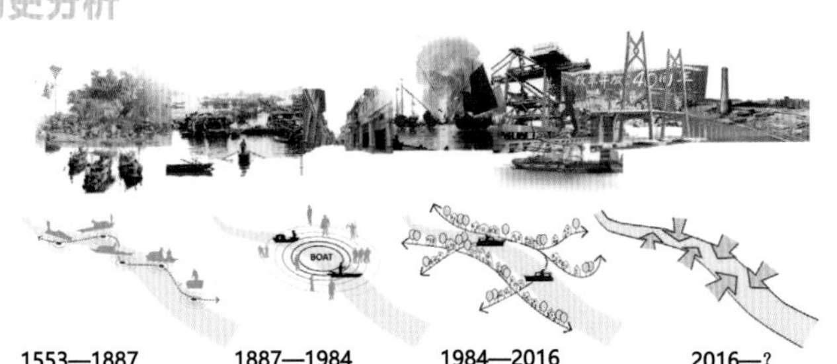
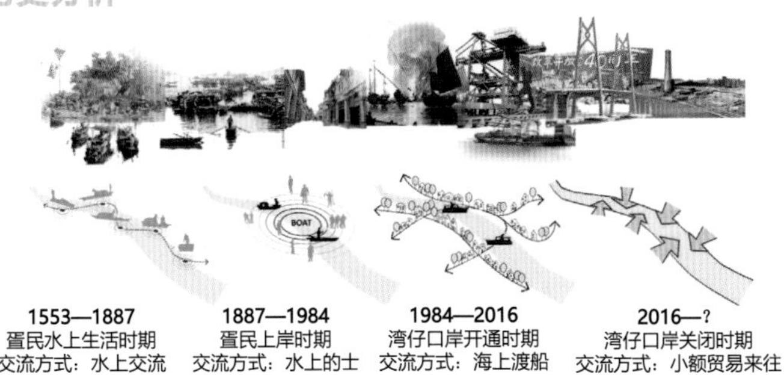

1553—1887
疍民水上生活时期
交流方式：水上交流

1887—1984
疍民上岸时期
交流方式：水上的士

1984—2016
湾仔口岸开通时期
交流方式：海上渡船

2016—?
湾仔口岸关闭时期
交流方式：小额贸易来往

口岸概况及分布

拱北口岸
1.35 亿人次/年
两地两检
珠澳最主要的过境口岸，流量大

大桥珠海口岸
500万人次/年
三地三检
港珠澳大桥综合跨境需求

跨境工业区口岸
1万人次/年
两地两检
工业物流跨境需求

湾仔口岸
暂时关闭
两地两检
曾经是花农、渔民和学童主要跨境口岸

湾仔—妈阁口岸
数据未知
两地两检
未来轻轨跨境口岸

横琴口岸
2.5万人次/年
两地两检—两地一检
24h通关综合口岸

通过口岸的流动，珠海与澳门逐渐形成了一种差异互补：珠海的主要优势在于良好的生活环境与较低的生活成本，较好的医疗环境以及劳动力和空间成本。澳门的优势在于独特的中葡文化、高薪资水平以及较低购物出行成本。

场地基本信息

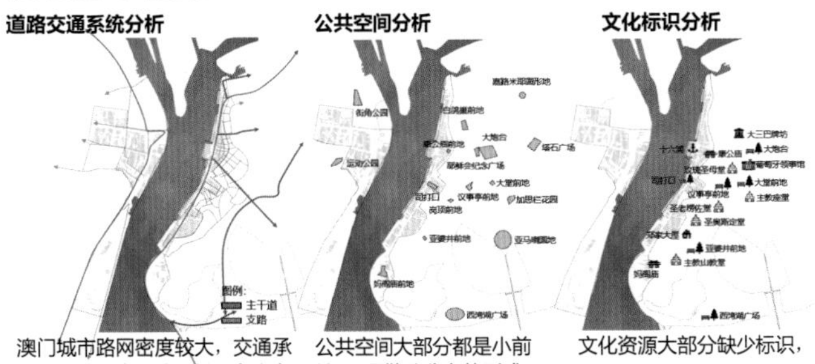

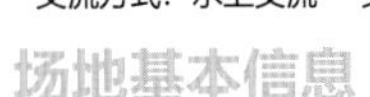

澳门城市路网密度较大，交通承载力有待提高，湾仔被一条六车道的主路切割。

公共空间大部分都是小前地，且呈散乱分布的形式，不成系统。

文化资源大部分缺少标识，因而难以辨识。

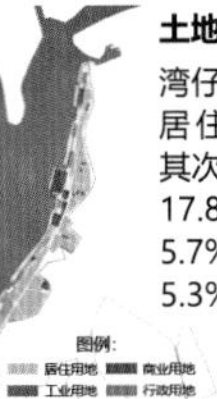

公共资源分析

珠海湾仔蓝绿资源丰富，但开发利用的绿地空间仅运动公园两处。

土地利用分析

湾仔和内港的用地中，居住用地占了65%，其次是工业用地，占了17.8%；商业用地占了5.7%，政府用地占了5.3%。

边界发展趋势

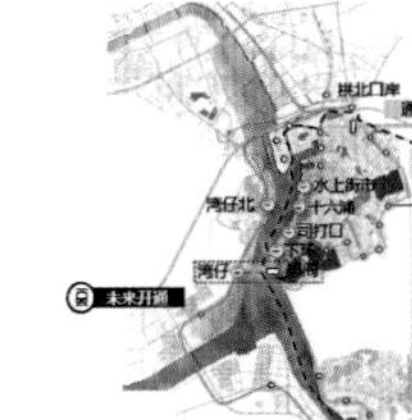

随着口岸的增加，珠澳合作发展越来越紧密，珠澳社区的交流也将逐渐频繁，社区联动会越来越强。

设计策略

1. 宏观角度

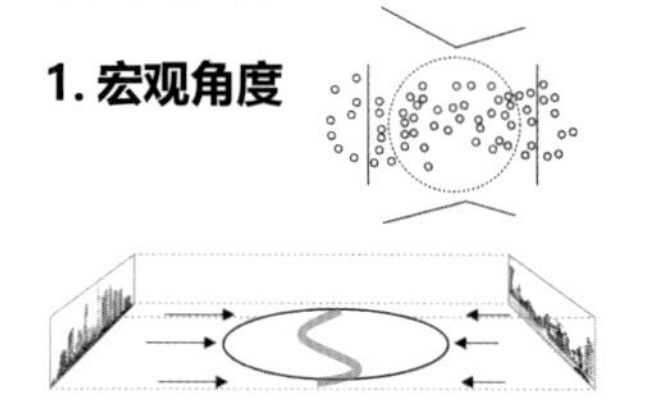

以流动的边界作为两岸城市形态交融的弹性地带，减少两地原有的“边界”的限制，形成两地元素无形的渗透，促进彼此的相互理解和交流。

2. 中观角度

湾仔 内港
游客 弹性边界 弹性边界
花农 渔民
流动的边界
居民 居民
交汇地 游客
渔民

我们将前山水道作为两地流动的交融与过渡区，通过吸引不同人群参与活动，进行相互的交流和学习，最终使得两座城市相互理解、包容和认可。

3. 微观角度

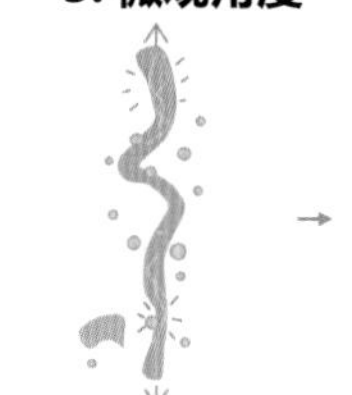

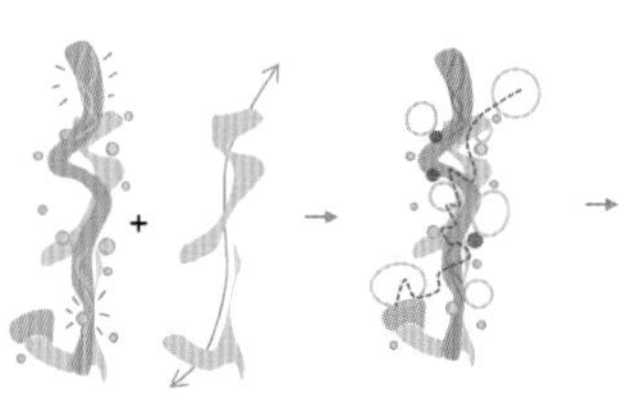

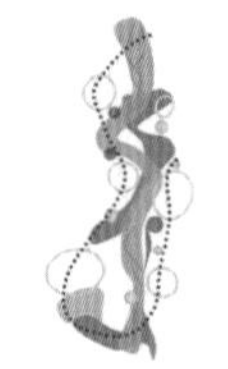

STEP 3: 空间共享

STEP 4: 生态织补

总平面图 Master Plan

规划结构

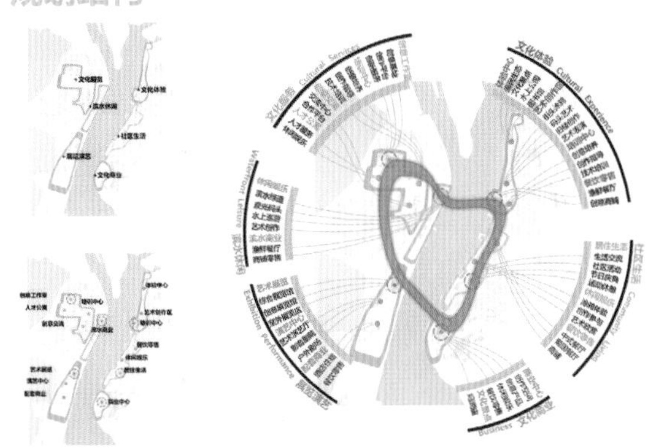

基于规划策略，形成“一环六区多节点”的空间结构：
“一环”：功能联系环线，有机衔接不同模块。“六区”：六个主要功能片区，即文化服务区、滨水休闲区、展览演艺区、文化商业区、社区生活区、文化体验区。“多节点”：功能区分布多个功能节点，是联系各个功能片区的重要活力点。

澳门建筑改造策略

我们建议采用一种容易复制的低技术建造手段，一方面改善雨水管理能力，一方面为居民增添绿色与友善的共享活动场所，改变澳门高密度、局促的生存状态。

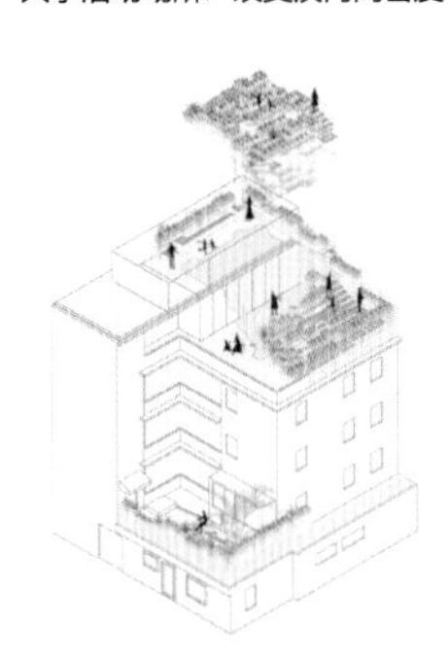

我们建议对可以适应改造的建筑进行屋顶花园和垂直绿化的改造，通过释放垂直的公共空间，打造城市屋顶触媒。

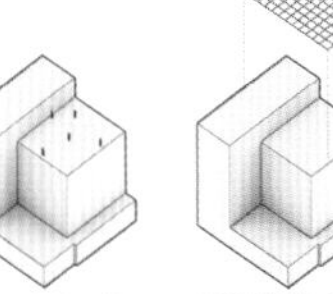

1.在更新前，澳门拥有较少的活动场所及种植场所

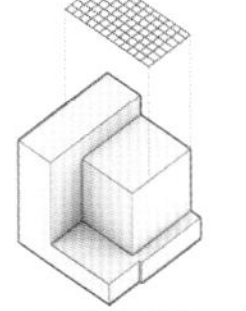

2.利用建筑，植入可移动模块于屋顶场所及挡风墙

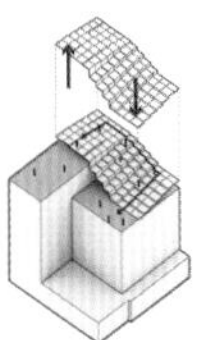

3.创造山形建筑模块连接建筑的错层，延伸公共空间

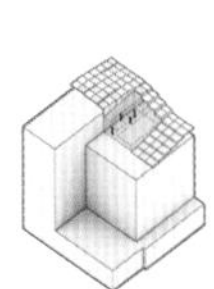

4.在山形建筑模块下创造新的活动空间，供休息、活动

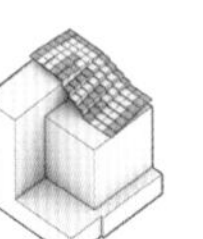

5. 在一定的建筑模块留出种植空间，并收集雨水

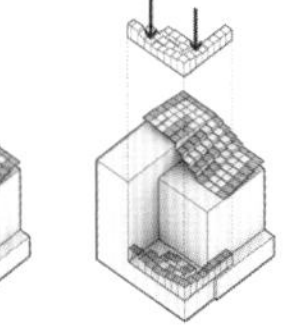

6.同样，在二层平台植入建筑模块

7.以同样的技术创造一样多的建筑模块在二层

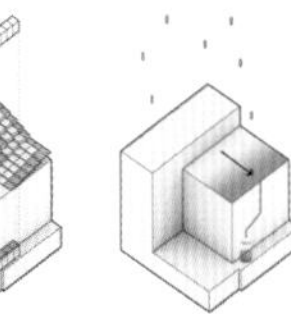

8. 在顶层收集雨水用于二层平面的灌溉

关于湾仔—内港未来生活愿景

未来生活愿景与路线

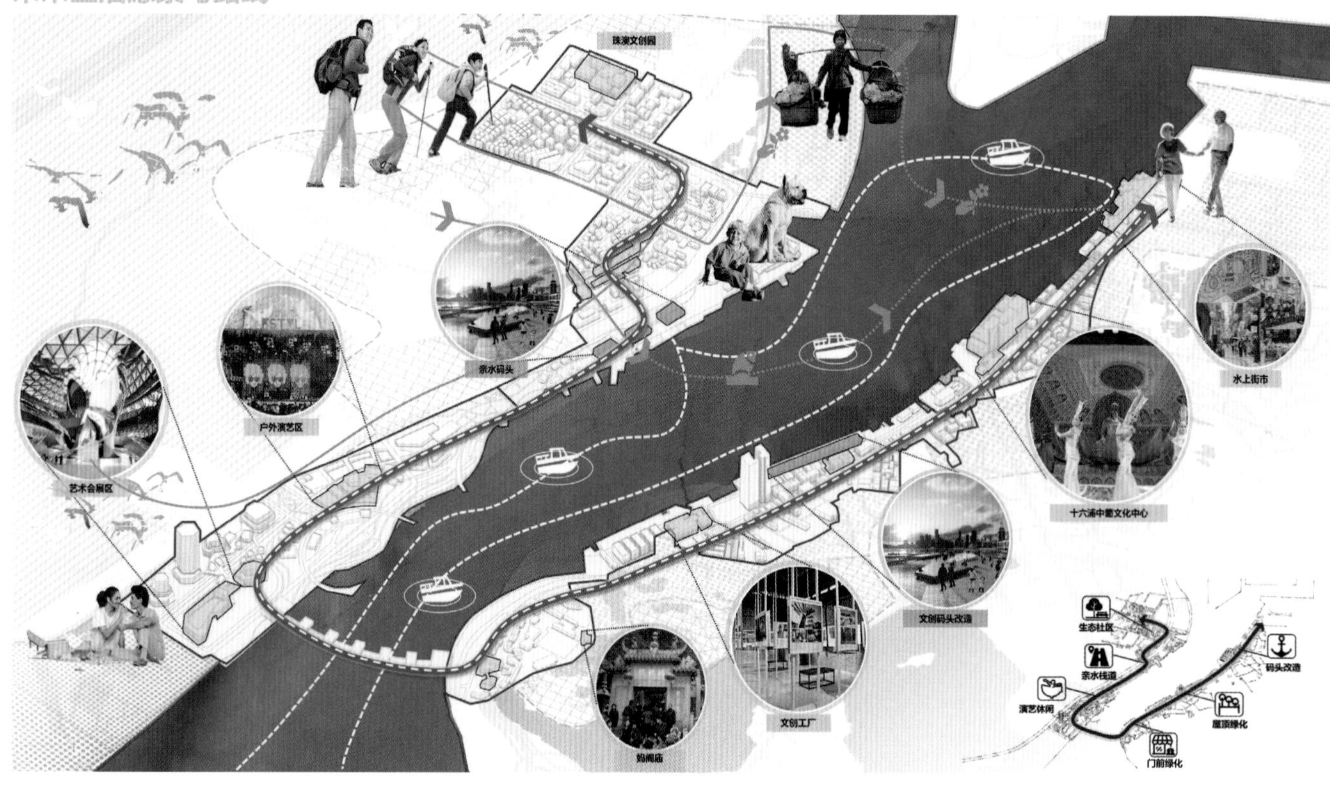

文化策略

1. 我们想利用文化柔化边界

两地交流被硬边界“行政边界”阻拦

以前山水道为媒介，流动两地文化要素

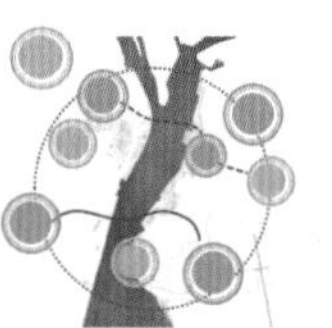

形成无形的交流边界，加强两地交流

2. 我们想在两地植入文化空间来激活社区

通过不同的艺墟与社区串联居民生活空间

街市是居民日常购物和交流的场所

卫星文化站植入模式

对房屋的二层进行改造，新建的顶层则补偿给居民，利用空中艺墟广场下的地面空间，设计错层停车库（可停放约100辆车）。车库的车位在白天主要提供给新艺墟的工作人群和商旅人群，晚上则提供给住户。通过这种功能互补，既可以吸引人流，又能缓解文创区的停车问题。

结合文化路线，在珠澳两地社区内部植入卫星文化站，把社区创作带入社区卫星艺术，并让两地青年可以在里面进行文化艺术创作。

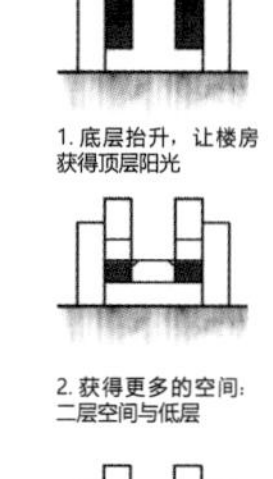

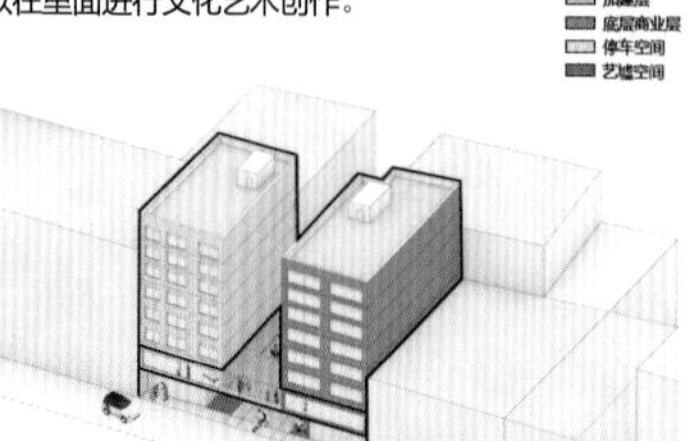

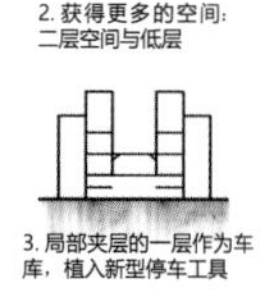

1. 底层抬升，让楼房获得顶层阳光

2. 获得更多的空间：二层空间与低层

3. 局部夹层的一层作为车库，植入新型停车工具

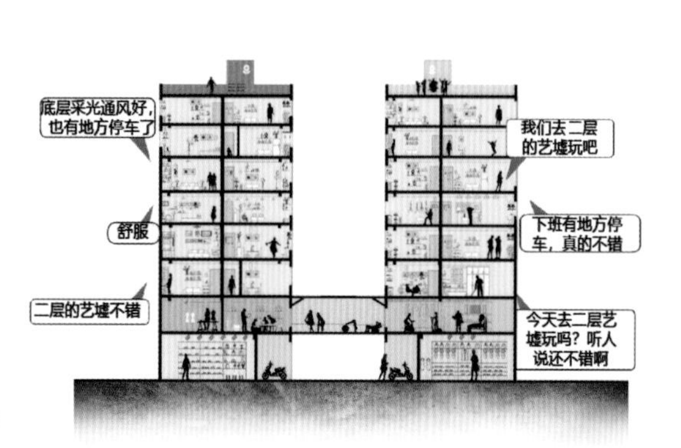

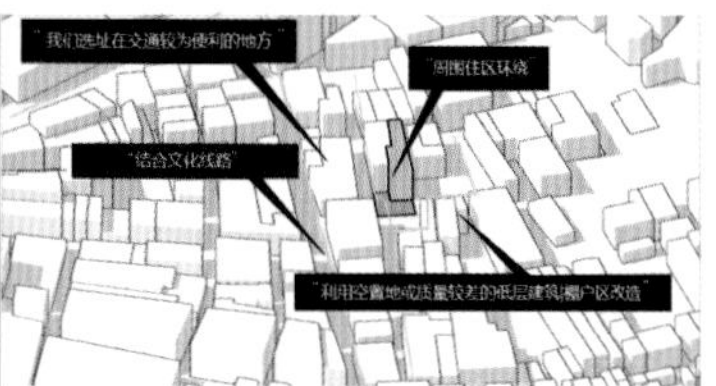

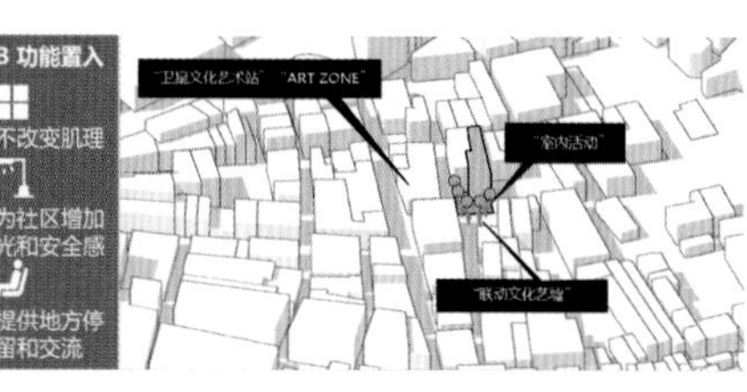

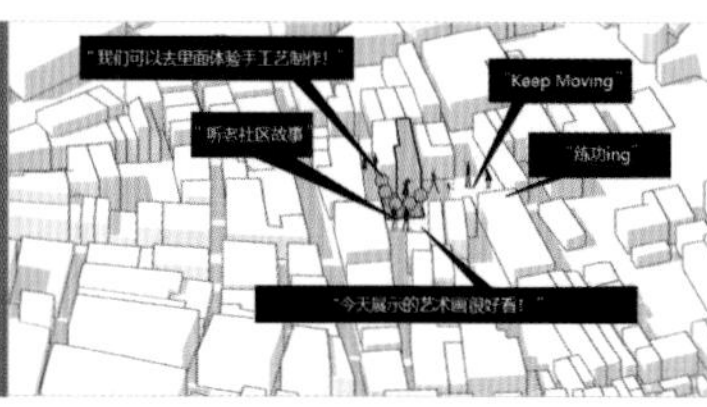

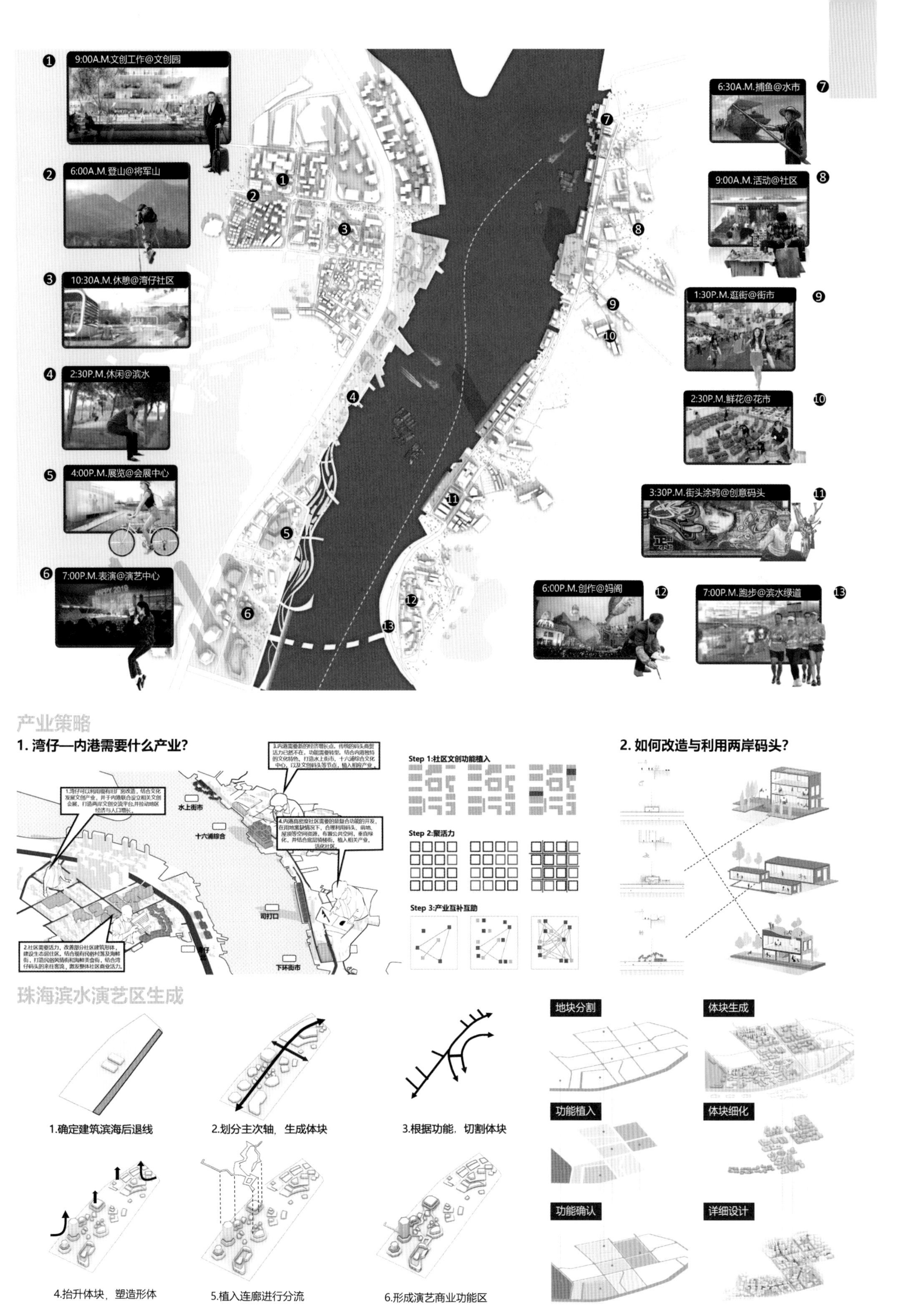
9:00A.M.文创工作@文创园
6:00A.M.登山@将军山
10:30A.M.休憩@湾仔社区
2:30P.M.休闲@滨水
4:00P.M.展览@会展中心
7:00P.M.表演@演艺中心
6:30A.M.捕鱼@水市
9:00A.M.活动@社区
1:30P.M.逛街@街市
2:30P.M.鲜花@花市
3:30P.M.街头涂鸦@创意码头
6:00P.M.创作@妈阁
7:00P.M.跑步@滨水绿道
产业策略
1. 湾仔—内港需要什么产业？
1.湾仔可以利用现有旧厂房改造，结合文化发展文创产业，并于内港联合设立相关文创会展，打造两岸文创交流平台,并拉动地区经济与人口增长。
2.社区需要活力，改善部分社区建筑形体，建设生态居住区。结合现有民俗村落及海鲜街，打造民俗风情街和海鲜美食街，结合湾仔码头的来往客流，激发整体社区商业活力。
3.内港需要新的经济增长点，传统的码头商贸活力已然不在，功能需要转型，结合内港独特的文化特色，打造水上街市，十六浦综合文化中心，以及文创码头等节点，植入相应产业。
4.内港高密度社区需要的是复合功能的开发，在用地紧缺情况下，合理利用码头、前地、屋顶等空间资源，布置公共空间，垂直绿化，并结合底层骑楼街，植入相关产业，活化社区。
水上街市
十六浦综合
司打口
下环街市
Step 1:社区文创功能植入
Step 2:聚活力
Step 3:产业互补互助
2. 如何改造与利用两岸码头？
珠海滨水演艺区生成
1.确定建筑滨海后退线
2.划分主次轴，生成体块
3.根据功能，切割体块
4.抬升体块，塑造形体
5.植入连廊进行分流
6.形成演艺商业功能区
地块分割
体块生成
功能植入
体块细化
功能确认
详细设计

魅力·多维汇——珠澳边界青洲地区的城市再生分析

广州大学 / 岑启燊 顾达智 赖冠欣 强竞

选址分析：选择潜在价值边界，以流动促进珠澳联系

区域拥有多个口岸，是门户地带。

区域人口密集，也有产业集聚。

集中了珠澳之间的人流、物流。

空间、文化、产业关系亟待研究。

边界城市空间被割裂 **北部与澳门联系更紧密** **片区是两地交通枢纽**

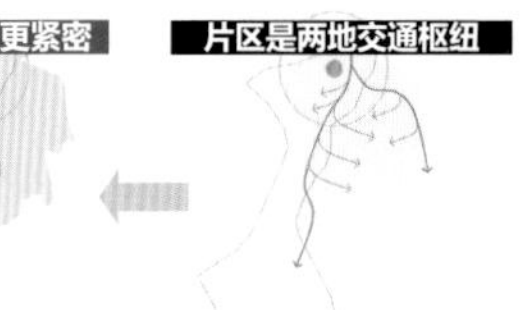

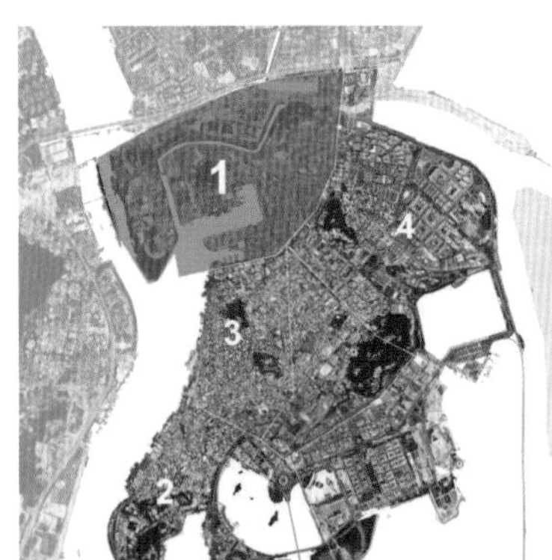

选址评价

根据小组讨论权重，对场地多个现状因子汇总，计算总体得分

设计范围：203 公顷

场地包括澳门半岛西北部与珠澳跨境工业区，含青洲、筷子基、青茂口岸及珠海站一带，以车站和口岸统计，日均客流量可达60万人次。**此处汇聚了口岸、大型交通设施、旧厂房、山体与水体等多重要素，需要进行有效梳理，方可提升边界的利用效益。**

城市空间评价：结合规划新技术，在研究范围中选择设计范围

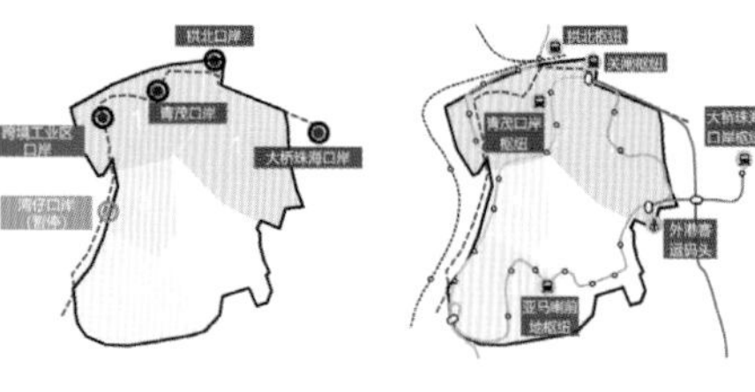

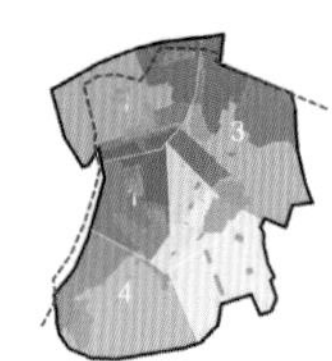

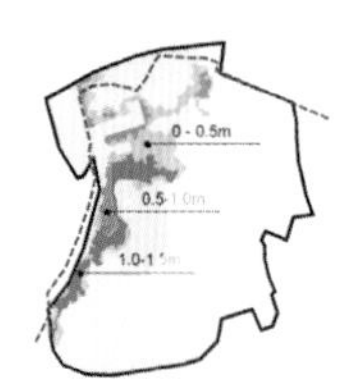

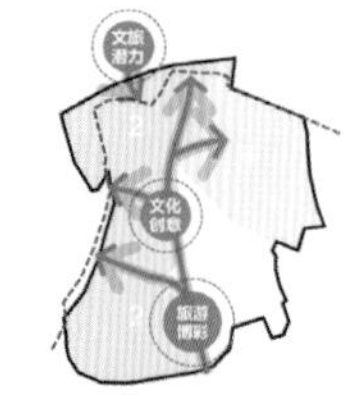

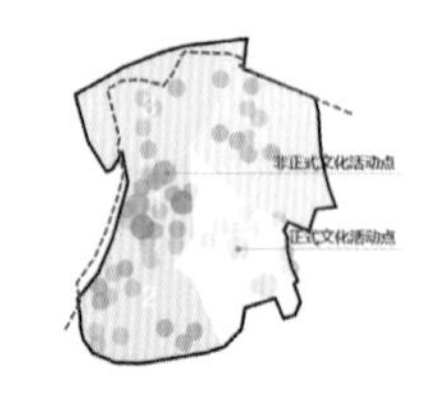

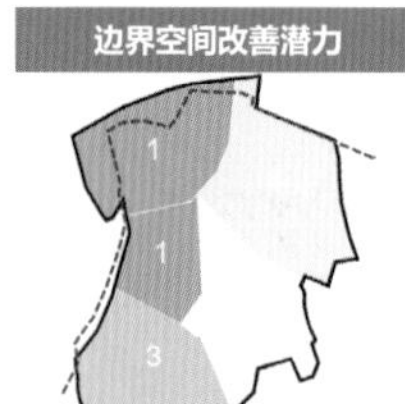

边界流动利用潜力 **边界空间改善潜力** **城市魅力发展潜力**

[数据来源：封晨、王浩锋等（2012），澳门半岛城市空间形态的演变研究]

未来边界的价值定位：边界将成为生活与生产的魅力汇聚区

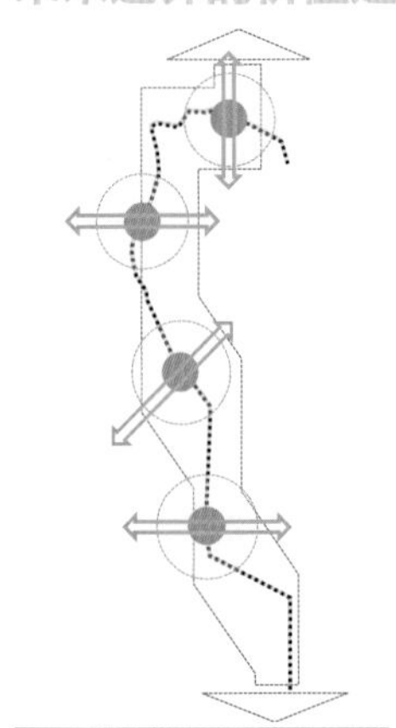

要素汇聚与流动的枢纽

建设站城一体化区域，成为陆空联运集散地。利用轨道交通延展流动，改善来往边界的交通。

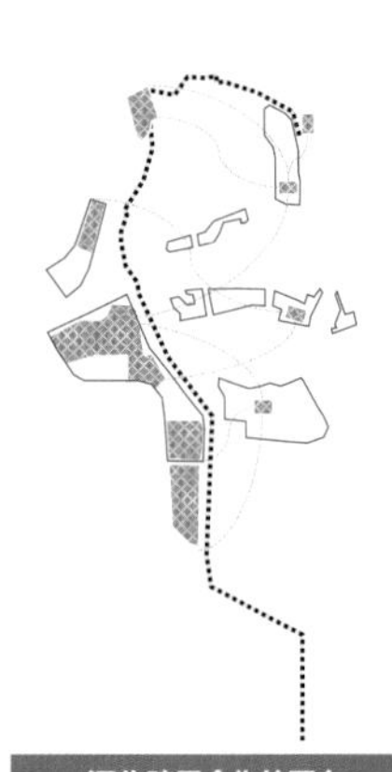

深化跨界合作的平台

打造文化旅游服务枢纽和会展商务服务据点，形成社区经济激活点，成为社区文化传播地。

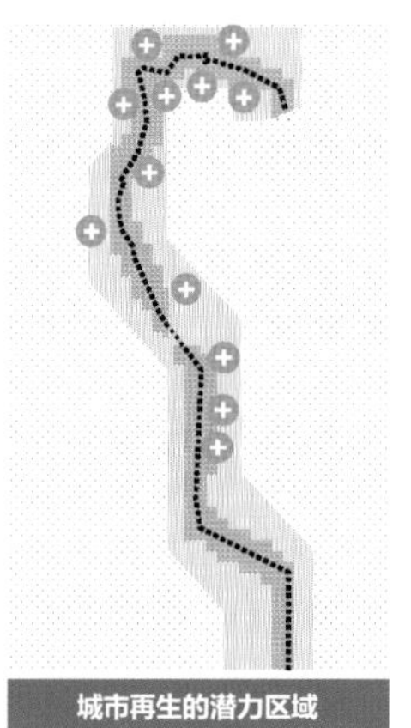

城市再生的潜力区域

产业引导的空间重建、整治更新，激活文旅产业，整理社区空间，激活文脉活力。

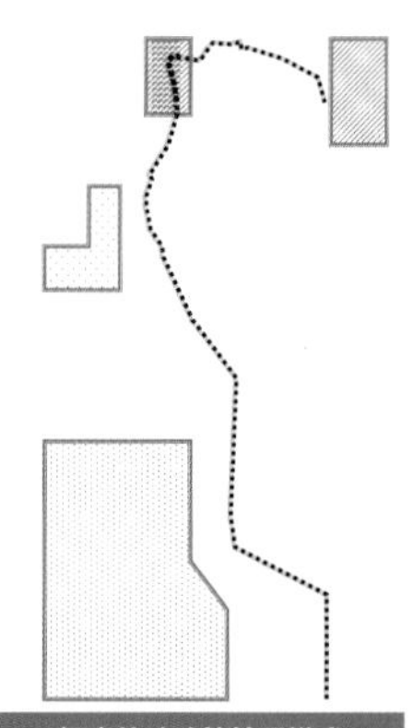

探索特殊政策管理模式

划设特别管理区，拟定特别管理区管理策略。局部区域的分层确权，邻边区域多层次利用建设。

设计策略

交通汇聚：打造两条复合型交通走廊

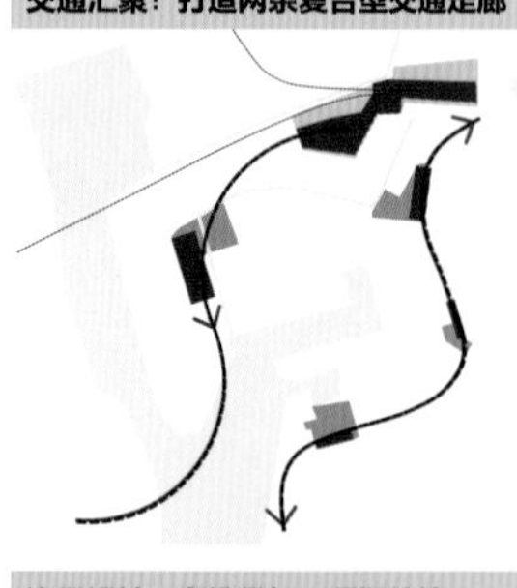

边界设计：多维叠加，重塑价值

空间激活：提出空间文化活化策略

设计场地分析

交通枢纽集中，受边界切割空间被边缘化

建设密集、局部低效利用的土地

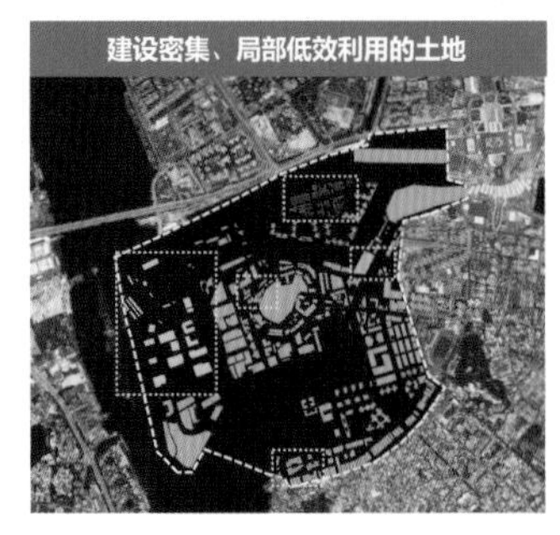

山水格局隐藏在城市中，需组织联系脉络

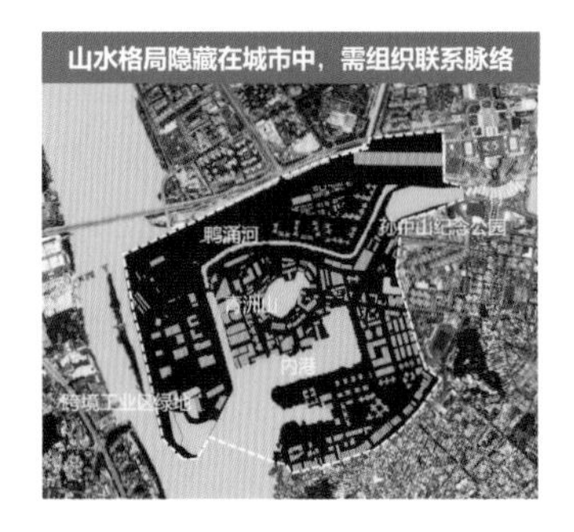

边界上的青洲，再生活力都会

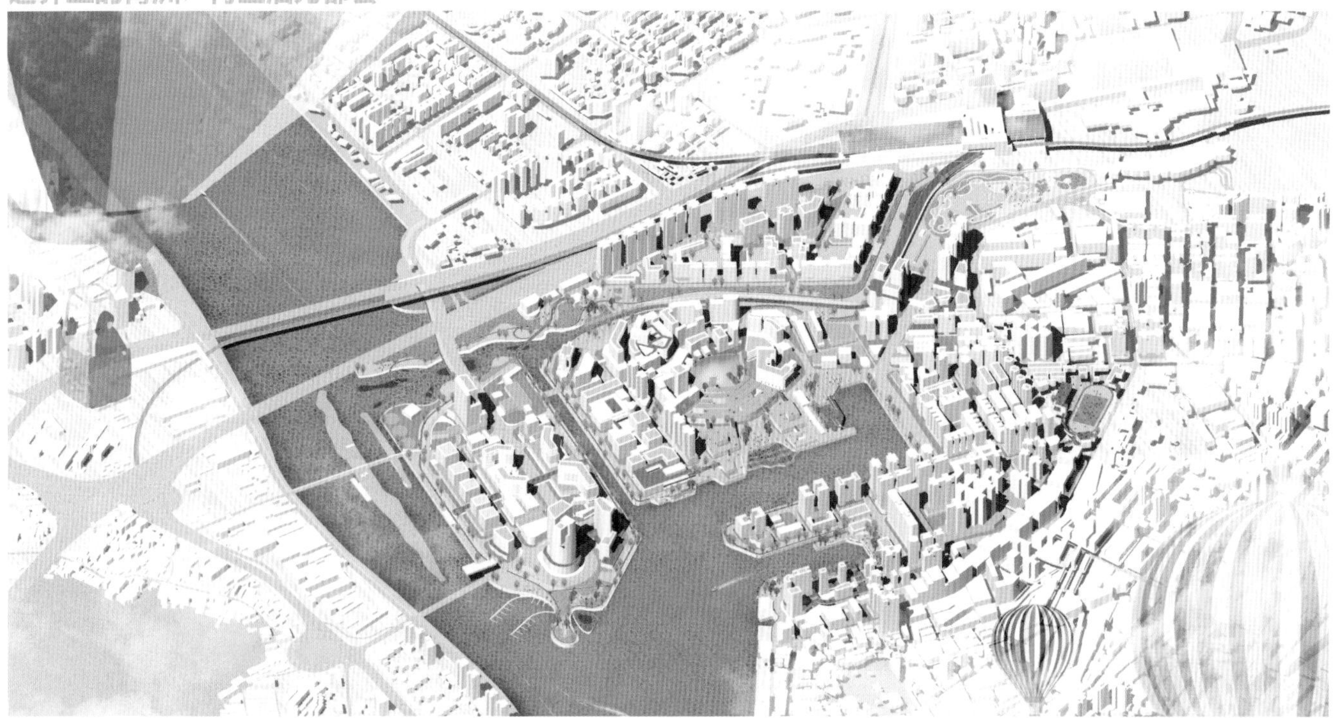

我们回应大湾区发展趋势，响应珠澳两城的发展需求。将青洲地区定位为面向国际市场的文化与创意交汇点。依靠良好的交通区位优势，改善交通枢纽服务能力，打造驱动要素汇聚的珠澳交通枢纽及旅游集散中心。在前沿平台上，在街巷社区当中，我们置入了多样的文化传播据点和服务合作平台。

总平面图

设计策略一：交通汇聚

建立快进快出口岸、枢纽的专属通道

对设计范围的交通进行整理，有序安排过境交通、生活与生产功能交通，提升区域的交通效率与辐射能力。

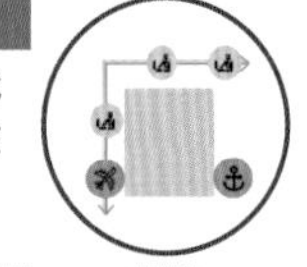

打造“1+2”的枢纽综合体

改造升级珠海站枢纽，依发展需求，建议设立跨境工业区交通中心与青茂口岸交通中心，使跨境交通有序转换，提升城市门户服务能力。

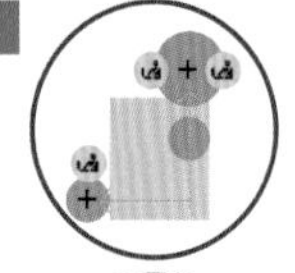

建设综合交通网络，串联边界与城市中心

提升两城的可达性，即同时提升边界到城市腹地的可达性，使城市边缘化地区，具备激活的可能性与价值。

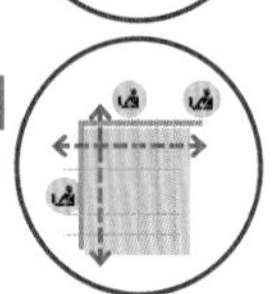

目前场地交通条件梳理：如何响应流动的增强，汇聚两地魅力、提升效益

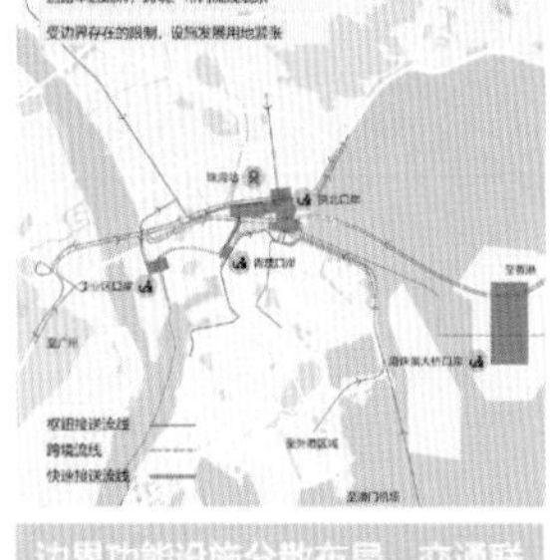

城际交通联系： 珠澳城际联系汇入湾区玄关。

道路单边疏解： 因为边界存在，道路需同时服务跨境与城市交通。

轨道未达边界： 缺乏轨交规划，城市轨交未有效相互连接。

城市交通联系： 两城交通的重要枢纽。

设施发展受限： 服务边界的设施受空间限制，难以增补功能。

缺乏慢行系统： 街道、空中连廊或地下街等，未随城市建设渗透。

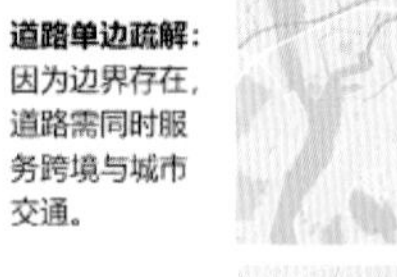
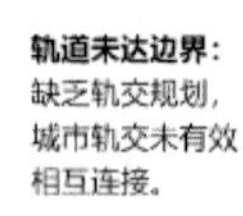
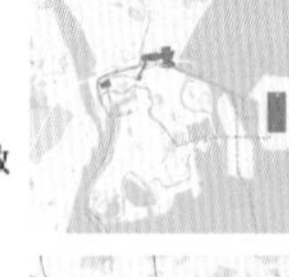

如何提升边界交通枢纽的等级，整体协调、有机转换各向交通？

如何新增交通联系，集约发展，提升空间利用效益与效率？

如何丰富来往城市与边界路径，驱动城市一体再生？

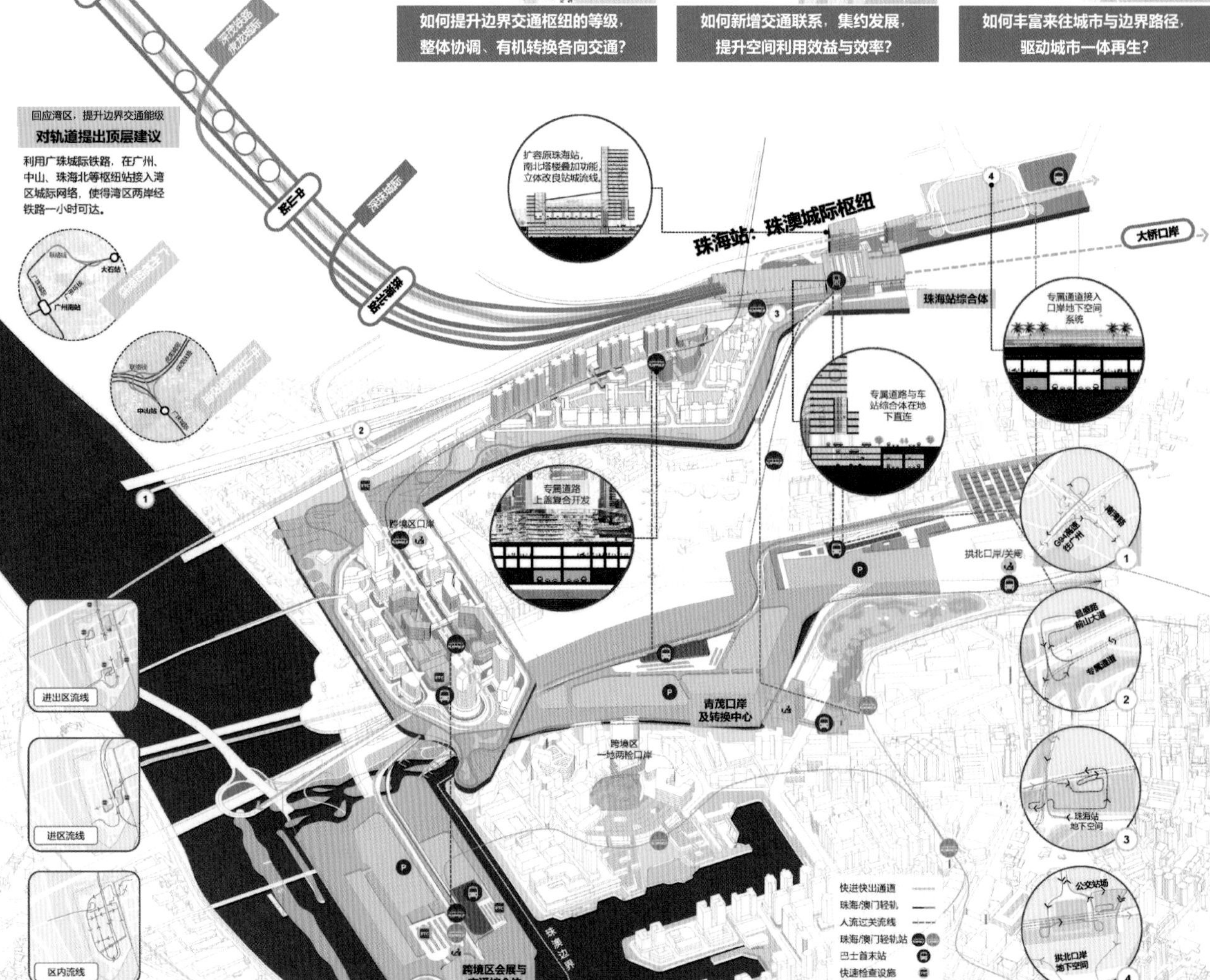

[轨道规划来源：《粤港澳大湾区（城际）铁路规划总体方案》(2019.2)]

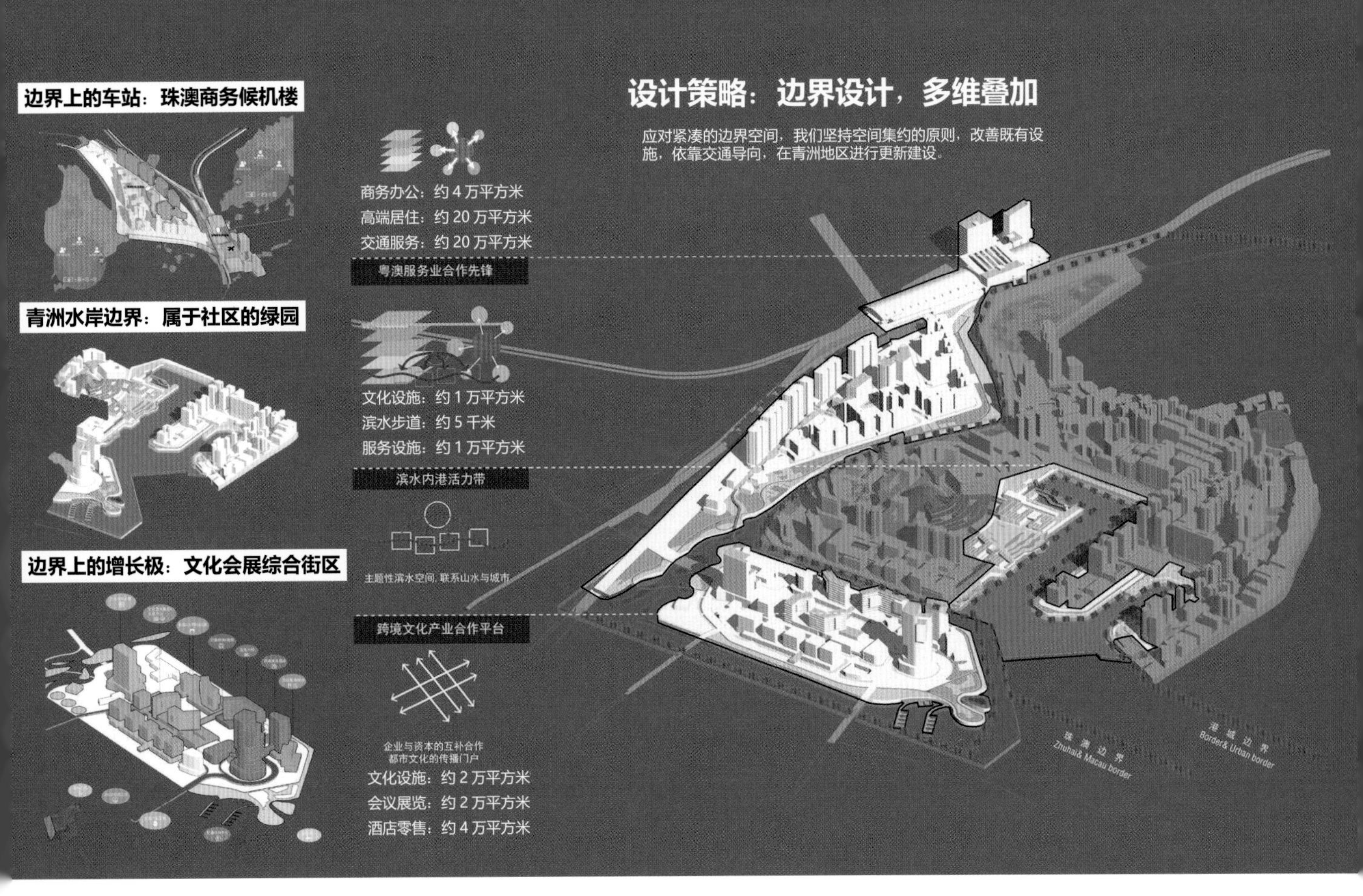

在紧凑空间中，容易发挥大型城市综合体的价值。因此，我们基于交通导向原则，在边界围绕边界流动路径，在服务设施的缺口区域增设三个综合体。我们建议将新的功能复合到原有单一功能的设施中，如口岸、车站、文化艺术设施、会展设施等，让珠澳两地“向上生长”，在立体地面上的设施中，共同承载属于珠澳的发展机遇。

围绕边界流动路径，建设枢纽综合体

A. 跨境区转换中心：会展 + 交通综合体

集约跨境合作区的用地，为地面其他设施腾出开发空间。建议设立多层次检查中心，能在检查中心便捷地与地上功能垂直转换，提升地区的便捷性。

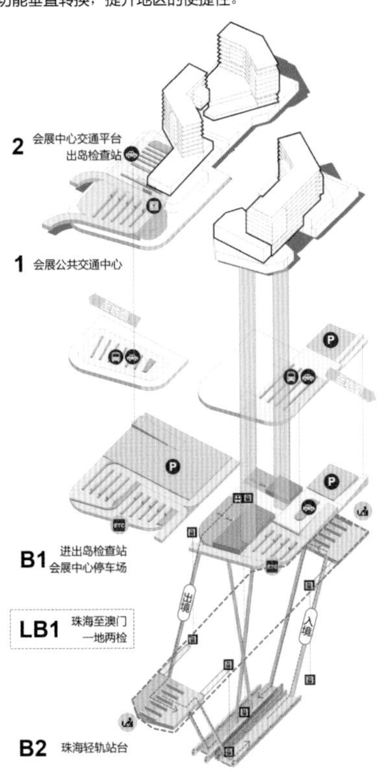

B. 珠海站综合体：站城一体化改造，完善前端服务

利用珠海站的交通区位优势，增设车站南北大楼、多层次的城市通廊。提高珠海站和珠澳跨境人流的进出效率，将大量的人流高效梳理，转换为商流、文化流。

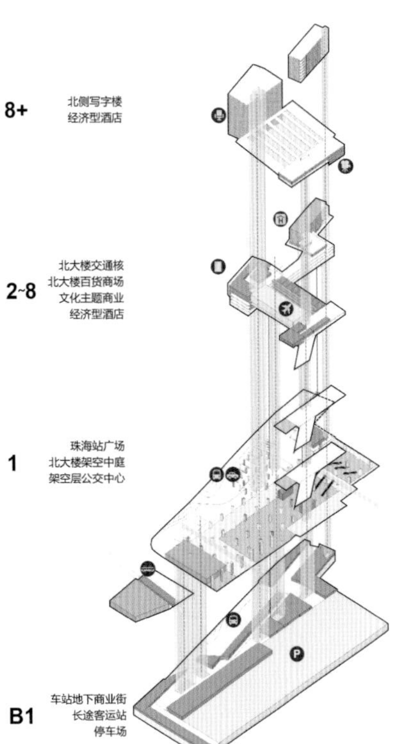

C. 青茂口岸综合体：澳门的前沿城市门户综合体

建议联动开发口岸东侧用地，将口岸往来澳门的人流转化为客流，提升青茂口岸的服务能力。推动口岸周边城市再开发，改善门户形象，驱动澳门北部旧区城市再生。

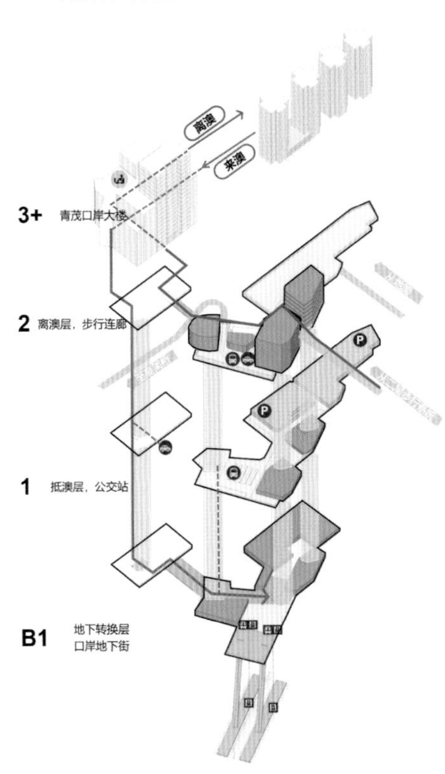

设计策略二：空间再生，探寻文化脉络空间特征

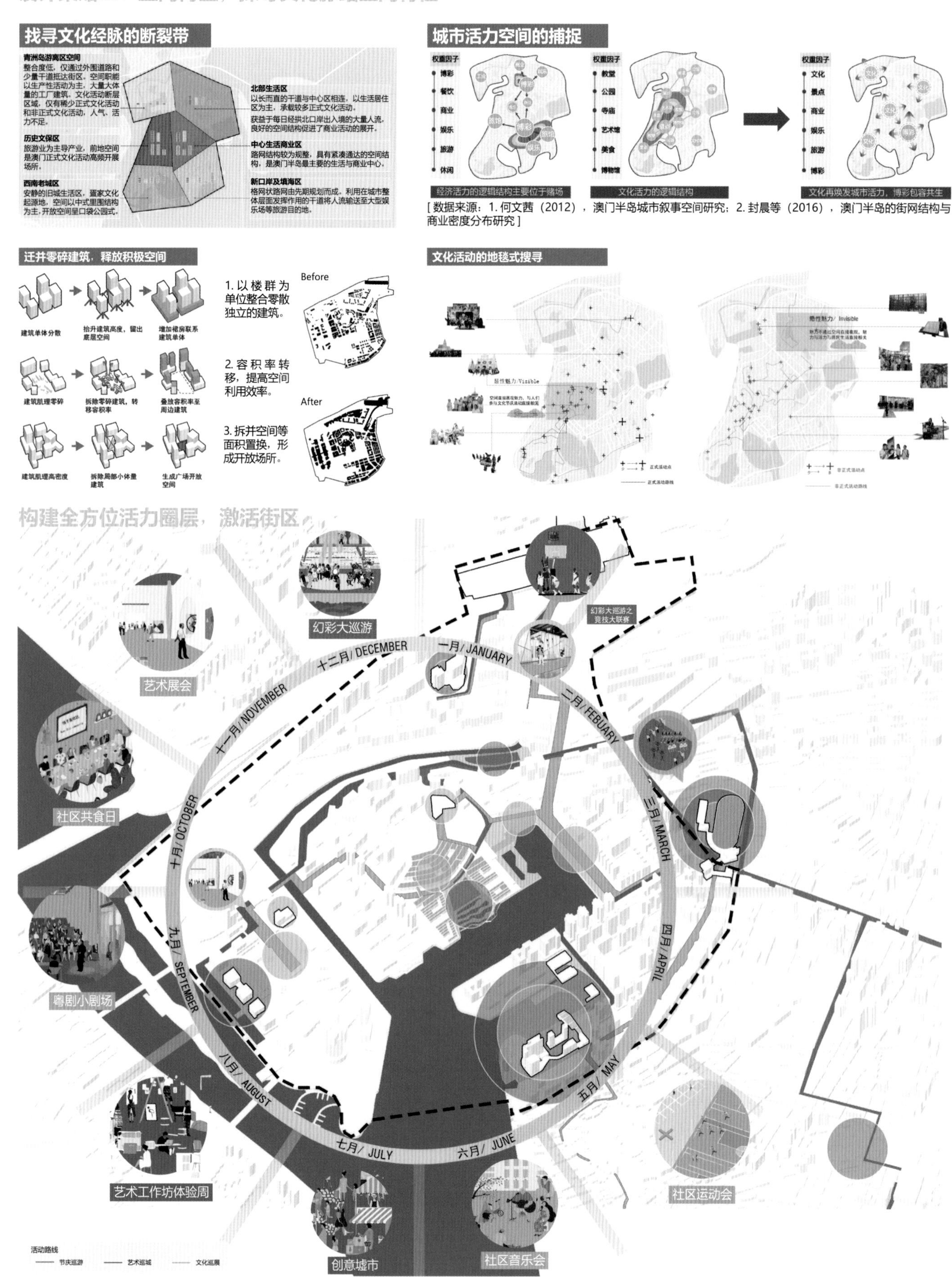

广东工业大学

指导老师

葛润南

吴玲玲

陈颖

陈志皓

林全

马进发

童芷娇

朱晓伟

设计感言

首先，特别感谢华南理工大学建筑学院举办此次联合毕业设计，感谢母校葛润南老师和吴玲玲老师对我们的指导。

在此次联合毕业设计工作坊中，我们受益匪浅。从粤港澳大湾区边界视角去探讨边界地区的城市设计，是一件既有意义又充满挑战的事情。

在此次联合毕业设计中，我们一行六人共同完成了珠海和澳门场地调研，并依据不同方向独立完成六个方案，为湾区两岸提出多种构想。这六个独立方案虽然有相同的理论研究基础，但在设计上具备各自不同的风格。

最后，谨代表我们小组对组织此次活动的老师及同学表达深深的敬意与感谢。也祝所有参加此次活动的兄弟院校的同学一切顺利。

ABC+ 珠澳活力边界共同体城市设计

广东工业大学 / 林全 马进发 朱晓伟

设计说明

随着珠海与澳门的边界在空间与政策上的逐渐模糊化，边界之间的过渡地带成为珠澳居民各类交往活动的重要节点。此次规划设计围绕“珠澳边界场所再造”的主题，进行具体的方案设计。以“共享”为核心概念，以打造满足珠澳居民便捷工作、创意交流、资源共享的交流交往平台为愿景，故选取珠澳边界的重要节点之一的青洲工业区进行方案设计。

设计方案一：共享边界　珠澳漫廊

设计构思

通过搭建一条连通珠海及澳门的景观连廊，促进珠澳跨境工业区两园区融合，弱化现有的珠澳边界，同时整合两地土地、强化城市功能复合，治理鸭涌河，打造湿地公园，形成片区活力共同体，引领大湾区互联。

现状分析

基地位于珠澳边界北部，珠海拱北茂盛围与澳门青洲之间，为珠澳跨境工业区及周边用地。基地周边交通便利，毗邻广珠城轨珠海站，有多条城市主干道环绕，但连通园区只有单一入口；周边景观良好，有极佳的生态景观基础，但分隔两园区的鸭涌河污染严重；基地现有功能单一，主要为工业及物流，周边生活人群与基地缺少互动。

基地区位

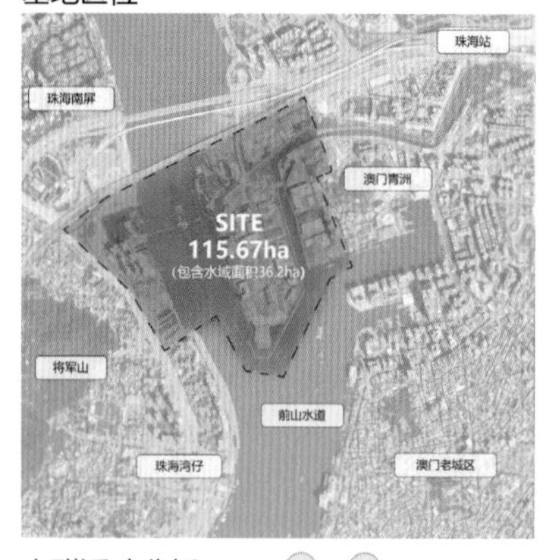

交通分析

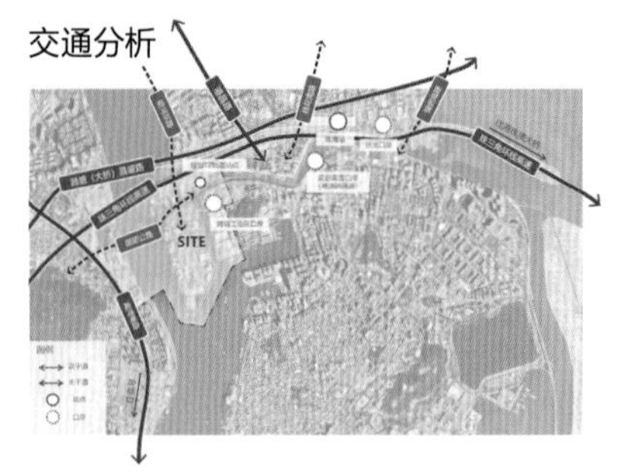

景观分析

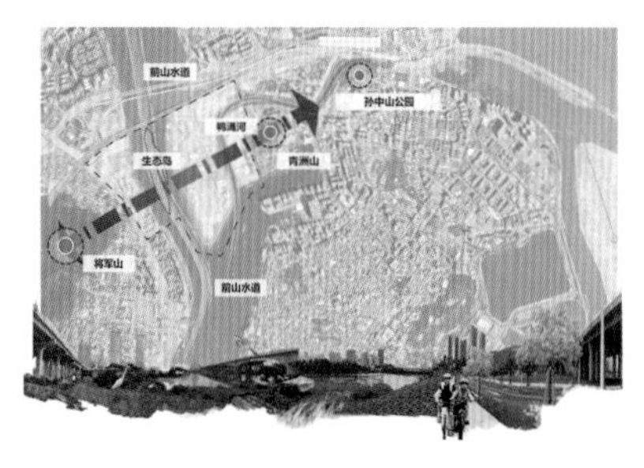

人群活动分析

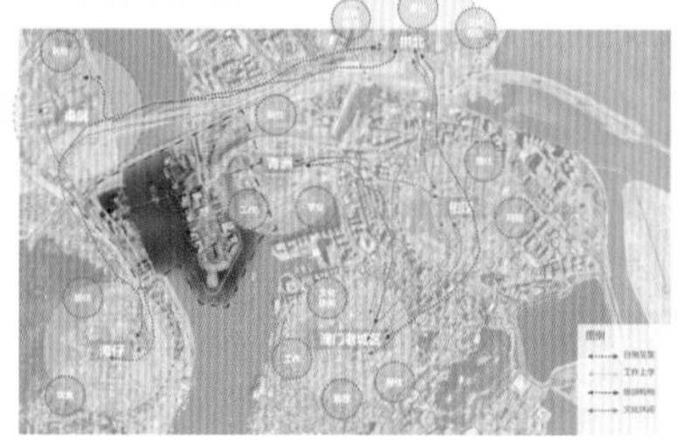

基地周边建筑肌理分析

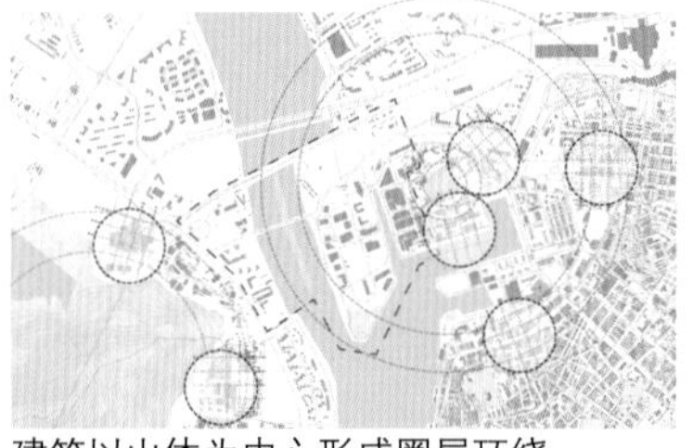

建筑以山体为中心形成圈层环绕

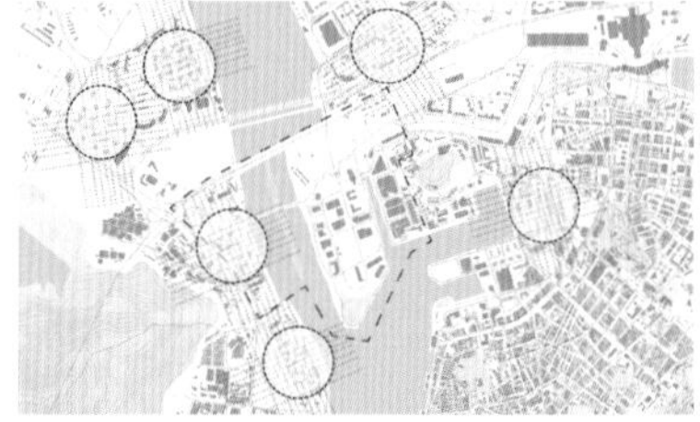

建筑主要景观面与江岸平行

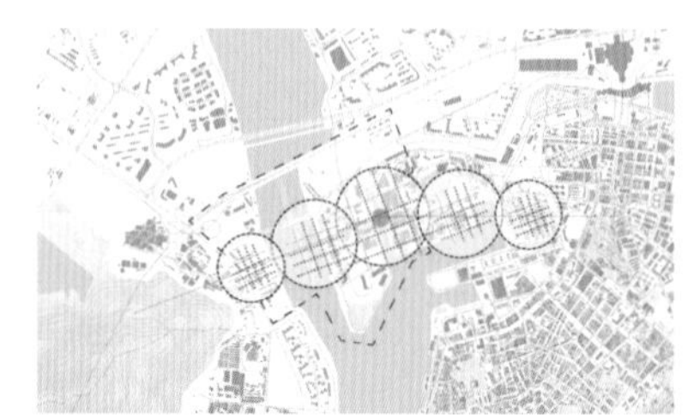

建筑体量以跨境工业园为中心向外缩小

发展策略

策略一：整合功能，调整用地
策略二：整治鸭涌，打造公园
策略三：珠澳漫廊，串联园区
策略四：打造文创科技园区
策略五：打造城市地标

规划结构

功能分区

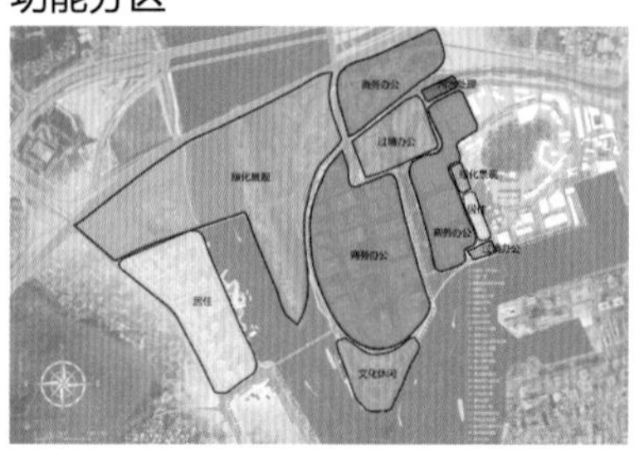

车行系统

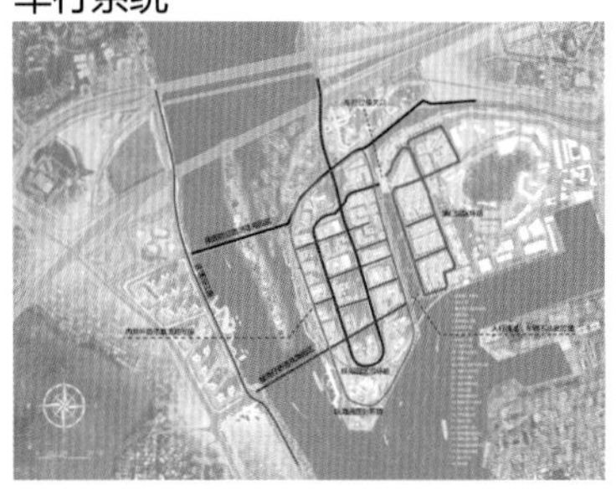

慢行系统

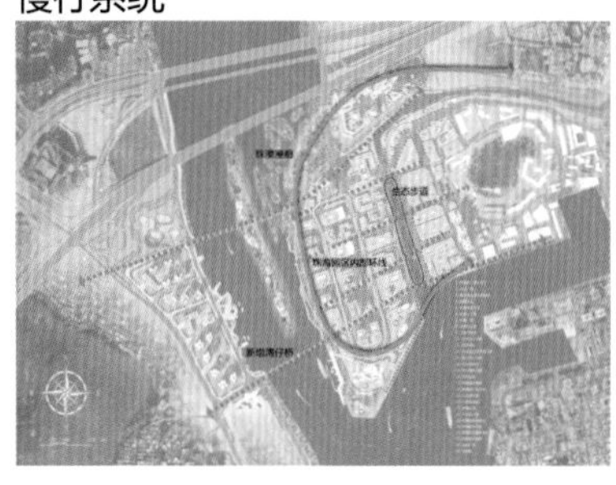

景观结构

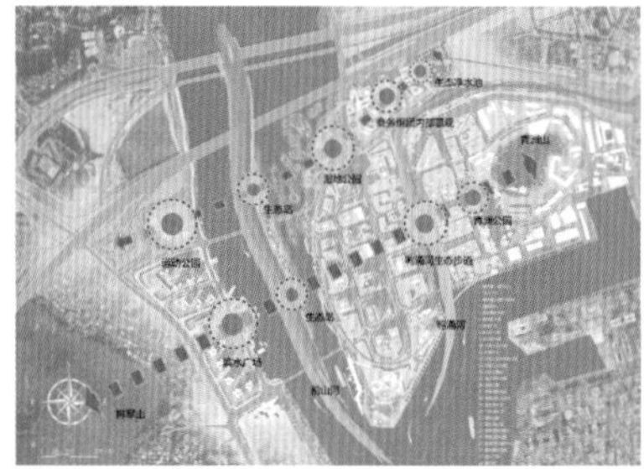

总平面图

1. 珠澳眼（摩天轮）
2. 无边广场
3. 粤港澳大湾区规划馆
4. 游船码头
5. 珠澳国际大厦
6. 珠澳双子塔
7. 珠澳广场
8. 科技办公楼
9. 立体停车场
10. 文创办公组团
11. 珠澳中心
12. 跨境工业区专用口岸
13. 商业办公组团
14. 污水处理站
15. 电子商务组团
16. 青洲公园
17. 珠澳港廊景点
18. 鸭涌河生态步道
19. 生态净水池
20. T2轨道站点
21. 湿地公园
22. 生态岛公园
23. 珠澳港廊观景台
24. 珠澳运动公园
25. 珠澳社区服务中心
26. 新增居住组团
27. 滨水广场
28. 湾仔桥
N
S
W
E
0 50 100 200（m）

鸟瞰图

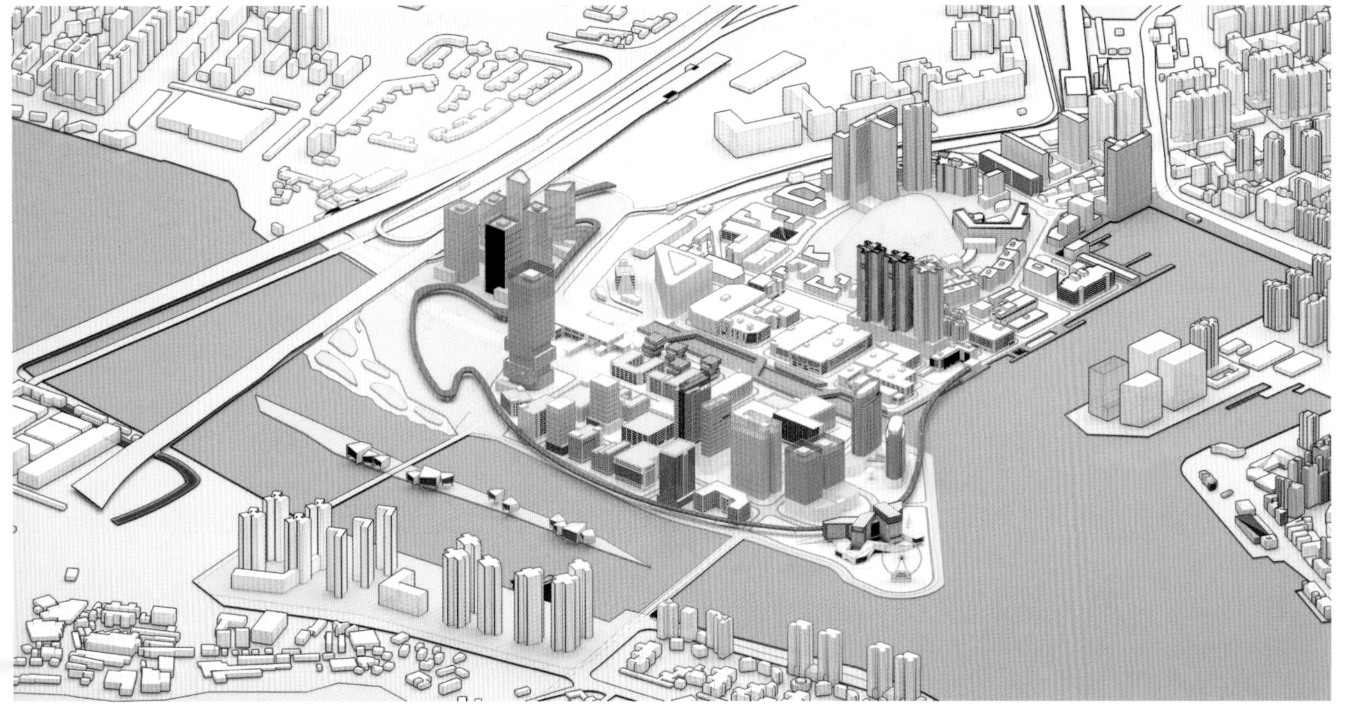

设计方案二：共享边界　活力青洲

设计构思

此次边界城市设计以修补缝合式的更新改造为主。针对可建用地进行整合与分析，根据上位规划的指导以及国家政策优势进行开发，对场地进行修补缝合式的更新改造。

核心议题

议题一：如何在大湾区背景下彰显珠澳**边界优势**？

议题二：如何加强范围内的珠澳**跨境交通**往来？

议题三：如何进行跨境工业区园区**产业升级**转型？

议题四：如何提升青洲地区的**空间形象**？

设计定位

形象定位

资源共享的珠澳跨境空间

产业复合的国际合作园区

活力宜居的边界友好社区

功能定位

共享边界
活力青洲

规划结构

两心：商业会展核心　文创办公核心

一环：环青洲山活力环

一轴：环鸭涌河生态景观活力轴

四区：仓储物流区　文创办公区　商务会展区　科教生活区

仓储物流区
科教生活区
文创办公区
商务会展区

设计策略

科创展销，塑造园区的多元产业结构

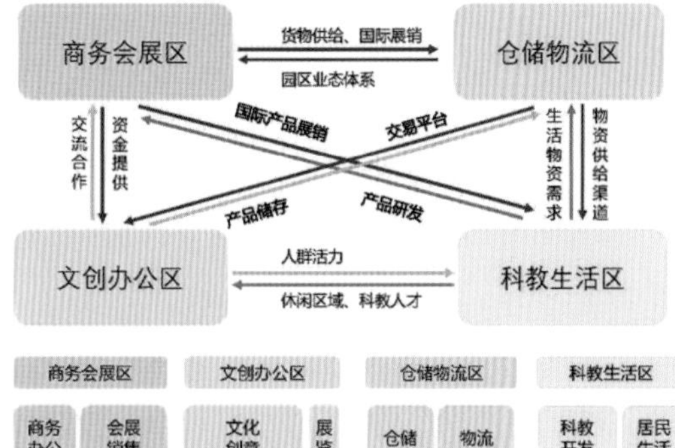

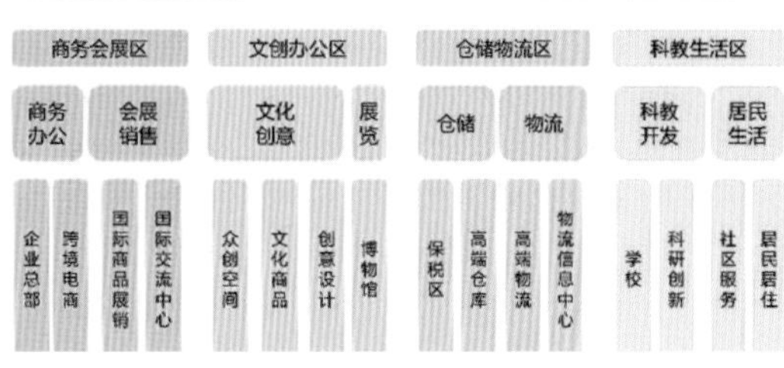

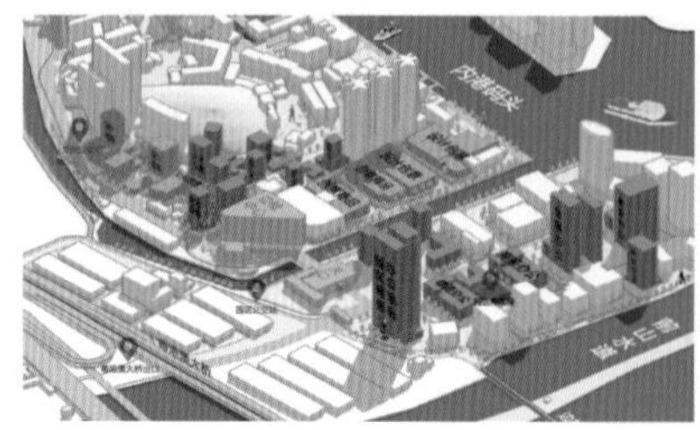

建筑业态分布图

密切联系，协调片区交通及跨境联系

通过重新规划道路等级，优化园区道路系统，明确园区的通关、人群往来路线规划以及增设通关关口、延长通关时间，从而满足居民、员工及办事人员的出行需求，从而也缓解其他出入境关口的通行压力。

道路等级规划

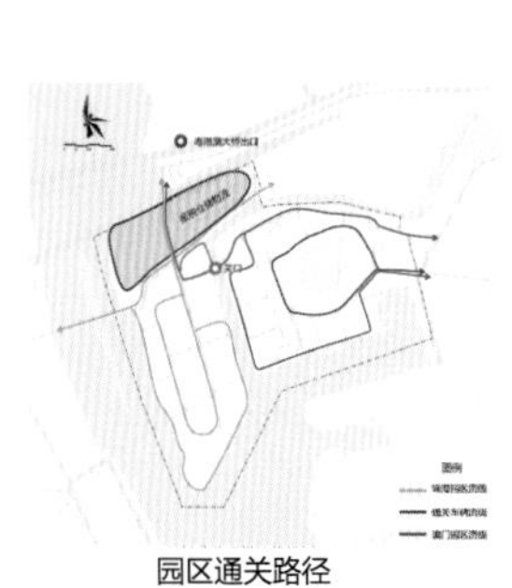

园区通关路径

出入境路线规划

中葡友好，打造创新的国际合作试点

沿着青洲山内环策划一系列的中葡文化交流活动，包括国际社区活动、中葡文化展览、国际水上游艇娱乐、圣若瑟大学文化开放活动、人才公寓交流、科创交流等一系列的活动，促进未来青洲居民与葡语系国家进驻人口的交流与联系。

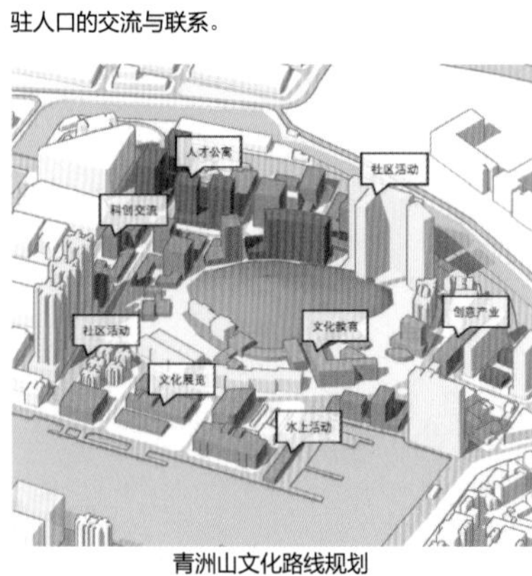

青洲山文化路线规划

蓝绿共融，构建品质良好的活力社区

根据场地绿化不足以及场地范围有限的问题，进行修补缝合式的景观修复，串联主要景观节点、次要景观节点、滨水绿道等要素，构建青州活力内环。

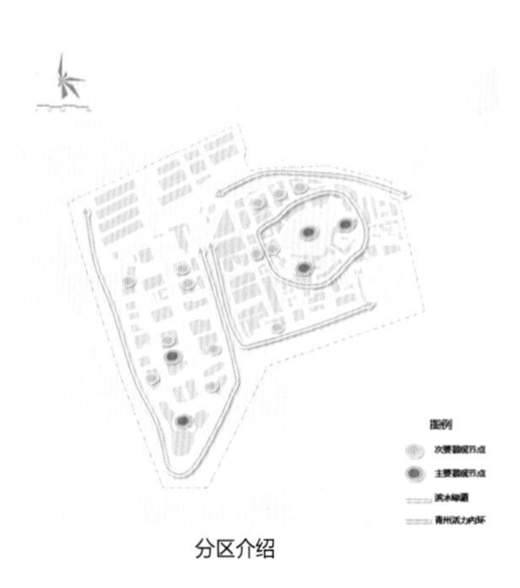

分区介绍

总平面图

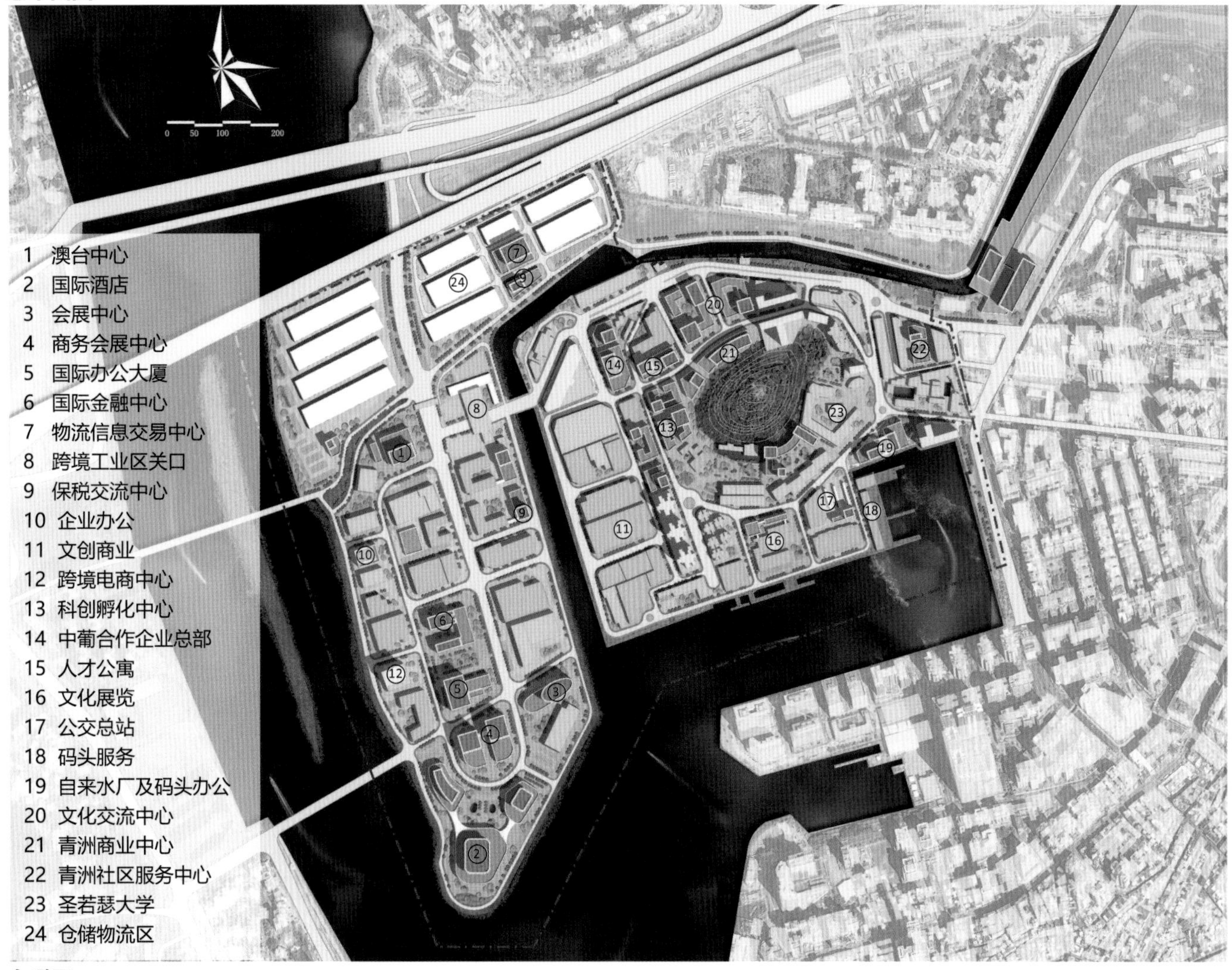

0 50 100 200
1 澳台中心
2 国际酒店
3 会展中心
4 商务会展中心
5 国际办公大厦
6 国际金融中心
7 物流信息交易中心
8 跨境工业区关口
9 保税交流中心
10 企业办公
11 文创商业
12 跨境电商中心
13 科创孵化中心
14 中葡合作企业总部
15 人才公寓
16 文化展览
17 公交总站
18 码头服务
19 自来水厂及码头办公
20 文化交流中心
21 青洲商业中心
22 青洲社区服务中心
23 圣若瑟大学
24 仓储物流区

鸟瞰图

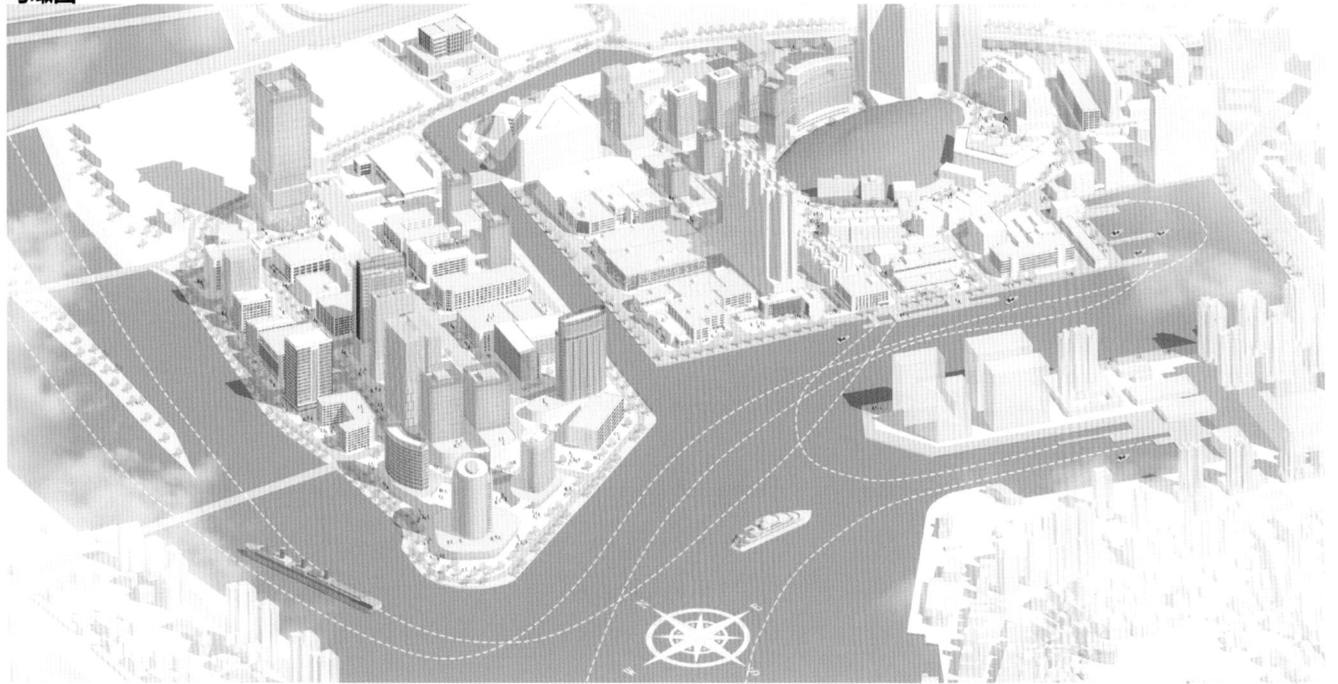

设计方案三：共享边界　活力关闸

规划目标

通过整体的城市设计，整合土地利用、城市功能与景观、交通基建、文物旅游、社区设施等功能，改善口岸的各项基础和社区设施，使其能同时服务居民与游客。我们希望关注场地内交通枢纽与口岸和社区的空间联系，打破现有边界，建立健康完善的共享社区。

现状交通流线

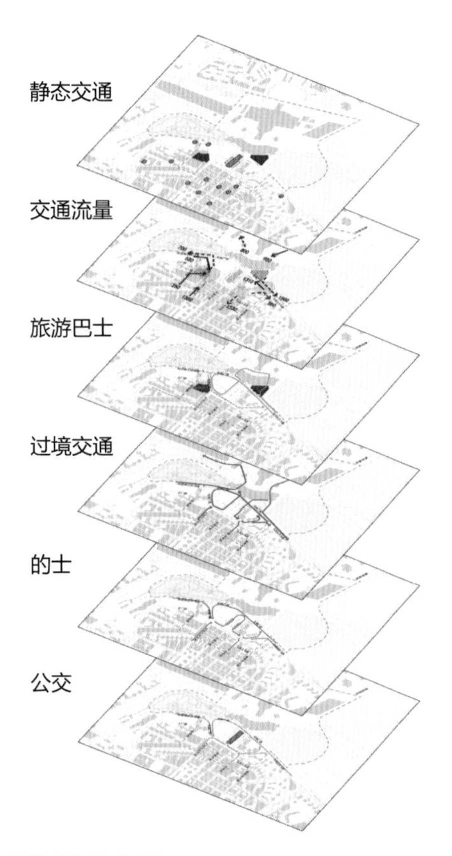

规划设计策略

1. 解决问题

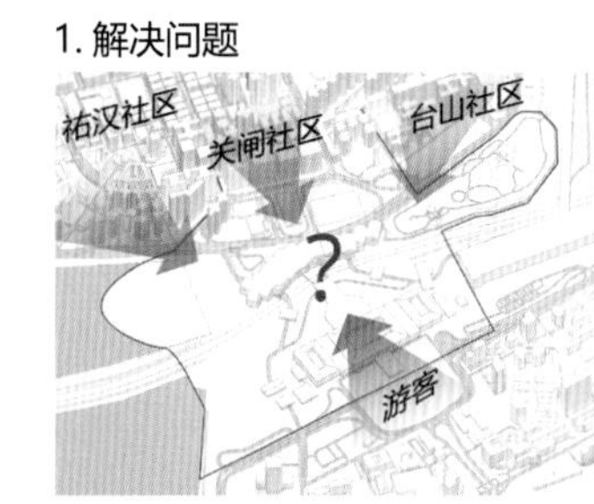

2. 口岸机遇

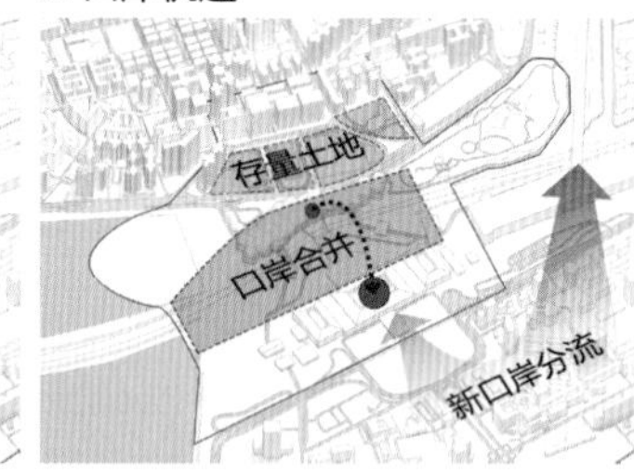

1. 存量土地有待更加集约高效地利用；
2. 一地两检模式可节约口岸用地；
3. 新的青茂口岸可分流一半以上的人流量

3. 绿道与公共服务设施

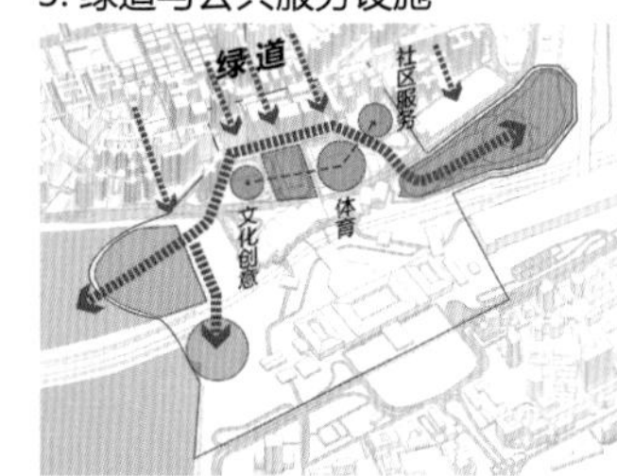

4. 商贸合作

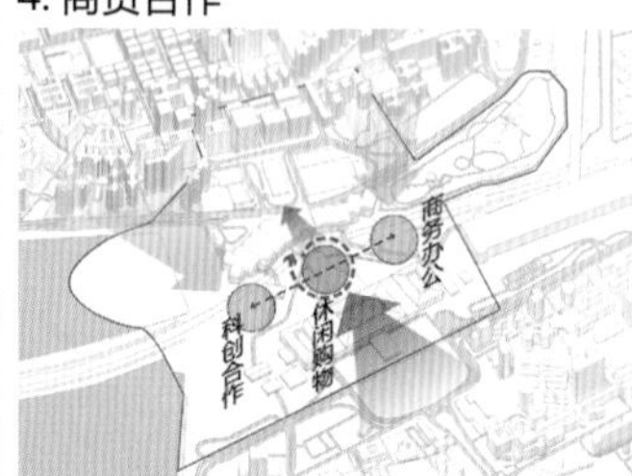

在拱北与关闸之间建立休闲购物区，一方面可以丰富过关体验，另一方面也可以留住游客，进而减少游客人流对社区的影响

5. 地下交通

6. 高度控制

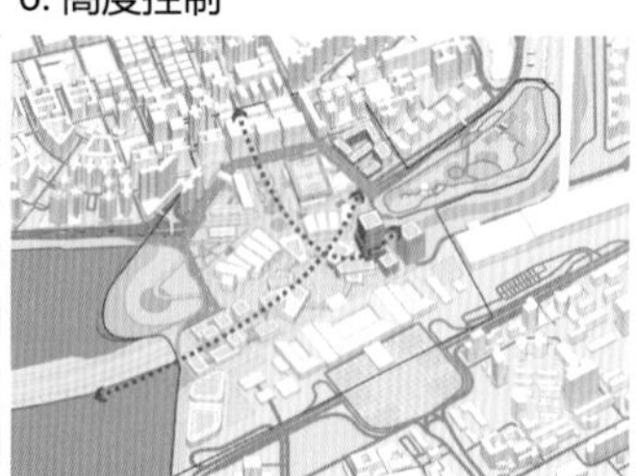

控制高度，使中间空间低，缓解社区高密度空间的压迫感

现状分析与愿景

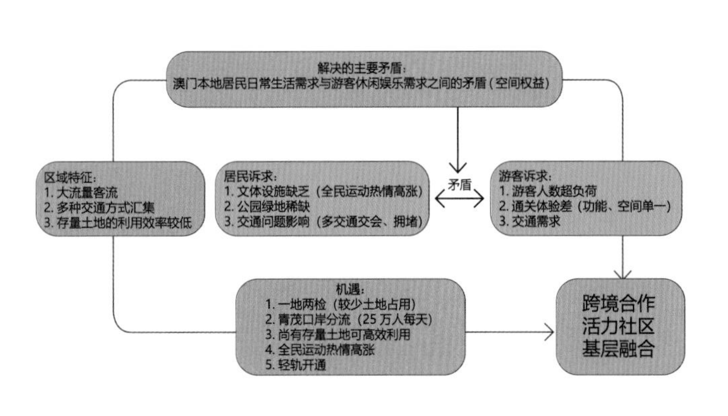

立体交通规划

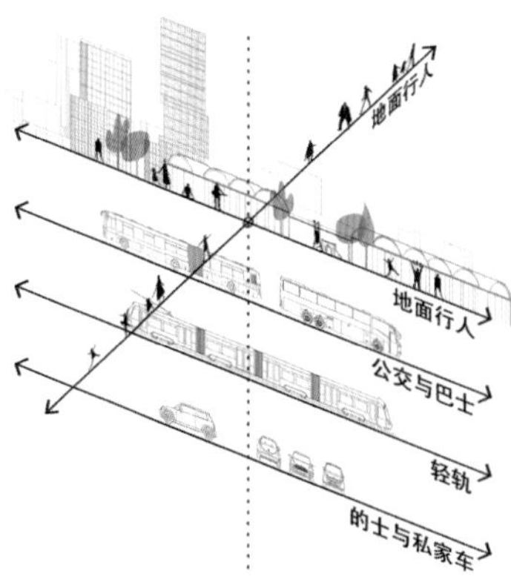

关闸广场作为地区重要的大型开放空间，是市民和游客活动的核心区域。同时，地面交通规划了顺畅的人行流线，南北串通关闸及既有城区，并结合立体连通方式，东西连接城市大型绿地、轻轨车站、水岸空间。

为避免过境车流干扰计划区内都市空间之宁适性与连续性，未来外环路规划应以地下道穿越的方式疏导穿越性车流，并将巴士动线设置于南侧且设置于地下，将地面开放空间整体留设给行人使用。

局部透视图

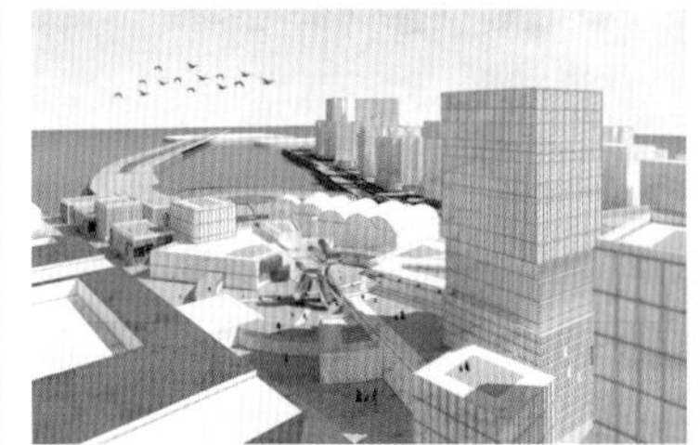

总平面图

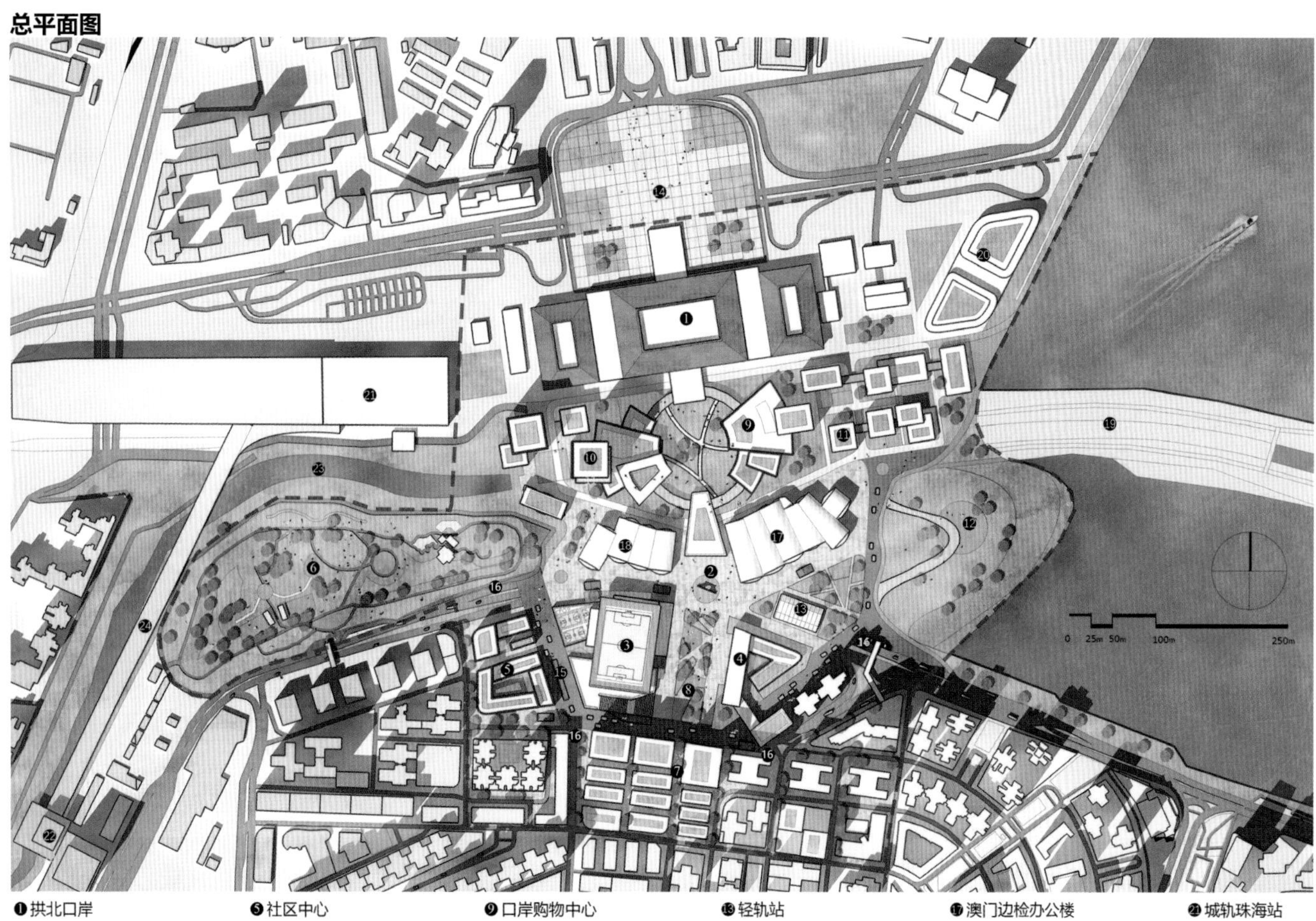

1. 拱北口岸
2. 关闸拱门
3. 市民体育馆
4. 澳门文化艺术馆
5. 社区中心
6. 孙中山公园
7. 社区休闲街
8. 关闸广场
9. 口岸购物中心
10. 商务办公区
11. 珠澳科创中心
12. 湿地公园
13. 轻轨站
14. 拱北广场
15. 绿廊
16. 机动车出入口
17. 澳门边检办公楼
18. 游客服务中心
19. 港珠澳大桥
20. 华发艺术馆
21. 城轨珠海站
22. 青茂口岸
23. 鸭涌河
24. 粤澳新通道连廊

鸟瞰图

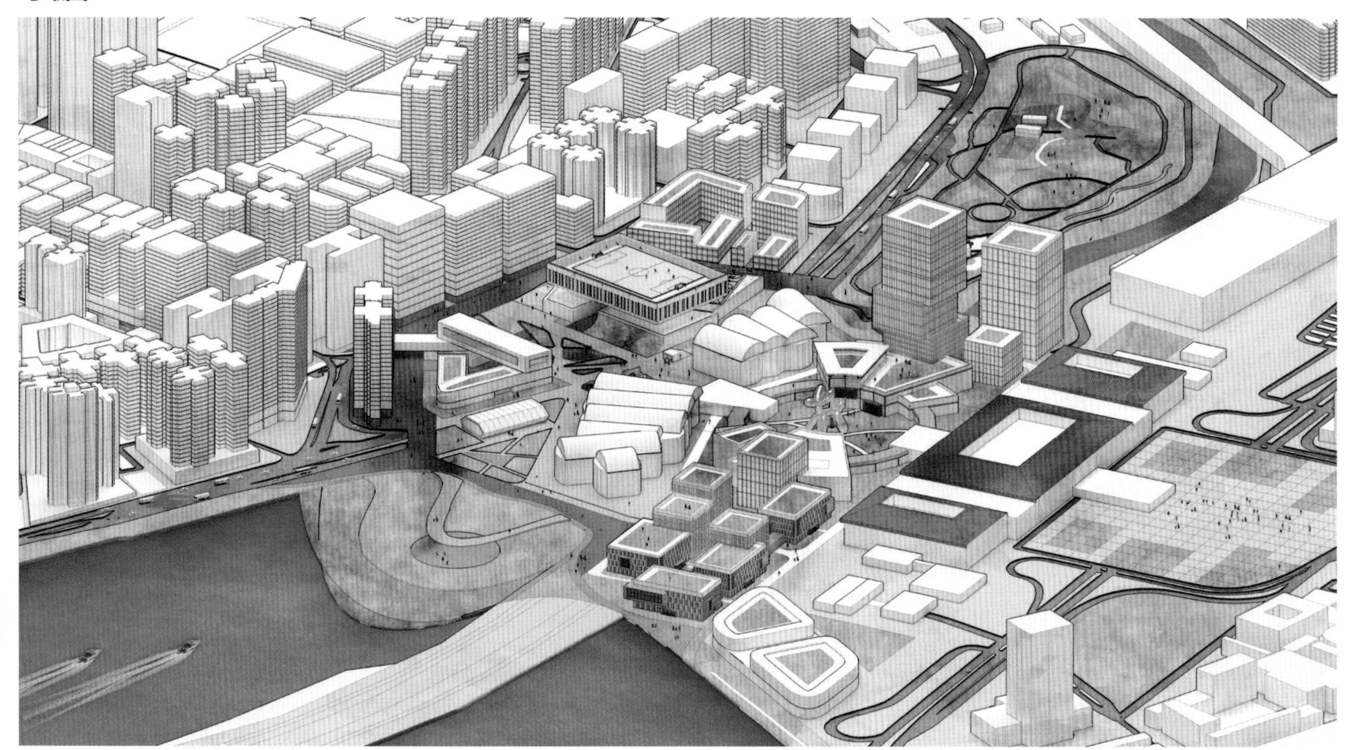

港湾筑桥，寻源凿窗——珠澳边界毕业设计

广东工业大学 / 陈颖　陈志皓　童芷娇

设计背景

不断变化的边界

珠澳边界形式是多样的，并且不断变化。狭义的珠澳边界，是由围墙、铁丝网、天然或人工的河道、检查关口等一系列实体要素所构成的，是对珠海和澳门进行分隔的界线。当进一步将人的活动及其影响纳入此范畴时，可以看到对边界的定义将进一步扩大到对边界实体的利用与改造、对边界两侧资源的综合使用、在边界两侧的其他活动等等。

边界的变化包括物理空间上的变化（造陆、修筑新的关口设施与围墙）和人对边界的认知变化（如拱北菜市场已成为部分澳门人生活的一部分）。边界变化的过程可以总结为：

1. 动力：边界两侧存在资源水平优劣差异。

2. 发展：资源需求促进跨边界功能区的形成，进而促进新的管制边界形成。在满足需求的同时，边界形式也会变得更加丰富。

3. 结果：随着功能区进一步发展，功能区辐射能力增强，原边界将变得模糊。

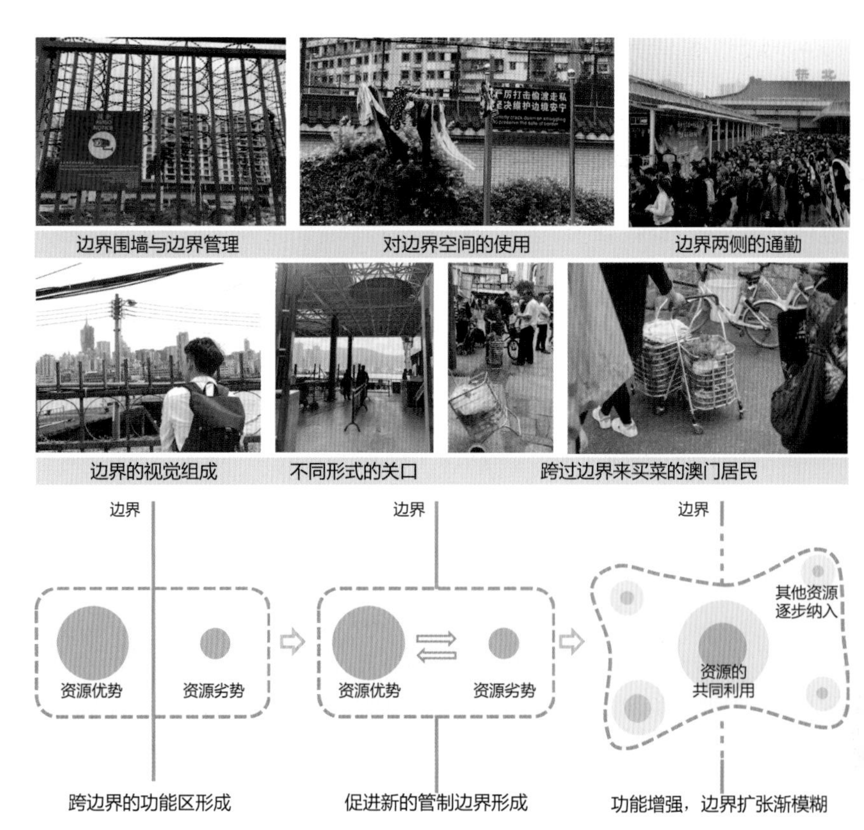

较高的生活成本

拥挤的生活空间

发达的服务业

完善的公共设施

较低的生活成本

优越的自然环境

澳门资源优劣势　　珠海资源优势

珠澳跨境工业区

跨境工业区享有特殊免税政策，建成后极大地促进了物流在边界两侧的联系。

澳门大学珠海校区

位于珠海但实施澳门法律和行政体系的特殊地段，边界的政治属性和地理属性被改变。

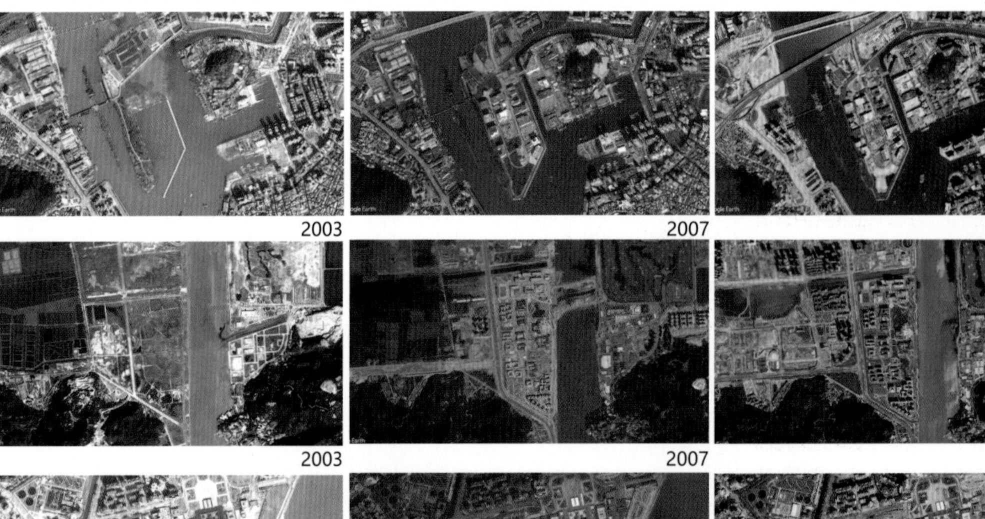

拱北关口

随着通关手续的进一步简化，生活的边界已被模糊，大量澳门居民每日过关到拱北买菜。

边界对人的影响

O’Dowd（2002）在《欧洲边界的变化意义》(*The changing significance of European Borders*) 一文中提出“边界是桥梁、资源、符号和障碍”的边界理论，**即所有的边界都同时作为障碍、桥梁、资源和身份符号的象征**，且由于问题或背景的不同，某些维度可能更加突出。边界具备如下多维特征：

桥梁：促进就业和生活便利，创造两地文化交流平台。

身份认同：挖掘边界特性，构建独特边界文化氛围。

障碍：恢复湾仔口岸使用，未来开放关卡实现双向流通。

资源：两边资源优势互补，边界地区共同建设。

作为联系的桥梁和纽带

桥梁

界仍然起
一定的阻
作用

障碍

边界

资源

两地差异可作为边界可利用的资源

身份符号

边界地区新的身份认同

珠澳边界两侧的产业分布差异

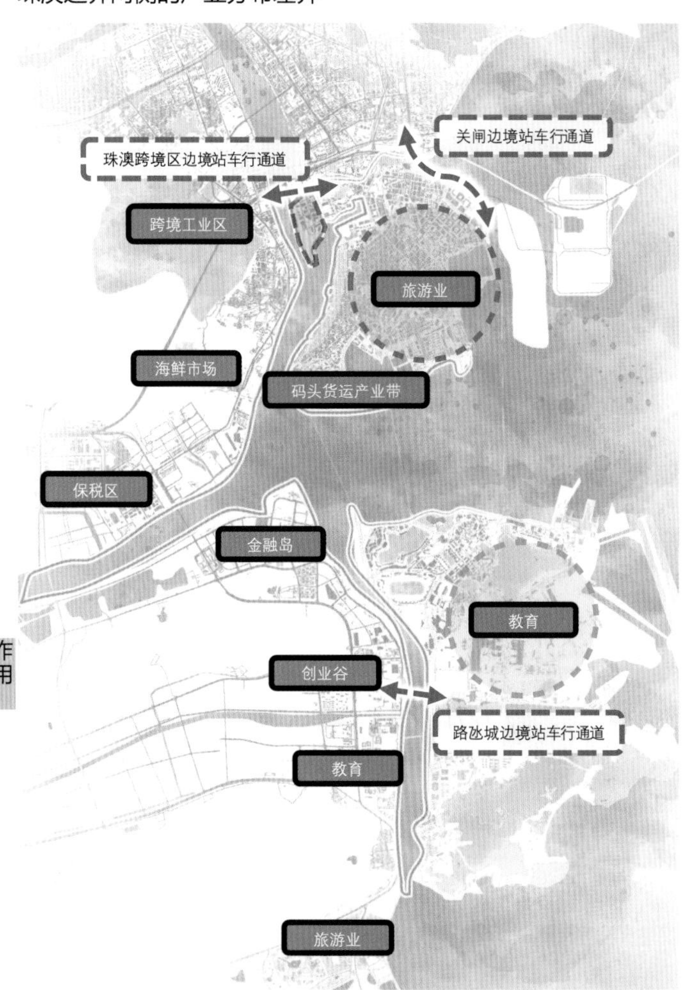

总体策划

围绕主题“港湾筑桥，寻源凿窗”，通过对比、发掘边界两侧存在的资源差异及互补关系，从产业、交通、景观、游径等方面进行策划。

珠澳边界两侧存在旅游、产业、生活、公共空间等资源差异，通过恢复原关口码头、打造各具特色的岸线景观和功能空间，能够有效地将当前障碍形式的边界转化为桥梁。

针对边界两侧居民、游客、上班族等不同身份人群的需要，布置一系列公共空间、旅游景点、通勤辅助设施等，促进边界两侧的沟通交流、边界区域一体化发展，使边界逐步模糊。

产业结构规划

交通结构规划

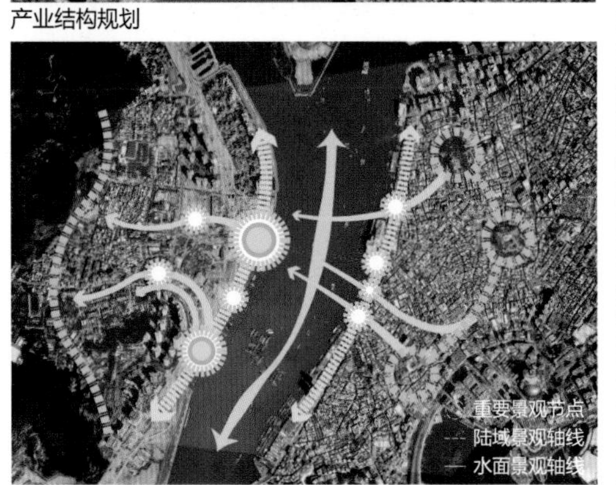

景观结构规划

旅游路线规划

设计方案一：湾仔—内港

澳门与珠海联系紧密。珠海发挥经济特区边界优势，布局跨境金融、商贸、仓储等产业，并通过跨境工业区、滨江居住区等形式弥补澳门工业用地不足和房价过高的缺陷。澳门依托博彩业政策优势带动包括文化旅游、金融业、制造业等产业。但两地面临公共空间不足、雨季洪涝灾害频发等问题，产业空间质量仍需提升。

基于对边界现况、上层规划、澳门地区复杂产权的考虑，场地选择珠海湾仔—澳门内港中段区域。区域内部已有建筑包括粤通码头（闲置），澳门十六浦酒店等。

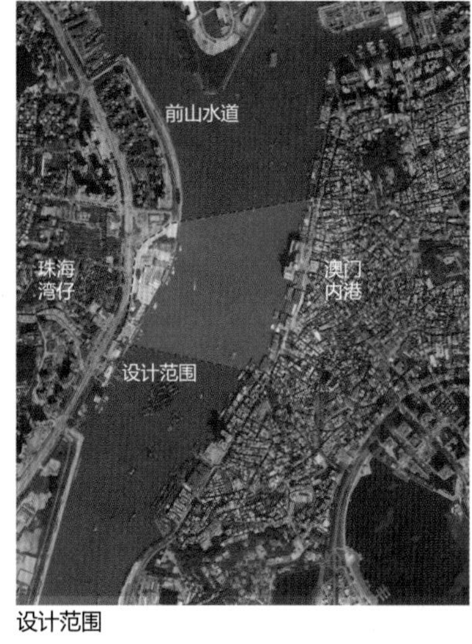

设计范围

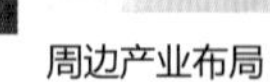

周边产业布局

规划策略

1. 恢复珠海湾仔—澳门内港段水路交通联系。
2. 为澳门提供更多的滨水绿地空间。
3. 解决内港洪涝问题。
4. 促进澳门旅游业发展。
5. 促进澳门和珠海之间联系，包括产业经济、就业通勤、住房经济、社会文化等。

场地现况缩影

方案生成

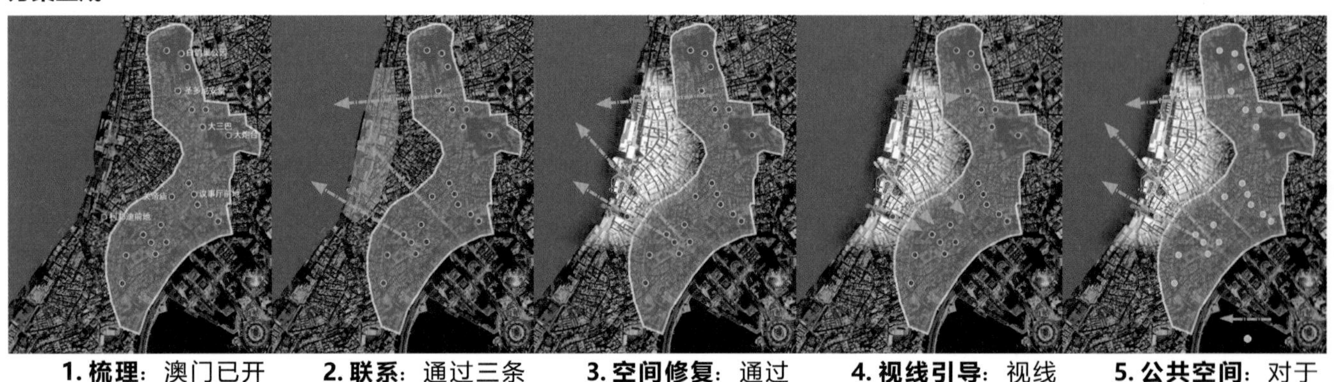

1. 梳理：澳门已开发的旅游资源、特色空间主要分布在半岛中部。这里是澳门最有吸引力的区域，为打造进一步的珠澳联系奠定基础。

2. 联系：通过三条主要的交通干道（同时也是视线通廊）加强半岛中部资源与内港沿岸区域的联系，促进内港沿岸区域发展。

3. 空间修复：通过一系列的肌理改造，增加内港区域的公共空间，使之具有与半岛中部不一样的澳门特色，同时恢复渡口和关口。

4. 视线引导：视线通廊能够将游客从内港导向半岛中部的历史建筑群、博彩酒店聚集地等旅游资源。内港将成为新的旅游胜地。

5. 公共空间：对于澳门居民而言，视线通廊能让半岛中部认识到内港的存在。改造后的内港步行街能够为半岛补充大量公共活动空间。

改造前：港口建筑阻碍视线

改造后：形成良好视线通廊

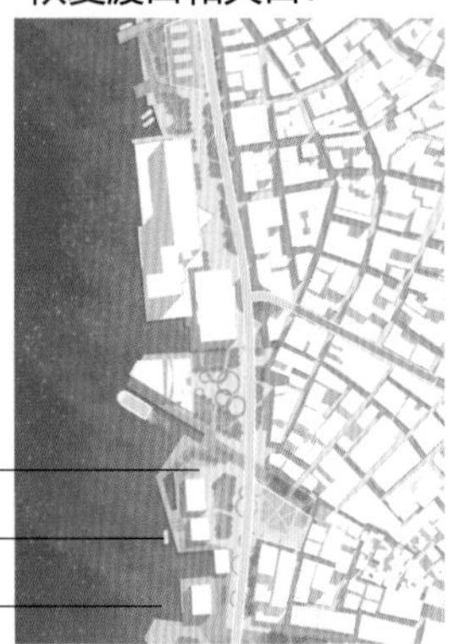

立体停车场

隧道行车

地面行车

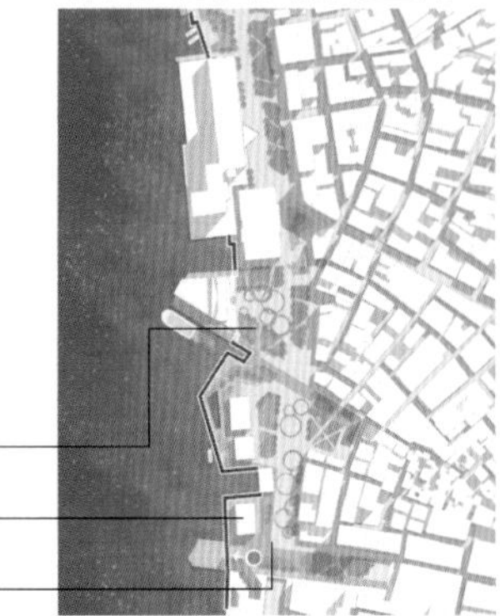

全活动防洪墙

半活动防洪墙

排洪泵站

方案总平面

设计将火船头街至巴素打尔古街一段改为下穿式交通，在地面结合现有的历史建筑、码头建筑、十六浦酒店，打造具有澳门特色的步行街。新马路作为澳门主要城市轴线，在视觉与空间上联通半岛与内港，内港沿岸的滨水空间为本地居民增加活动场所，同时也起到防洪抗涝作用。

对内港两侧客运码头进行重建，并在珠海湾仔侧建设两地一检关口。湾仔将结合关口布置大型广场、会展空间，弥补澳门商业所缺乏的空间特质。

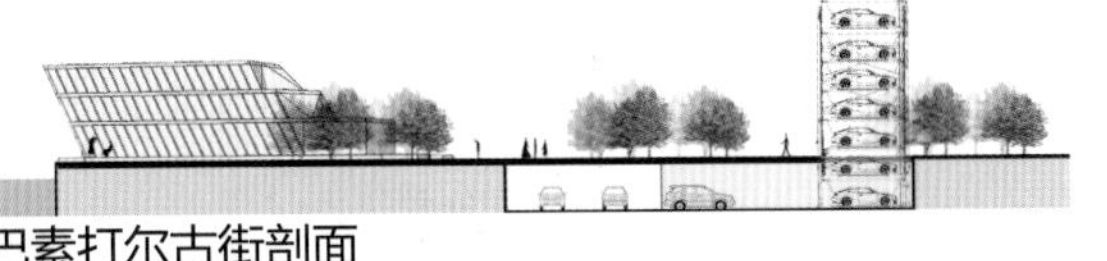

巴素打尔古街剖面

巴素打尔古街、关口码头鸟瞰

湾仔两地一检码头、会展中心鸟瞰

鸟瞰图

设计方案二：珠海岸

针对珠海岸，提出了一套规划策略及两套具体的空间设计方案。

规划策略

基于理论研究及现状分析，我们提出了功能、文化及空间设计策略，具体如下：

1. 产业更新策略

✓ 功能调整

①上层规划调整，增加商务展览功能，打造更适合两岸交流互通的湾仔口岸。
②提出新型创业模式，实现两岸资源优势互补，吸引澳门中小企业入驻湾仔，为两地居民创造交流的契机。
③湾仔口岸重启与更新，实行“两地一检”。

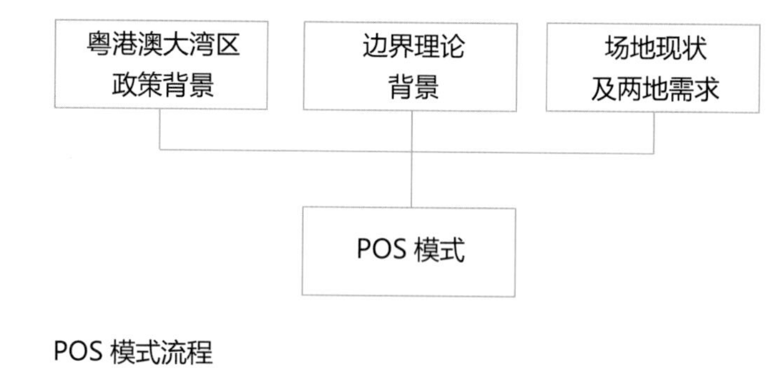

✓ 文化营造

①保留城市记忆，传统产业升级，增强澳门居民对湾仔的亲切感。
②文创产业带动湾仔经济多样化发展，创造独特多元的边界文化氛围。

POS 模式流程

Step 1：澳门（及葡语国家）小微企业进入湾仔开设体验店。

Step 2：内地居民进入体验店与店主交流、选购商品及进行私人订制。

Step 3：内地居民在网店预约下单。

Step 4：澳门小微企业从仓库发货，发送至买家手中。

2. 空间设计策略

区域划分　竖向空间设计　POS 点轴营造
建筑更新　街巷空间设计　交通优化　路网梳理
换乘系统设计　人群活动路线规划
行人优先设计　景观轴规划

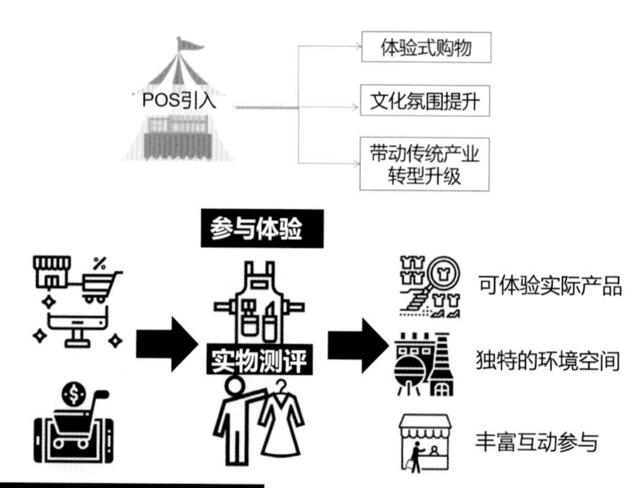

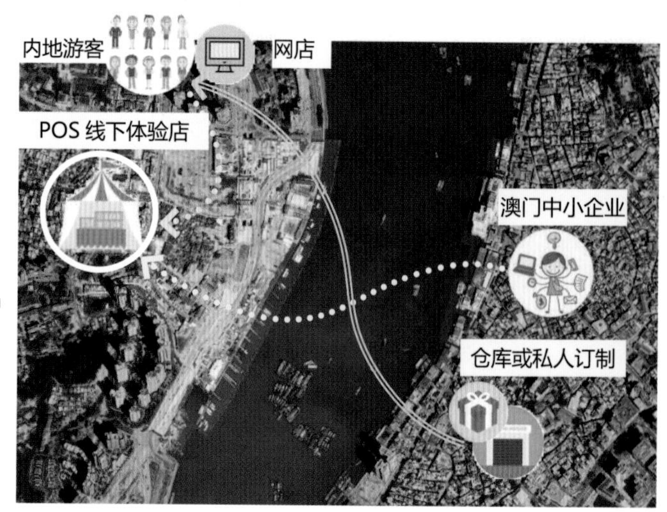

必要性：

对于文创类及小众产品，体验过程很重要。与此同时，店主（创作者）需要与顾客沟通，因而 POS 需要特殊的场所以更好地促进展示与交流。

此外，随着城市地价的升高，市中心的仓储空间逐渐减少，因而市中心将以实体店为主，仓库则设于郊区。

这种新型的商业模式将激活湾仔的基础设施建设及带动产业转型升级，吸引更多的游客，同时增强湾仔作为“澳门之窗”的功能。

特点：以展示、交流为主，并非直接的交易，成为展现澳门的橱窗。

■ 珠海岸空间设计方案一

总平面图

基于粤港澳大湾区发展背景，以边界理论为指导，提出“港湾筑桥，寻源凿窗”概念，即在珠澳互通的历史背景之下，以产业协同为桥梁，增强场地的“窗口”功能，同时营造场地的文化氛围，提升城市环境品质。利用边界地带的特性，以城市设计的手法提升边界空间的物质环境，促进珠澳人员的交往互通。

在设计阶段，相继提出产业更新策略和空间设计策略，并完成城市设计方案。设计首先依据产业更新策略调整整体功能布局，其次结合人群活动流线分析规划场地空间布局，最后对具体建筑空间及景观进行深入设计。

① 湾仔口岸
② 雨棚廊道
③ 公交车总站
④ 湾仔码头及渔政大队
⑤ 澳门环岛游
⑥ 滨水公园
⑦ 的士停车场
⑧ 地铁站出口
⑨ 空中廊道
⑩ 商务办公楼
⑪ 屋顶花园
⑫ 下沉舞台
⑬ 地铁站前广场
⑭ 小公园
⑮ 海鲜市场
⑯ 海鲜酒楼
⑰ 海鲜干货市场
⑱ 艺术展道
⑲ 室内运动馆
⑳ 公共停车场
㉑ 海关用地
㉒ 湾仔市场
㉓ 湾仔文化站
㉔ 车行隧道出入口

鸟瞰图

■ 珠海岸空间设计方案二

设计生成与分析图

回溯找寻可利用的历史文化活动点，置入两处 POS 模式产业点，用新增绿化系统和立体步行体系将两者串联。以不同人群的游走体验路线与跨界互动发生的场地为依据，设计规划结构与节点。

同时串联水系和绿道，使游走路线体验更加多元化。充分考虑新的道路网络与交通体系，地面辅道转变为公交优先、易于跨越的景观绿带，与临岸大型立体景观步道、中央文化公园螺旋观景平台相结合，形成立体景观绿化体系。

规划结构分析

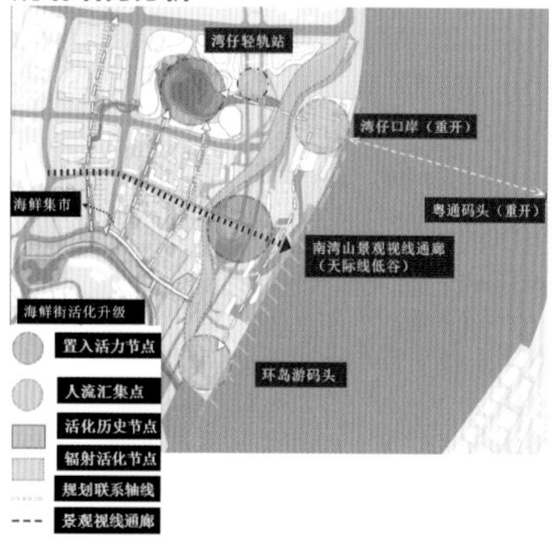

绿地系统分析

绿色框架分析

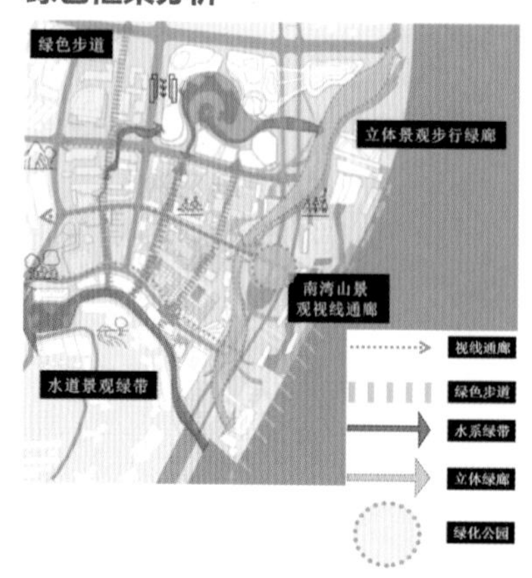

交通规划分析

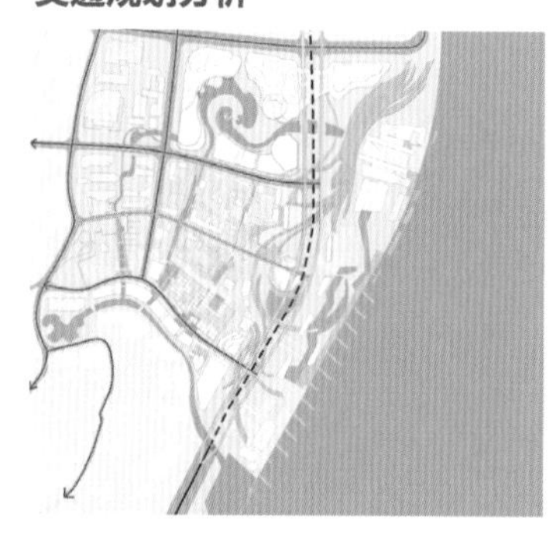

公交系统分析

综合体立体交通分析

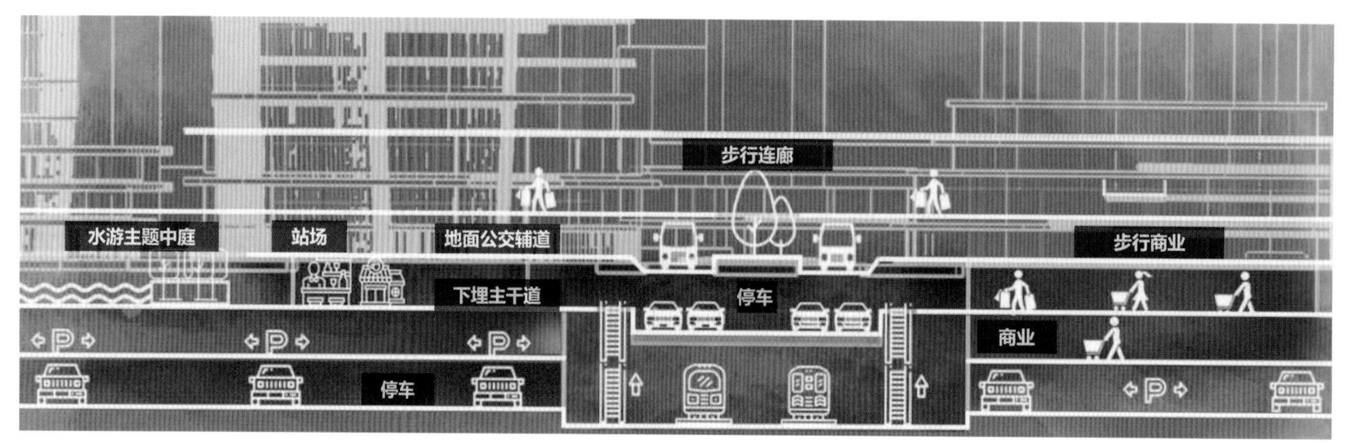

形体控制与流线设计

中轴控制建筑高度形成视线通廊。临岸大型公园结合观景平台呼应两岸景观与绿化系统缝补联系。对原有肌理梳理进行整合，在置入新功能的同时保持原有村落空间尺度与在地性。用整合与削减的手法来避免不同层级尺度的体量对人们造成的视觉冲突。

建筑拆建更新分析

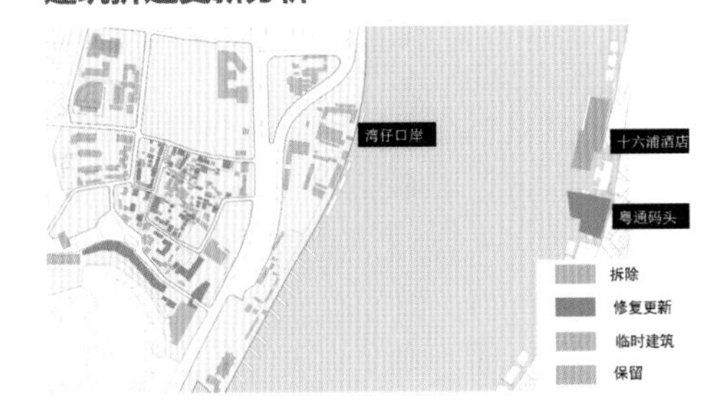

功能分布设计

内地游客路线分析图

澳门游客路线分析图

澳门创业者路线分析图

总平面图

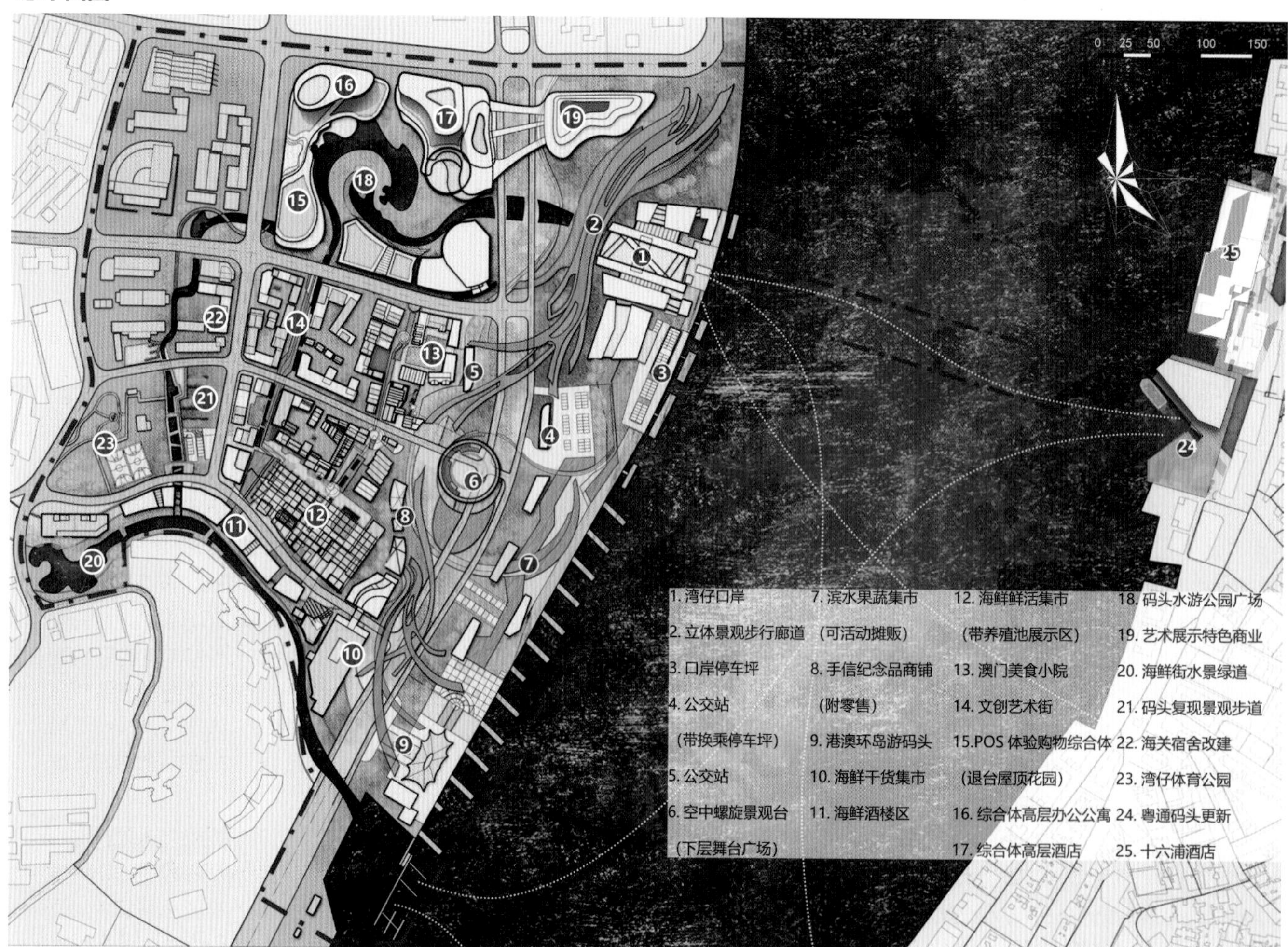

0 25 50 100 150
1. 湾仔口岸
2. 立体景观步行廊道
3. 口岸停车坪
4. 公交站
（带换乘停车坪）
5. 公交站
6. 空中螺旋景观台
（下层舞台广场）
7. 滨水果蔬集市
（可活动摊贩）
8. 手信纪念品商铺
（附零售）
9. 港澳环岛游码头
10. 海鲜干货集市
11. 海鲜酒楼区
12. 海鲜鲜活集市
（带养殖池展示区）
13. 澳门美食小院
14. 文创艺术街
15.POS 体验购物综合体
（退台屋顶花园）
16. 综合体高层办公公寓
17. 综合体高层酒店
18. 码头水游公园广场
19. 艺术展示特色商业
20. 海鲜街水景绿道
21. 码头复现景观步道
22. 海关宿舍改建
23. 湾仔体育公园
24. 粤通码头更新
25. 十六浦酒店

鸟瞰图

后　记
POSTSCRIPT

这本凝聚了九所学校 70 多名师生心血的联合毕业设计教学作品集终于付梓，在此要特别感谢资助本书出版的两家规划设计机构——中交第四航务工程勘察设计院有限公司和深圳市新城市规划建筑设计股份有限公司。感谢深圳市新城市规划建筑设计股份有限公司肖靖宇先生一直以来的帮助和支持及王东明先生的协调与联系；尤其要感谢中交第四航务工程勘察设计院有限公司李伟仪董事长和张兆华院长的理解和支持，感谢周群雄和陈宇凡先生的协调与联系，在本书出版的关键阶段给予鼎力支持才推动顺利出版。同时，感谢参加本次联合毕业设计特邀讲座专家、教师、同学、研究生助理和编辑共同努力克服了各环节英文与中文、简体与繁体等出版规范与现实的冲突，对所有参与联合毕业设计及其成果出版的同事表示衷心的感谢。

感谢我校建筑学院院长孙一民教授，他始终坚持开放的态度鼓励组织或参与国内外各类联合教学活动，支持多样的、创新的毕业设计题目及教学方法。感谢本书主编周剑云教授，以边界的视角选择珠海—澳门边界地区作为本次联合毕业设计研究对象，并热心积极联系前期调研交流场地及后期出版赞助单位；在教学过程中积极召集院系年轻老师们参与调研和教学，在 2018 年底多次召集教学团队内部交流，讨论联合毕业设计核心议题及任务书要求，每周设计课全程督促跟进，身先士卒，起到模范带头作用。同时，还要非常感谢我们教学团队的莫浙娟、李昕、贺璟寰、鲍梓婷四位老师，由于本次调研基地不在广州，主办单位组织者需要收集、整理大量的基础资料，准备调研计划和行程，联系交流场地、交通和住宿安排等繁杂事项，且澳门本身空间狭小不适合 70 多人集体调研，年轻老师们非常给力，自费前去珠澳边界各条调研线路踩点，并在前期编制相关调研指引，采取“分散 + 集中”的半自助调研方式，较好地解决了集中调研的难题。特别感谢参与资料整理和编辑排版的崔佩琳、黄潇楠、萧靖童三位硕士研究生，花费了大量时间和精力处理出版环节诸多琐碎而必不可少的工作；感谢出版社编辑们的耐心与理解，积极协调粤港澳三地中英两种语言习惯、繁简两种文字符号的出版矛盾，将设计作品的汇编整合提升为记录整个毕业设计过程、教学感悟及其设计作品的教学研究书籍。

感谢参与本次联合毕业设计的九所院校相关领导和师生。2019 年度联合毕业设计教学成果出版源自深圳大学首次举办积累的宝贵经验，杨晓春教授积极推动六校教学联盟，罗志航老师在前期调研中作为 SOM 设计师分享水系连城设计，并热心牵线邀请广东省水利水电科学研究院刘达高级工程师介绍跨界水系综合治理策略；同济大学栾峰教授千里迢迢带领学生参与实地调研及各阶段教学分享交流，为同学们带来宝贵而精彩的设计思路启发；澳门城市大学王伯勋教授等在前期调研阶段热情邀请各院校交流，为内地师生快速了解澳门起到很大的促进作用；香港中文大学先期启动调研工作，尽管教学进度和内地高校不完全一致，但 Darren Snow 先生所带领的香港中文大学教学团队积极参与到联合毕业设计中期成果交流；合作参与香港中文大学教学的澳门建筑师 Nonu Soares 先生分享自己带领的哈佛大学联合工作坊关于澳门海滨地区的概念设计思考；华侨大学龙元院长、肖铭副教授等教师团队积极协助调研，为联合教学工作坊建言献策。本次联合毕业设计还特邀粤港澳大湾区的其他三所高校参与，中山大学周素红教授、广东工业大学葛润南副教授、广州大学戚路辉副教授等都投入极大的热忱参与到联合毕业设计各个阶段，并指导学生做出有自己学校鲜明特色的作品。

特别感谢参与到本次联合毕业设计不同阶段的单位和专家，包括在前期调研环节提供专场讲座场地的珠海市规划设计研究院，以及分享珠海城市规划概况的陈锦清副总规划师；参与毕业设计过程和终期答辩校外嘉宾的 Marco Lub 教授、荷兰代尔夫特理工大学建筑学院 Vincent Nadin 教授，他们丰富的实践经验和开阔的国际视野促进师生提升毕业设计水平。

本次联合毕业设计选题工作始于《粤港澳大湾区发展规划纲要》公布之前，期待以学术和专业的角度思考大湾区的边界问题；作为边界主题和珠澳边界地区的概念规划设计研究，本书不是既定教学任务书下的设计成果汇编，而是开放性的研究与概念设计，从边界视角切入粤港澳的整合发展问题，通过概念性规划设计提出融合发展的空间策略，通过概念性的规划设计展示师生们不同维度、不同角度及多层面的思考和建议。

本次教学分享成果虽集众人之力，然挂一漏万，在所难免。恳请各位读者不吝赐教。

王成芳

2020 年 8 月 23 日 于广州五山

赞助单位 1：中交第四航务工程勘察设计院有限公司

中交第四航务工程勘察设计院有限公司（简称“四航院”），是世界五百强企业——中国交通建设股份有限公司的全资子公司，拥有工程设计综合甲级等全专业甲级资质。业务涵盖水运、公路、桥梁、机场、市政、轨道、管道及智慧城市、智慧仓储、智慧物流、城市设计、建筑设计、地下空间、综合管廊、城市景观、室内设计等，为社会交通与城市建设提供一站式全过程技术服务。

四航院以“高端策划”和“高端咨询”为客户发掘价值机遇，立足国家及区域发展需求，把握重大发展机遇。强化设计与工程上下游的有机协同，构建“策划咨询、规划设计、投资融资、建设运营”，提出广州南沙深水港、斯里兰卡科伦坡海港城、缅甸仰光新城、巴基斯坦瓜达尔自由区等国家级重大自主策划发展项目。在国内，四航院不仅参与并完成了港珠澳大桥、广州南沙港、海南炼化、阳江核电等国家重大基础设施的项目设计，还积极参与城市建设业务，目前正在开展的有宁波市奉化区城市转型示范区综合开发项目、顺德高新区西部启动区城市综合开发项目、成都中交西南研发中心、湛江邮轮码头航站楼综合体、圭瓦那飞马酒店等极具代表性的建筑设计。在海外，四航院紧跟“一带一路”的步伐，以“港产城一体化”为综合界面，业务范围涉足全球 120 多个国家和地区，先后完成了巴基斯坦瓜达尔智慧港城总体规划、科特迪瓦阿比让港、马来西亚东海岸铁路、喀麦隆克里比深水港、斯里兰卡科伦坡港口城、以色列阿什杜德港、缅甸仰光迪洛瓦经济特区、斯里兰卡汉班托塔国际机场等多个具有国际先进水平的规划及勘察设计项目。

四航院已建立起覆盖全产业链的服务体系，向“投 - 建 - 营”一体化、一站式服务转型，以高端化、综合化、全球化、专业化为核心，为客户提供投资融资、咨询规划、设计建造、管理运营“一揽子”解决方案和一体化服务。

赞助单位 2：深圳市新城市规划建筑设计股份有限公司

深圳市新城市规划建筑设计股份有限公司（简称“新城市”）成立于 1993 年，总部位于深圳，目前具有城乡规划、建筑工程、市政道路、风景园林、工程咨询资信甲级资质以及给排水、桥梁、土地规划乙级资质，是“国土空间规划第一股”，空间资源与城乡建设综合服务商（A 股代码：300778）。

公司现有员工 800 余人，拥有一批业内知名的专家，并于 2019 年 5 月 10 日在深圳证券交易所成功上市，是国家高新技术企业、深圳文化百强企业、中国城市规划协会理事单位、深圳市城市规划协会副会长单位。近年来，公司设计项目获得了多项国家级荣誉及省、市级奖项。伴随着深圳经济特区的成长，公司坚持“卓越创意、优异成果、务实服务”的市场理念，打造创意、科技、服务为一体的全程解决平台，提供城市规划、建筑设计、市政规划设计、综合交通规划、低碳城市建设规划、风景园林设计、土地整备与综合开发咨询等综合性全面服务，具备了全方位城市规划设计的服务能力。公司始终坚持立足深圳、深耕全国，现公司业务范围覆盖国内大部分省（区、市），目前在华南、华中、华东、西南、西北等区域设立了 11 个分公司，奠定了公司业务实现全国布局的坚实基础。

未来，新城市将顺应国家自然资源领域“国土空间”“多规合一”的发展趋势，以立足大湾区，辐射全中国为目标，将新理念、新技术运用于规划实践，为城市建设运营提供全生命周期的技术支持和更为精准的规划服务。